线性代数

Linear Algebra

（第四版）

主　编　樊明书　严　峻
副主编　杜力力　符　伟
编　委　李　彬　沈洁琼
　　　　李海艳　李军燕

四川大学出版社

责任编辑:毕　潜
责任校对:杨　果
封面设计:墨创文化
责任印制:王　炜

图书在版编目(CIP)数据

线性代数 / 樊明书，严峻主编. —4 版. —成都：四川大学出版社，2017.5
ISBN 978-7-5690-0676-6

Ⅰ.①线…　Ⅱ.①樊…　②严…　Ⅲ.①线性代数-高等学校-教材　Ⅳ.①O151.2

中国版本图书馆 CIP 数据核字（2017）第 133418 号

书名　**线性代数（第四版）**

主　编	樊明书　严　峻
出　版	四川大学出版社
地　址	成都市一环路南一段 24 号 (610065)
发　行	四川大学出版社
书　号	ISBN 978-7-5690-0676-6
印　刷	郫县犀浦印刷厂
成品尺寸	185 mm×260 mm
印　张	10.75
字　数	260 千字
版　次	2017 年 7 月第 4 版
印　次	2018 年 1 月第 2 次印刷
定　价	25.00 元

◆读者邮购本书,请与本社发行科联系。
电话:(028)85408408/(028)85401670/
(028)85408023　邮政编码:610065
◆本社图书如有印装质量问题,请寄回出版社调换。
◆网址:http://www.scupress.net

前 言

线性代数一直以来就是本科大学生的基础数学课程之一，也是考研数学的基本内容之一．其理论和方法在工程技术、科学研究以及经济、管理中都有着广泛的应用．例如，工程技术中的数值计算，信息科学线性规划中的编码信息等，都与线性代数有密切的联系．

本书根据教育部21世纪大学数学（理工类和经管类）线性代数课程的基本要求和全国研究生入学考试大纲，以作者多年来在西南科技大学、四川大学、四川大学锦城学院、西南交通大学等各级本科院校为理工类和经济管理类大学本科生讲授线性代数课程的讲义为基础，修改整理而完成．

本书在编写时遵循重视基本概念、培养基本能力、力求贴进实际应用的原则，充分考虑了线性代数课程教学时数减少的趋势，并结合了学生的自身特点和对本课程的要求．本书起点较低，读者容易入门，在编写上由浅入深，力求直观性和科学性相结合，在内容上包含了理工、经济、管理学科中的基本内容和研究生入学考试要求的内容．

本书是为理工类、经济管理类本科学生编写的教材，可供这些类别的大学生考研时参考，也可作为其他各级各类大学生的参考用书．考虑到不同专业的需求有所差别，一些章节用“*”标出，供相关专业选择．

本书共六章，包括行列式、矩阵及其运算、矩阵的初等变换与线性方程组、向量组的线性相关性、相似矩阵以及二次型等内容，各章末配有习题，书后附有习题参考答案．

本书是多所院校老师合作的结晶．主编是西南交通大学的樊明书和四川大学锦城学院的严峻，负责本书主要内容的编写和内容的安排，其中樊明书编写了第一、二、三章，严峻编写了第四、五章；副主编是四川大学的杜力力和西南交通大学峨眉校区的符伟，分别负责本书配套课件的制作和第六章的编写工作；参与本书编写的还有四川大学锦城学院的李彬、沈洁琼、李海艳和李军燕．

在这里要感谢四川大学数学学院的谢勉忠副教授，在第一版至第三版完成之后他都进行了认真审阅，并提出了宝贵的修改意见．在本书的编写过程中还得到了夏安银、张莉、强静仁和龙少华的关心和帮助，在此向他们表示衷心的感谢．

由于时间紧迫和作者的水平有限，书中难免有不足之处，恳请广大读者和同行指正．

编　者

2017年5月

目 录

第一章　行列式

在许多工程和经济模型中，我们常要遇到解方程组的问题，而线性方程组则是这些方程组中最简单和最常见的类型. 在中学的数学课程中，我们讨论了一元一次方程、二元一次方程组和三元一次方程组. 在线性代数中，我们主要讨论一般的多元一次方程组，即线性方程组. 而讨论线性方程组及其相关知识时，最重要的两个工具就是行列式和矩阵. 在这一章中，我们将引入行列式的定义、性质，并介绍行列式的计算以及行列式在解线性方程组中的应用.

第一节　二、三阶行列式

给出线性方程组

$$\begin{cases} a_{11}x_1 + a_{12}x_2 = b_1, \\ a_{21}x_1 + a_{22}x_2 = b_2. \end{cases} \tag{1.1.1}$$

利用消元法，分别消去 x_1, x_2，可得

$$\begin{cases} (a_{11}a_{22} - a_{12}a_{21})x_1 = b_1a_{22} - a_{12}b_2, \\ (a_{11}a_{22} - a_{12}a_{21})x_2 = a_{11}b_2 - b_1a_{21}. \end{cases} \tag{1.1.2}$$

若 $a_{11}a_{22} - a_{12}a_{21} \neq 0$，则方程组(1.1.1) 有唯一解

$$x_1 = \frac{b_1a_{22} - a_{12}b_2}{a_{11}a_{22} - a_{12}a_{21}}, \quad x_2 = \frac{a_{11}b_2 - b_1a_{21}}{a_{11}a_{22} - a_{12}a_{21}}. \tag{1.1.3}$$

观察式(1.1.3) 可知，方程组(1.1.1) 的解 x_1, x_2 具有相同的分母 $a_{11}a_{22} - a_{12}a_{21}$，它由 4 个数构成，而这 4 个数均来自于方程组(1.1.1) 中 x_1, x_2 的系数，且形式为两对数的乘积相减. 为此，我们引入二阶行列式的定义如下：

定义 1.1.1　设 2^2 个数 $a_{11}, a_{12}, a_{21}, a_{22}$ 排成的正方形数表为

$$\begin{pmatrix} a_{11} & a_{12} \\ a_{21} & a_{22} \end{pmatrix},$$

则数 $a_{11}a_{22}-a_{12}a_{21}$ 称为对应于这个数表的二阶行列式,记为

$$\begin{vmatrix} a_{11} & a_{12} \\ a_{21} & a_{22} \end{vmatrix}, \tag{1.1.4}$$

即

$$\begin{vmatrix} a_{11} & a_{12} \\ a_{21} & a_{22} \end{vmatrix} = a_{11}a_{22}-a_{12}a_{21}.$$

其中,4 个数 a_{11},a_{12},a_{21},a_{22} 称为行列式(1.1.4)的元素. 横排称为行,竖排称为列. 元素 a_{ij} 中第一个指标 i 和第二个指标 j 依次称为元素 a_{ij} 的行标和列标,分别表示元素 a_{ij} 在行列式(1.1.4)式中所处的行数和列数. 例如,元素 a_{12} 在行列式(1.1.4)中位于第一行第二列.

二阶行列式(1.1.4)的运算可以用对角线法则来表示:行列式的主对角线(从左上角到右下角的实连线)上两元素 a_{11},a_{22} 的乘积,减去行列式副对角线(从右上角到左下角的虚连线)上两元素 a_{12},a_{21} 的乘积,即

$$\begin{vmatrix} a_{11} & a_{12} \\ a_{21} & a_{22} \end{vmatrix} = a_{11}a_{22}-a_{12}a_{21}. \tag{1.1.5}$$

现在,方程组(1.1.1)的解可用行列式来表示,设

$$D=\begin{vmatrix} a_{11} & a_{12} \\ a_{21} & a_{22} \end{vmatrix} = a_{11}a_{22}-a_{12}a_{21},$$

$$D_1=\begin{vmatrix} b_1 & a_{12} \\ b_2 & a_{22} \end{vmatrix} = b_1a_{22}-a_{12}b_2,$$

$$D_2=\begin{vmatrix} a_{11} & b_1 \\ a_{21} & b_2 \end{vmatrix} = a_{11}b_2-b_1a_{21},$$

若系数行列式 $D\neq 0$,则方程组(1.1.1)有唯一解

$$\begin{cases} x_1=\dfrac{D_1}{D}, \\ x_2=\dfrac{D_2}{D}. \end{cases} \tag{1.1.6}$$

注意到 D 就是方程组(1.1.1)的系数所构成的行列式,因此,我们称 D 为方程组(1.1.1)的系数行列式,而 D_1,D_2 分别是用方程组(1.1.1)右端的常数列来代替 D 中的第一列和第二列而形成的.

例 1.1.1

$$\begin{vmatrix} 1 & 2 \\ 3 & 4 \end{vmatrix} = 1\times 4-2\times 3=-2.$$

例 1.1.2 求解二元线性方程组

$$\begin{cases} x_1+2x_2=4, \\ 2x_1+5x_2=9. \end{cases}$$

解:由于

$$D=\begin{vmatrix}1&2\\2&5\end{vmatrix}=5-4=1,$$

$$D_1=\begin{vmatrix}4&2\\9&5\end{vmatrix}=20-18=2,$$

$$D_2=\begin{vmatrix}1&4\\2&9\end{vmatrix}=9-8=1,$$

所以

$$x_1=\frac{D_1}{D}=2,\quad x_2=\frac{D_2}{D}=1.$$

类似的,在用消元法来解三元线性方程组

$$\begin{cases}a_{11}x_1+a_{12}x_2+a_{13}x_3=b_1,\\a_{21}x_1+a_{22}x_2+a_{23}x_3=b_2,\\a_{31}x_1+a_{32}x_2+a_{33}x_3=b_3,\end{cases}\tag{1.1.7}$$

时,可引入三阶行列式的定义:3^2 个元素 $a_{ij}(i=1,2,3;j=1,2,3)$ 排成三行三列,称

$$\begin{vmatrix}a_{11}&a_{12}&a_{13}\\a_{21}&a_{22}&a_{23}\\a_{31}&a_{32}&a_{33}\end{vmatrix}=a_{11}a_{22}a_{33}+a_{12}a_{23}a_{31}+a_{13}a_{21}a_{32}$$
$$-a_{13}a_{22}a_{31}-a_{12}a_{21}a_{33}-a_{11}a_{23}a_{32}\tag{1.1.8}$$

为三阶行列式.

同样,三阶行列式的计算也可用如图 1－1 所示的对角线法则来表示.其中,实连线所在的三项三元素乘积符号为正,虚连线所在的三项三元素乘积符号为负,三阶行列式(1.1.8) 为这六项的代数和.

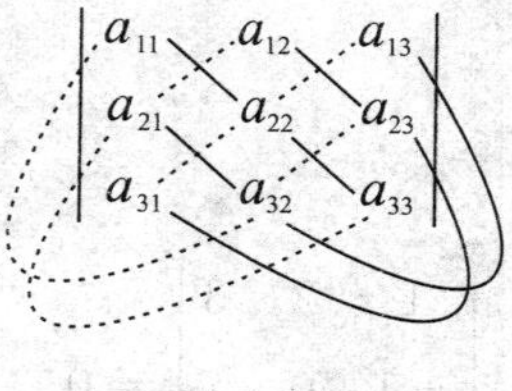

图 1－1

另外,三阶行列式(1.1.8) 的对角线法则还可以用如图 1－2 所示的形式来记忆.

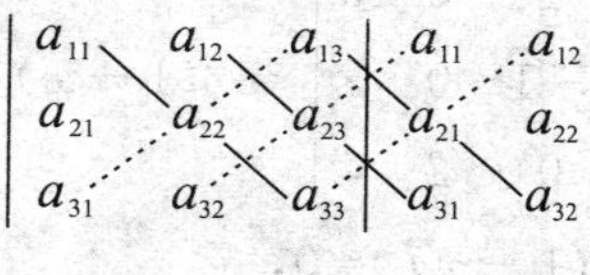

图 1－2

同样,若记

$$D=\begin{vmatrix} a_{11} & a_{12} & a_{13} \\ a_{21} & a_{22} & a_{23} \\ a_{31} & a_{32} & a_{33} \end{vmatrix},$$

$$D_1=\begin{vmatrix} b_1 & a_{12} & a_{13} \\ b_2 & a_{22} & a_{23} \\ b_3 & a_{32} & a_{33} \end{vmatrix},$$

$$D_2=\begin{vmatrix} a_{11} & b_1 & a_{13} \\ a_{21} & b_2 & a_{23} \\ a_{31} & b_3 & a_{33} \end{vmatrix},$$

$$D_3=\begin{vmatrix} a_{11} & a_{12} & b_1 \\ a_{21} & a_{22} & b_2 \\ a_{31} & a_{32} & b_3 \end{vmatrix},$$

则当 $D\neq 0$ 时，方程组(1.1.7)有唯一解

$$\begin{cases} x_1=\dfrac{D_1}{D}, \\ x_2=\dfrac{D_2}{D}, \\ x_3=\dfrac{D_3}{D}. \end{cases} \tag{1.1.9}$$

例 1.1.3

$$\begin{vmatrix} 4 & 0 & 5 \\ 1 & 2 & 3 \\ -1 & 0 & 6 \end{vmatrix} = 4\times2\times6+0\times3\times(-1)+5\times0\times1-5\times2\times(-1)-0\times1\times6-4\times3\times0$$
$$=48+10$$
$$=58.$$

例 1.1.4 解关于 x 的方程

$$\begin{vmatrix} 1 & 2 & 3 \\ -1 & 0 & x \\ 0 & 2 & 4 \end{vmatrix}=0.$$

解：由于 $$\begin{vmatrix} 1 & 2 & 3 \\ -1 & 0 & x \\ 0 & 2 & 4 \end{vmatrix}=2(1-x),$$

因此，原方程等价于 $$2(1-x)=0,$$

解之可得 $x=1$.

从以上的讨论中，自然产生一个问题：对四元及以上的线性方程组是否也具有类似

于(1.1.6)和(1.1.9)的结果呢?我们将在本章最后一节给出肯定的答复.不过值得一提的是,四阶及以上行列式将不再具有对角线法则.我们将在本章第二节中根据二、三阶行列式的规律给出一般行列式(n 阶)的定义.

第二节　n 阶行列式

在上一节中,我们给出了二、三阶行列式的定义.这一节中,我们将根据二、三阶行列式的计算规律给出 n 阶行列式的定义.首先,我们需要引入排列和逆序的概念.

一、排列与逆序

由 n 个不同数码 $1,2,3,\cdots,n$ 组成的有序数组 $i_1,i_2,\cdots,i_n$ 称为一个n 级排列.$1,2,\cdots,n$ 的所有不同排列的数共$n!$个,称为 $1,2,\cdots,n$ 的全排列数.

例如,1342 为元素 1,2,3,4 的一个排列,1,2,3,4 的全排列数为 $4!=24$.

在 $1,2,\cdots,n$ 的所有排列中,$123\cdots n$ 是按从小到大的顺序排列的,我们称其为 $1,2,3,\cdots,n$ 的一个自然排列.

定义 1.2.1　在一个 n 级排列 $i_1,i_2,\cdots,i_n$ 中,如果有较大的数 i_t 排在了较小的数 $i_l(i_t>i_l)$ 的前面,则称 i_t 与 i_l 构成了一个逆序.一个 n 级排列中逆序的总数,称为该排列的逆序数,记为 $\tau(i_1i_2\cdots i_n)$.

若排列 $i_1i_2\cdots i_n$ 的逆序数是奇数,则称为奇排列;反之,则称为偶排列.

一般来说,一个排列 $i_1i_2\cdots i_n$ 逆序数的算法可用该排列中每一个元素 $i_1,i_2,\cdots,i_n$ 中每个数前边比它大的数的个数之和来表示,亦可用每个数后边比它小的数的个数之和表示.

例如,排列 31254 中,1 前比 1 大的数有 1 个,2 前比 2 大的数有 1 个,5 前比 5 大的数为 0 个,4 前比 4 大的数有 1 个,所以 $\tau(31254)=1+1+0+1=3$,为奇排列.

自然排列 $123\cdots n$ 的逆序数为 0,是偶排列.

例 1.2.1　写出 1,2,3 的所有排列,求它们的逆序数,并指出排列的奇偶性.

解:1,2,3 的所有排列有 $3!=6$(个),见表 1-1.

表 1-1

排列	逆序数	排列的奇偶性
1 2 3	0	偶排列
1 3 2	1	奇排列
2 3 1	2	偶排列
2 1 3	1	奇排列
3 1 2	2	偶排列
3 2 1	3	奇排列

在一个排列 $i_1,\cdots,i_t,\cdots,i_l,\cdots,i_n$ 中,如果仅交换 i_t 与 i_l 的位置,其他元素位置不变,得到另外一个排列 $i_1,\cdots,i_l,\cdots,i_t,\cdots,i_n$,这样的变换称为一次对换.

下面,我们不加证明地给出排列的两个性质:

性质 1　任何一个排列经过一次对换后,其奇偶性改变.

性质 2　$1,2,\cdots,n$ 的所有 $n!$ 个排列中,奇偶排列各半.

现在,我们观察三阶行列式的定义(1.1.8)的右边,发现其六项代数和中每一项元素的行标都是 1,2,3 的自然排列,而列标则为 1,2,3 的 6 个全排列,且符号为正的列标排列为偶排列,符号为负的列标排列为奇排列.二阶行列式也具有相同的规律.

根据以上规律,我们得出 n 阶行列式的定义.

二、n 阶行列式

定义 1.2.2　设 n^2 个元素 $a_{ij}(i,j=1,2,\cdots,n)$ 组成的数表

$$\begin{matrix} a_{11} & a_{12} & \cdots & a_{1n} \\ a_{21} & a_{22} & \cdots & a_{2n} \\ \vdots & \vdots & & \vdots \\ a_{n1} & a_{n2} & \cdots & a_{nn} \end{matrix}$$

所对应的运算

$$\begin{vmatrix} a_{11} & a_{12} & \cdots & a_{1n} \\ a_{21} & a_{22} & \cdots & a_{2n} \\ \vdots & \vdots & & \vdots \\ a_{n1} & a_{n2} & \cdots & a_{nn} \end{vmatrix} = \sum_{(n!)}(-1)^{\tau(p_1p_2\cdots p_n)}a_{1p_1}a_{2p_2}\cdots a_{np_n}, \tag{1.2.1}$$

(其中 $\sum$ 是对 $1,2,\cdots,n$ 的所有排列 $p_1p_2\cdots p_n$ 共 $n!$ 项求和)称为 n 阶行列式.其中横排称为行,竖排称为列,从左上角 a_{11} 到右下角 a_{nn} 的连线称为行列式(1.2.1)的对角线.

特别的,当 $n=1$ 时,规定一阶行列式 $|a|=a$.

同理,如果在(1.1.8)中,将列标排成自然排列 123,则行标为 1,2,3 的全排列,其符号也具有类似于行标排成自然排列 123 时的规律(留给读者验证).因此,行列式中行和列具有同等的地位和相似的性质,故 n 阶行列式也可以表示为

$$\begin{vmatrix} a_{11} & a_{12} & \cdots & a_{1n} \\ a_{21} & a_{22} & \cdots & a_{2n} \\ \vdots & \vdots & & \vdots \\ a_{n1} & a_{n2} & \cdots & a_{nn} \end{vmatrix} = \sum_{(n!)}(-1)^{\tau(q_1q_2\cdots q_n)}a_{q_11}a_{q_22}\cdots a_{q_nn}, \tag{1.2.2}$$

其中 $\sum$ 是对 $1,2,\cdots,n$ 的所有排列 $q_1q_2\cdots q_n$ 共 $n!$ 项求和.

从式(1.2.1)和式(1.2.2)可以发现,在 $n!$ 项的代数和中,每一项由 n 个元素构成,

且这 n 个元素均来自于不同行和不同列.

例 1.2.2 计算 n 阶行列式

$$D=\begin{vmatrix} a_{11} & 0 & 0 & \cdots & 0 \\ a_{21} & a_{22} & 0 & \cdots & 0 \\ a_{31} & a_{32} & a_{33} & \cdots & 0 \\ \vdots & \vdots & \vdots & & \vdots \\ a_{n1} & a_{n2} & a_{n3} & \cdots & a_{nn} \end{vmatrix}$$

的值,其中 $a_{ii}\neq 0(i=1,2,\cdots,n)$.

解:由定义 1.2.1 知,行列式的一般式为

$$(-1)^{\tau(p_1\cdots p_n)}a_{1p_1}\cdots a_{np_n}.$$

D 中第一行只有 a_{11} 非零,其余项全为 0,故含 $a_{1p_1}(p_1=1,2,\cdots,n)$ 的项中,只需保留含 a_{11} 的项即可,其余的均为零,可省略. a_{11} 确定以后,再根据行列式中每一项元素均处于不同列,可知与 a_{11} 相乘的元素中,不能再包含第一列的元素. 同理在第二行中我们只有选取 a_{22},得到含 $a_{1p_1}a_{2p_2}$ 的非零项只有 $a_{11}a_{22}$. 依此类推,D 中所有的非零项只有一项,即

$$a_{11}a_{22}\cdots a_{nn},$$

其符号为

$$(-1)^{\tau(12\cdots n)}=1.$$

故

$$D=\begin{vmatrix} a_{11} & 0 & 0 & \cdots & 0 \\ a_{21} & a_{22} & 0 & \cdots & 0 \\ a_{31} & a_{32} & a_{33} & \cdots & 0 \\ \vdots & \vdots & \vdots & & \vdots \\ a_{n1} & a_{n2} & a_{n3} & \cdots & a_{nn} \end{vmatrix}=a_{11}a_{22}\cdots a_{nn}.$$

我们称上面形式的行列式为下三角行列式.

同理,利用定义 1.2.2 可得上三角行列式

$$D=\begin{vmatrix} a_{11} & a_{12} & a_{13} & \cdots & a_{1n} \\ 0 & a_{22} & a_{23} & \cdots & a_{2n} \\ 0 & 0 & a_{33} & \cdots & a_{3n} \\ \vdots & \vdots & \vdots & & \vdots \\ 0 & 0 & 0 & \cdots & a_{nn} \end{vmatrix}=a_{11}a_{22}\cdots a_{nn}.$$

其中,$a_{ii}\neq 0(i=1,2,\cdots,n)$.

特别的,

$$D=\begin{vmatrix} a_{11} & 0 & \cdots & 0 \\ 0 & a_{22} & \cdots & 0 \\ \vdots & \vdots & & \vdots \\ 0 & 0 & \cdots & a_{nn} \end{vmatrix}=a_{11}a_{22}\cdots a_{nn}\quad(\text{其中 } a_{ii}\neq 0,i=1,2,\cdots,n)$$

称为对角行列式.

因此,三角行列式和对角行列式的值均等于对角线各元素的乘积.这一结论在以后行列式的计算中可直接应用.

第三节 行列式的性质

在上一节,我们引入了 n 阶行列式的定义,并利用定义简单计算了一些特殊行列式(如三角行列式).然而,对于一般的 n 阶行列式,当 n 较大或元素较复杂时,计算量就非常大.为了减少计算量,我们在这一节中将引入行列式的性质.

在引入行列式的性质之前,我们首先引入转置行列式这一定义.

定义 1.3.1 将行列式

$$D=\begin{vmatrix} a_{11} & a_{12} & \cdots & a_{1n} \\ a_{21} & a_{22} & \cdots & a_{2n} \\ \vdots & \vdots & & \vdots \\ a_{n1} & a_{n2} & \cdots & a_{nn} \end{vmatrix} \tag{1.3.1}$$

的行和列依次互换所得到的新的行列式

$$D^{\mathrm{T}}=\begin{vmatrix} a_{11} & a_{21} & \cdots & a_{n1} \\ a_{12} & a_{22} & \cdots & a_{n2} \\ \vdots & \vdots & & \vdots \\ a_{1n} & a_{2n} & \cdots & a_{nn} \end{vmatrix} \tag{1.3.2}$$

称为行列式 D 的转置行列式.

转置行列式和原行列式之间具有下面的性质.

性质 1 行列式(1.3.1)与其转置行列式(1.3.2)相等,即

$$D=\begin{vmatrix} a_{11} & a_{12} & \cdots & a_{1n} \\ a_{21} & a_{22} & \cdots & a_{2n} \\ \vdots & \vdots & & \vdots \\ a_{n1} & a_{n2} & \cdots & a_{nn} \end{vmatrix}=\begin{vmatrix} a_{11} & a_{21} & \cdots & a_{n1} \\ a_{12} & a_{22} & \cdots & a_{n2} \\ \vdots & \vdots & & \vdots \\ a_{1n} & a_{2n} & \cdots & a_{nn} \end{vmatrix}=D^{\mathrm{T}}.$$

证明:记

$$D^{\mathrm{T}}=\begin{vmatrix} a_{11} & a_{21} & \cdots & a_{n1} \\ a_{12} & a_{22} & \cdots & a_{n2} \\ \vdots & \vdots & & \vdots \\ a_{1n} & a_{2n} & \cdots & a_{nn} \end{vmatrix}=\begin{vmatrix} b_{11} & b_{12} & \cdots & b_{1n} \\ b_{21} & b_{22} & \cdots & b_{2n} \\ \vdots & \vdots & & \vdots \\ b_{n1} & b_{n2} & \cdots & b_{nn} \end{vmatrix},$$

则

$$b_{ij}=a_{ji}(i,j=1,2,\cdots,n).$$

故按行列式定义 1.2.1 和定义 1.2.2，有

$$\begin{aligned}D^{\mathrm{T}}&=\sum(-1)^{\tau(p_1p_2\cdots p_n)}b_{1p_1}b_{2p_2}\cdots b_{np_n}\\&=\sum(-1)^{\tau(p_1p_2\cdots p_n)}a_{p_11}a_{p_22}\cdots a_{p_nn}\\&=D.\end{aligned}$$

性质 2　把行列式的两行(列)互换，所得到的新的行列式与原行列式互为相反数.

证明：令

$$D=\begin{vmatrix}a_{11}&a_{12}&\cdots&a_{1n}\\\vdots&\vdots&&\vdots\\a_{i1}&a_{i2}&\cdots&a_{in}\\\vdots&\vdots&&\vdots\\a_{j1}&a_{j2}&\cdots&a_{jn}\\\vdots&\vdots&&\vdots\\a_{n1}&a_{n2}&\cdots&a_{nn}\end{vmatrix},\quad D_1=\begin{vmatrix}a_{11}&a_{12}&\cdots&a_{1n}\\\vdots&\vdots&&\vdots\\a_{j1}&a_{j2}&\cdots&a_{jn}\\\vdots&\vdots&&\vdots\\a_{i1}&a_{i2}&\cdots&a_{in}\\\vdots&\vdots&&\vdots\\a_{n1}&a_{n2}&\cdots&a_{nn}\end{vmatrix}.$$

记

$$D_1=\begin{vmatrix}b_{11}&b_{12}&\cdots&b_{1n}\\\vdots&\vdots&&\vdots\\b_{i1}&b_{i2}&\cdots&b_{in}\\\vdots&\vdots&&\vdots\\b_{j1}&b_{j2}&\cdots&b_{jn}\\\vdots&\vdots&&\vdots\\b_{n1}&b_{n2}&\cdots&b_{nn}\end{vmatrix}.$$

则

$$b_{kl}=\begin{cases}a_{kl}, & k\neq i,j,\\a_{jl}, & k=i,\\a_{il}, & k=j,\end{cases}\quad l=1,2,\cdots,n.$$

由行列式的定义 1.2.1 以及对换改变排列奇偶性这一性质，可知

$$\begin{aligned}D_1&=\sum(-1)^{\tau(p_1\cdots p_i\cdots p_j\cdots p_n)}b_{1p_1}\cdots b_{ip_i}\cdots b_{jp_j}\cdots b_{np_n}\\&=\sum(-1)^{\tau(p_1\cdots p_i\cdots p_j\cdots p_n)}a_{1p_1}\cdots a_{jp_i}\cdots a_{ip_j}\cdots a_{np_n}\\&=\sum(-1)^{\tau(p_1\cdots p_i\cdots p_j\cdots p_n)}a_{1p_1}\cdots a_{ip_j}\cdots a_{jp_i}\cdots a_{np_n}\\&=-\sum(-1)^{\tau(p_1\cdots p_j\cdots p_i\cdots p_n)}a_{1p_1}\cdots a_{ip_j}\cdots a_{jp_i}\cdots a_{np_n}\\&=-D.\end{aligned}$$

同理，可得交换两列的情况.

由性质 2,我们马上可以得到如下推论:

推论 1 若行列式 D 中有两行(列) 相同,则 $D=0$.

性质 3 将行列式中某一行(列) 的所有元素都扩大 k 倍,则所得行列式为原行列式的 k 倍.

推论 2 若行列式的某一行(列) 的所有元素都有公因数 $k(k\neq 0)$,则可将该公因数 k 提至行列式外相乘,即

$$D=\begin{vmatrix} a_{11} & a_{12} & \cdots & a_{1n} \\ \vdots & \vdots & & \vdots \\ ka_{i1} & ka_{i2} & \cdots & ka_{in} \\ \vdots & \vdots & & \vdots \\ a_{n1} & a_{n2} & \cdots & a_{nn} \end{vmatrix}=k\begin{vmatrix} a_{11} & a_{12} & \cdots & a_{1n} \\ \vdots & \vdots & & \vdots \\ a_{i1} & a_{i2} & \cdots & a_{in} \\ \vdots & \vdots & & \vdots \\ a_{n1} & a_{n2} & \cdots & a_{nn} \end{vmatrix}.$$

推论 3 如果行列式中某一行(列) 的所有元素全是 0,则 $D=0$.

性质 4 如果行列式 D 中有两行(列) 元素成比例,则 $D=0$.

由性质 2 和性质 3,可以很简单地得到性质 4.

性质 5 如果行列式 D 的某一行(列) 元素均为两元素的和,那么这个行列式就可以写成两个行列式的和,即

$$D=\begin{vmatrix} a_{11} & a_{12} & \cdots & a_{1n} \\ \vdots & \vdots & & \vdots \\ a_{i1}+b_{i1} & a_{i2}+b_{i2} & \cdots & a_{in}+b_{in} \\ \vdots & \vdots & & \vdots \\ a_{n1} & a_{n2} & \cdots & a_{nn} \end{vmatrix}$$

$$=\begin{vmatrix} a_{11} & a_{12} & \cdots & a_{1n} \\ \vdots & \vdots & & \vdots \\ a_{i1} & a_{i2} & \cdots & a_{in} \\ \vdots & \vdots & & \vdots \\ a_{n1} & a_{n2} & \cdots & a_{nn} \end{vmatrix}+\begin{vmatrix} a_{11} & a_{12} & \cdots & a_{1n} \\ \vdots & \vdots & & \vdots \\ b_{i1} & b_{i2} & \cdots & b_{in} \\ \vdots & \vdots & & \vdots \\ a_{n1} & a_{n2} & \cdots & a_{nn} \end{vmatrix}.$$

性质 3 和性质 5 的证明利用行列式的定义 1.2.1 很简单就可以得出,在这里我们省去证明.

性质 5 告诉我们,若行列式 D 中某一行(列) 元素均为两元素的和,则行列式可以拆分成两个行列式之和;若行列式 D 中有两行(列) 均为两元素的和,则 D 可拆分成四个行列式的和;依此类推,若 n 阶行列式 D 中,每个元素均为两个数之和,则 D 可拆分成 2^n 个行列式之和,如二阶行列式

$$\begin{vmatrix} a+x & b+y \\ c+z & d+w \end{vmatrix}=\begin{vmatrix} a & b \\ c+z & d+w \end{vmatrix}+\begin{vmatrix} x & y \\ c+z & d+w \end{vmatrix}$$

$$=\begin{vmatrix}a&b\\c&d\end{vmatrix}+\begin{vmatrix}a&b\\z&w\end{vmatrix}+\begin{vmatrix}x&y\\c&d\end{vmatrix}+\begin{vmatrix}x&y\\z&w\end{vmatrix}.$$

性质6　将行列式D中某一行(列)的k倍加到另一行(列)去,则行列式的值不变.

证明:由性质 4 和性质 5 可得

$$\begin{vmatrix}a_{11}&a_{12}&\cdots&a_{1n}\\ \vdots&\vdots&&\vdots\\ a_{i1}&a_{i2}&&a_{in}\\ \vdots&\vdots&&\vdots\\ a_{j1}+ka_{i1}&a_{j2}+ka_{i2}&\cdots&a_{jn}+ka_{in}\\ \vdots&\vdots&&\vdots\\ a_{n1}&a_{n2}&\cdots&a_{nn}\end{vmatrix}=\begin{vmatrix}a_{11}&a_{12}&\cdots&a_{1n}\\ \vdots&\vdots&&\vdots\\ a_{i1}&a_{i2}&\cdots&a_{in}\\ \vdots&\vdots&&\vdots\\ a_{j1}&a_{j2}&\cdots&a_{jn}\\ \vdots&\vdots&&\vdots\\ a_{n1}&a_{n2}&\cdots&a_{nn}\end{vmatrix}+\begin{vmatrix}a_{11}&a_{12}&\cdots&a_{1n}\\ \vdots&\vdots&&\vdots\\ a_{i1}&a_{i2}&\cdots&a_{in}\\ \vdots&\vdots&&\vdots\\ ka_{i1}&ka_{i2}&\cdots&ka_{in}\\ \vdots&\vdots&&\vdots\\ a_{n1}&a_{n2}&\cdots&a_{nn}\end{vmatrix}$$

$$=\begin{vmatrix}a_{11}&a_{12}&\cdots&a_{1n}\\ \vdots&\vdots&&\vdots\\ a_{i1}&a_{i2}&\cdots&a_{in}\\ \vdots&\vdots&&\vdots\\ a_{j1}&a_{j2}&\cdots&a_{jn}\\ \vdots&\vdots&&\vdots\\ a_{n1}&a_{n2}&\cdots&a_{nn}\end{vmatrix}.$$

由行列式的定义可知,一个行列式中数字越简单,0 出现越多,一般情况下行列式的计算就会越简单. 因而,对于一般行列式的计算,我们往往是先利用性质 6 对行列式进行化简后再计算,这样可大大减少计算量.

在上一节中,我们知道三角行列式等于其对角线元素的乘积,所以在这一节,我们一般先利用行列式性质把行列式化为三角行列式,再进行计算. 在本书后面关于行列式的计算中,为了表示出变换的过程,我们把行列式对应于行的三种变换分别记为:$r_i\leftrightarrow r_j$(交换第 i 行与第 j 行),kr_i(将第 i 行乘以 k),r_i+kr_j(将第 j 行的 k 倍加到第 i 行). 同理,我们用 $c_i\leftrightarrow c_j$,kc_i,c_i+kc_j 表示行列式列的三种相应变换.

例 1.3.1　计算行列式

$$D=\begin{vmatrix}3&2&5&7\\2&1&6&3\\0&2&3&1\\1&0&2&1\end{vmatrix}.$$

解:$D\xlongequal{r_1\leftrightarrow r_4}-\begin{vmatrix}1&0&2&1\\2&1&6&3\\0&2&3&1\\3&2&5&7\end{vmatrix}\xlongequal[r_4-3r_1]{r_2-2r_1}-\begin{vmatrix}1&0&2&1\\0&1&2&1\\0&2&3&1\\0&2&-1&4\end{vmatrix}$

$$\xlongequal[r_4-2r_2]{r_3-2r_2}-\begin{vmatrix}1&0&2&1\\0&1&2&1\\0&0&-1&-1\\0&0&-5&2\end{vmatrix}\xlongequal{r_4-5r_3}-\begin{vmatrix}1&0&2&1\\0&1&2&1\\0&0&-1&-1\\0&0&0&7\end{vmatrix}$$

$$=-[1\times1\times(-1)\times7]=7.$$

例 1.3.2 已知 1781,2743,4056,7969 均是 13 的倍数,证明行列式

$$D=\begin{vmatrix}1&7&8&1\\2&7&4&3\\4&0&5&6\\7&9&6&9\end{vmatrix}$$

也是 13 的倍数.

证明:$D\xlongequal{c_4+10c_3+100c_2+1000c_1}\begin{vmatrix}1&7&8&1781\\2&7&4&2743\\4&0&5&4056\\7&9&6&7969\end{vmatrix}\xlongequal{c_4\div13}13\cdot\begin{vmatrix}1&7&8&137\\2&7&4&211\\4&0&5&312\\7&9&6&613\end{vmatrix}.$

令

$$D_1=\begin{vmatrix}1&7&8&137\\2&7&4&211\\4&0&5&312\\7&9&6&613\end{vmatrix},$$

由于 D_1 中每一个元素均为整数,则由行列式的定义可知 D_1 一定是一个整数,从而 $D=13\cdot D_1$,即 D 是 13 的倍数.

例 1.3.3 求 n 阶行列式

$$D_n=\begin{vmatrix}x&a&\cdots&a\\a&x&\cdots&a\\\vdots&\vdots&&\vdots\\a&a&\cdots&x\end{vmatrix}.$$

解:$D_n\xlongequal{c_1+c_2+\cdots+c_n}\begin{vmatrix}x+(n-1)a&a&\cdots&a\\x+(n-1)a&x&\cdots&a\\\vdots&\vdots&&\vdots\\x+(n-1)a&a&\cdots&x\end{vmatrix}$

$$\xlongequal[\substack{r_3-r_1\\\cdots\\r_n-r_1}]{r_2-r_1}\begin{vmatrix}x+(n-1)a&a&\cdots&a\\0&x-a&\cdots&0\\\vdots&\vdots&&\vdots\\0&0&\cdots&x-a\end{vmatrix}$$

$$= [x+(n-1)a](x-a)^{n-1}.$$

在例 1.3.3 中,注意到行列式 D_n 中每一行各元素的和相等,均为 $x+(n-1)a$,故我们把 D 中其余列加到第一列,使得第一列各元素相等,再利用各行减第一行,这样就出现了大量的 0,从而使得行列式的计算变得简单,这是"行和相等"这一类行列式的基本做题方法. 同理,如果在一个行列式中,发现每一列各元素和相等,我们就可先将其余行加到第一行,使得第一行各元素相等,再利用各列减去第一列,以简化计算.

例 1.3.4　计算 n 阶行列式

$$D_n = \begin{vmatrix} 1 & 1 & 1 & \cdots & 1 \\ 1 & 2 & 0 & \cdots & 0 \\ 1 & 0 & 3 & \cdots & 0 \\ \vdots & \vdots & \vdots & & \vdots \\ 1 & 0 & 0 & \cdots & n \end{vmatrix}.$$

解:

$$D_n \xlongequal{c_1 - \frac{c_2}{2}} \begin{vmatrix} 1-\frac{1}{2} & 1 & 1 & \cdots & 1 \\ 0 & 2 & 0 & \cdots & 0 \\ 1 & 0 & 3 & \cdots & 0 \\ \vdots & \vdots & \vdots & & \vdots \\ 1 & 0 & 0 & \cdots & n \end{vmatrix} \xlongequal{c_1 - \frac{c_3}{3}} \begin{vmatrix} 1-\frac{1}{2}-\frac{1}{3} & 1 & 1 & \cdots & 1 \\ 0 & 2 & 0 & \cdots & 0 \\ 0 & 0 & 3 & \cdots & 0 \\ \vdots & \vdots & \vdots & & \vdots \\ 1 & 0 & 0 & \cdots & n \end{vmatrix} = \cdots$$

$$= \begin{vmatrix} 1-\sum\limits_{k=2}^{n}\frac{1}{k} & 1 & 1 & \cdots & 1 \\ 0 & 2 & 0 & \cdots & 0 \\ 0 & 0 & 3 & \cdots & 0 \\ \vdots & \vdots & \vdots & & \vdots \\ 0 & 0 & 0 & \cdots & n \end{vmatrix} = (n!)\left(1-\sum_{k=2}^{n}\frac{1}{k}\right).$$

例 1.3.5　证明

$$D = \begin{vmatrix} a_{11} & a_{12} & \cdots & a_{1n} & & & & \\ a_{21} & a_{22} & \cdots & a_{2n} & & & 0 & \\ \vdots & \vdots & & \vdots & & & & \\ a_{n1} & a_{n2} & \cdots & a_{nn} & & & & \\ c_{11} & c_{12} & \cdots & c_{1n} & b_{11} & b_{12} & \cdots & b_{1m} \\ c_{21} & c_{22} & \cdots & c_{2n} & b_{21} & b_{22} & \cdots & b_{2m} \\ \vdots & \vdots & & \vdots & \vdots & \vdots & & \vdots \\ c_{m1} & c_{m2} & \cdots & c_{mn} & b_{m1} & b_{m2} & \cdots & b_{mm} \end{vmatrix}$$

$$= \begin{vmatrix} a_{11} & a_{12} & \cdots & a_{1n} \\ a_{21} & a_{22} & \cdots & a_{2n} \\ \vdots & \vdots & & \vdots \\ a_{n1} & a_{n2} & \cdots & a_{nn} \end{vmatrix} \begin{vmatrix} b_{11} & b_{12} & \cdots & b_{1m} \\ b_{21} & b_{22} & \cdots & b_{2m} \\ \vdots & \vdots & & \vdots \\ b_{m1} & b_{m2} & \cdots & b_{mm} \end{vmatrix}.$$

证明:记

$$D_n = \begin{vmatrix} a_{11} & \cdots & a_{1n} \\ \vdots & & \vdots \\ a_{n1} & \cdots & a_{nn} \end{vmatrix}, \quad D_m = \begin{vmatrix} b_{11} & \cdots & b_{1m} \\ \vdots & & \vdots \\ b_{m1} & \cdots & b_{mm} \end{vmatrix}.$$

类似于例 1. 3. 1 的方法,做运算 $r_i \leftrightarrow r_j$ 和 $r_i + kr_j$,把 D_n 化为下三角行列式,设为

$$D_n = \begin{vmatrix} p_{11} & & 0 \\ \vdots & \ddots & \\ p_{n1} & \cdots & p_{nn} \end{vmatrix} = p_{11} \cdots p_{nn};$$

做运算 $c_i \leftrightarrow c_j$ 和 $c_i + kc_j$,把 D_m 化为下三角行列式,设为

$$D_m = \begin{vmatrix} q_{11} & & 0 \\ \vdots & \ddots & \\ q_{m1} & \cdots & q_{mm} \end{vmatrix} = q_{11} \cdots q_{mm}.$$

于是对 D 的前 n 行,做对应的 $r_i \leftrightarrow r_j$ 和 $r_i + kr_j$,再对 D 的后 m 列,做对应的 $c_i \leftrightarrow c_j$ 和 $c_i + kc_j$,可把 D 化为下述形式的下三角行列式

$$D = \begin{vmatrix} p_{11} & & & & & \\ \vdots & \ddots & & & 0 & \\ p_{n1} & \cdots & p_{nn} & & & \\ c_{11} & \cdots & c_{1n} & q_{11} & & \\ \vdots & & \vdots & \vdots & \ddots & \\ c_{m1} & \cdots & c_{mn} & q_{m1} & \cdots & q_{mm} \end{vmatrix}.$$

故

$$D = p_{11} \cdots p_{nn} \cdot q_{11} \cdots q_{mm} = D_n \cdot D_m.$$

第四节　行列式按行(列) 展开

利用行列式的性质来计算行列式,虽然比利用定义来计算行列式简单些,但计算量仍然较大. 本节中,我们将给出行列式的另外一种较为常用的方法 —— 行列式按行(列) 展开.

一般来说，行列式的阶数（行数或列数）越低，计算越简单. 于是，我们自然想到利用低阶行列式来表示高阶行列式的问题. 为此，我们需要先引入余子式和代数余子式的定义.

定义 1.4.1　在 n 阶行列式

$$D = \begin{vmatrix} a_{11} & \cdots & a_{1n} \\ \vdots & & \vdots \\ a_{n1} & \cdots & a_{nn} \end{vmatrix}$$

中，把第 i 行第 j 列的元素 a_{ij} 所在的行（第 i 行）和列（第 j 列）的元素划去之后，留下来的 $(n-1)^2$ 个元素按照原来的顺序构成的 $(n-1)$ 阶行列式，称为行列式 D 中元素 a_{ij} 的余子式，记作 M_{ij}；而

$$A_{ij} = (-1)^{i+j}M_{ij},$$

称 A_{ij} 为 a_{ij} 的代数余子式.

例如，四阶行列式

$$D = \begin{vmatrix} a_{11} & a_{12} & a_{13} & a_{14} \\ a_{21} & a_{22} & a_{23} & a_{24} \\ a_{31} & a_{32} & a_{33} & a_{34} \\ a_{41} & a_{42} & a_{43} & a_{44} \end{vmatrix}$$

中，a_{23} 的余子式和代数余子式分别为

$$M_{23} = \begin{vmatrix} a_{11} & a_{12} & a_{14} \\ a_{31} & a_{32} & a_{34} \\ a_{41} & a_{42} & a_{44} \end{vmatrix},$$

$$A_{23} = (-1)^{2+3}M_{23} = -M_{23}.$$

引理 1.4.1　若一个 n 阶行列式的第 i 行（列）中只有一个元素非零，其余元素均为零，则行列式等于该非零元素与它的代数余子式的乘积.

证明：不妨令该非零元素为 a_{ij}.

先证特殊情况 $i=j=1$ 时. 记

$$D = \begin{vmatrix} a_{11} & 0 & \cdots & 0 \\ a_{12} & a_{22} & \cdots & a_{2n} \\ \vdots & \vdots & & \vdots \\ a_{n1} & a_{n2} & \cdots & a_{nn} \end{vmatrix},$$

利用例 1.3.5 的结论，可知

$$D = a_{11}M_{11} = a_{11}A_{11}.$$

再证一般情形. 记

$$D=\begin{vmatrix} a_{11} & \cdots & a_{1j} & \cdots & a_{1n} \\ \vdots & & \vdots & & \vdots \\ 0 & \cdots & a_{ij} & \cdots & 0 \\ \vdots & & \vdots & & \vdots \\ a_{n1} & \cdots & a_{nj} & \cdots & a_{nn} \end{vmatrix},$$

在 D 中，依次做运算 $r_i \leftrightarrow r_{i-1}, r_{i-1} \leftrightarrow r_{i-2}, \cdots, r_2 \leftrightarrow r_1$，这样经过 $i-1$ 次对换行后，第 i 行交换到第一行，而其他行的前后关系没有发生变化. 再依次做运算 $c_j \leftrightarrow c_{j-1}, c_{j-1} \leftrightarrow c_{j-2}, \cdots, c_2 \leftrightarrow c_1$，经过 $j-1$ 次对换后，此时 D 就变为如下形式：

$$D_1=\begin{vmatrix} a_{ij} & 0 & \cdots & 0 \\ a_{1j} & a_{11} & \cdots & a_{1n} \\ \vdots & \vdots & & \vdots \\ a_{nj} & a_{n1} & \cdots & a_{nn} \end{vmatrix}.$$

从而

$$D_1 = a_{ij}M_{ij}.$$

在由 D 变到 D_1 的过程中，共进行了 $i+j-2$ 次行、列对换. 利用行列式性质 2，可知

$$D=(-1)^{i+j-2}D_1=a_{ij}\cdot(-1)^{i+j}M_{ij}=a_{ij}A_{ij}.$$

定理 1.4.1 一个 n 阶行列式等于它的任何一行(列)的各元素与其对应的代数余子式的乘积之和，即

$$D=\sum_{k=1}^{n}a_{ik}A_{ik}=a_{i1}A_{i1}+a_{i2}A_{i2}+\cdots+a_{in}A_{in}\quad(i=1,2,\cdots,n),\tag{1.4.1}$$

或

$$D=\sum_{k=1}^{n}a_{kj}A_{kj}=a_{1j}A_{1j}+a_{2j}A_{2j}+\cdots+a_{nj}A_{nj}\quad(j=1,2,\cdots,n).\tag{1.4.2}$$

我们称(1.4.1)式为 n 阶行列式 D 按第 i 行展开，(1.4.2)式为 D 按第 j 列展开.

证明：令

$$D=\begin{vmatrix} a_{11} & \cdots & a_{1n} \\ \vdots & & \vdots \\ a_{i1} & \cdots & a_{in} \\ \vdots & & \vdots \\ a_{n1} & \cdots & a_{nn} \end{vmatrix}=\begin{vmatrix} a_{11} & a_{12} & \cdots & a_{1n} \\ \vdots & \vdots & & \vdots \\ a_{i1}+0+\cdots+0 & 0+a_{i2}+\cdots+0 & \cdots & 0+\cdots+0+a_{in} \\ \vdots & \vdots & & \vdots \\ a_{n1} & a_{n2} & \cdots & a_{nn} \end{vmatrix}$$

$$=\begin{vmatrix} a_{11} & a_{12} & \cdots & a_{1n} \\ \vdots & \vdots & & \vdots \\ a_{i1} & 0 & \cdots & 0 \\ \vdots & \vdots & & \vdots \\ a_{n1} & a_{n2} & \cdots & a_{nn} \end{vmatrix}+\begin{vmatrix} a_{11} & a_{12} & \cdots & a_{1n} \\ \vdots & \vdots & & \vdots \\ 0 & a_{i2} & \cdots & 0 \\ \vdots & \vdots & & \vdots \\ a_{n1} & a_{n2} & \cdots & a_{nn} \end{vmatrix}+\cdots+\begin{vmatrix} a_{11} & a_{12} & \cdots & a_{1n} \\ \vdots & \vdots & & \vdots \\ 0 & 0 & \cdots & a_{in} \\ \vdots & \vdots & & \vdots \\ a_{n1} & a_{n2} & \cdots & a_{nn} \end{vmatrix}.$$

根据引理 1.4.1,于是

$$D = a_{i1}A_{i1} + a_{i2}A_{i2} + \cdots + a_{in}A_{in} \qquad (i = 1,2,\cdots,n).$$

类似的,按列拆分 D,可证明

$$D = a_{1j}A_{1j} + a_{2j}A_{2j} + \cdots + a_{nj}A_{nj} \qquad (j = 1,2,\cdots,n).$$

利用行列式按行(列)展开的方法来计算行列式可简化计算.下面我们就用此方法来计算例 1.3.1.

例 1.4.1　计算行列式

$$D = \begin{vmatrix} 3 & 2 & 5 & 7 \\ 2 & 1 & 6 & 3 \\ 0 & 2 & 3 & 1 \\ 1 & 0 & 2 & 1 \end{vmatrix}.$$

解:$D \xlongequal[c_4 - c_1]{c_3 - 2c_1} \begin{vmatrix} 3 & 2 & -1 & 4 \\ 2 & 1 & 2 & 1 \\ 0 & 2 & 3 & 1 \\ 1 & 0 & 0 & 0 \end{vmatrix} = -\begin{vmatrix} 2 & -1 & 4 \\ 1 & 2 & 1 \\ 2 & 3 & 1 \end{vmatrix}$

$$\xlongequal[r_3 - 2r_2]{r_1 - 2r_2} -\begin{vmatrix} 0 & -5 & 2 \\ 1 & 2 & 1 \\ 0 & -1 & -1 \end{vmatrix} = \begin{vmatrix} -5 & 2 \\ -1 & -1 \end{vmatrix} = 7.$$

例 1.4.2　计算 $2n$ 阶行列式

$$D_{2n} = \begin{vmatrix} a & & & & & b \\ & \ddots & & & \cdot^{\cdot^{\cdot}} & \\ & & a & b & & \\ & & c & d & & \\ & \cdot^{\cdot^{\cdot}} & & & \ddots & \\ c & & & & & d \end{vmatrix},$$

未写出的元素均为 0.

解:将 D_{2n} 按第一行展开,可得

$$D_{2n} = \begin{vmatrix} a & 0 & & & & & 0 & b \\ 0 & a & & & & & b & 0 \\ & & \ddots & & & \cdot^{\cdot^{\cdot}} & & \\ & & & a & b & & & \\ & & & c & d & & & \\ & & \cdot^{\cdot^{\cdot}} & & & \ddots & & \\ 0 & c & & & & & d & 0 \\ c & 0 & & & & & 0 & d \end{vmatrix}_{2n}$$

$$=a\begin{vmatrix} a & & & & & b & 0 \\ & \ddots & & & \iddots & & \\ & & a & b & & & \\ & & c & d & & & \\ & \iddots & & & \ddots & & \\ c & & & & & d & 0 \\ 0 & & & & & 0 & d \end{vmatrix}_{2n-1}+(-1)^{2n+1}b\begin{vmatrix} 0 & a & & & & & b \\ & & \ddots & & & \iddots & \\ & & & a & b & & \\ & & & c & d & & \\ & & \iddots & & & \ddots & \\ 0 & c & & & & & d \\ c & 0 & & & & & 0 \end{vmatrix}_{2n-1}.$$

再对上式两个 $2n-1$ 阶行列式按第 $2n-1$ 行展开,可得

$$D_{2n}=ad\cdot(-1)^{1+(2n-1)}\begin{vmatrix} a & & & & & b \\ & \ddots & & & \iddots & \\ & & a & b & & \\ & & c & d & & \\ & \iddots & & & \ddots & \\ c & & & & & d \end{vmatrix}_{2n-2}$$

$$-bc\cdot(-1)^{1+(2n-1)}\begin{vmatrix} a & & & & & b \\ & \ddots & & & \iddots & \\ & & a & b & & \\ & & c & d & & \\ & \iddots & & & \ddots & \\ c & & & & & d \end{vmatrix}_{2n-2}$$

$$=(ad-bc)D_{2n-2}.$$

以上式作为递推式,即得

$$D_{2n}=(ad-bc)^2D_{2(n-2)}=\cdots=(ad-bc)^{n-1}D_2=(ad-bc)^n.$$

例 1.4.3　证明 n 阶范德蒙德(Vandermonde)行列式

$$D_n=\begin{vmatrix} 1 & 1 & \cdots & 1 \\ x_1 & x_2 & \cdots & x_n \\ x_1^2 & x_2^2 & \cdots & x_n^2 \\ \vdots & \vdots & & \vdots \\ x_1^{n-1} & x_2^{n-1} & \cdots & x_n^{n-1} \end{vmatrix}=\prod_{1\leqslant j<i\leqslant n}(x_i-x_j). \tag{1.4.3}$$

证明:用数学归纳法证明. $n=2$ 时,

$$D_2=\begin{vmatrix} 1 & 1 \\ x_1 & x_2 \end{vmatrix}=x_2-x_1=\prod_{1\leqslant j<i\leqslant 2}(x_i-x_j).$$

此时,(1.4.3) 式成立.

假定 $n-1$ 时,(1.4.3) 式成立,则 n 时,从最后一行开始,依次用后一行减去前一行的 x_1 倍,有

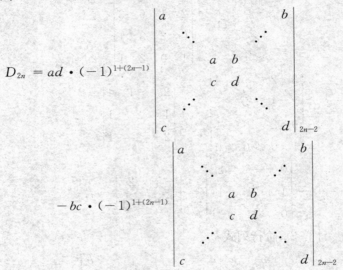

$$D_n=\begin{vmatrix}1&1&\cdots&1\\x_1&x_2&\cdots&x_n\\x_1^2&x_2^2&\cdots&x_n^2\\\vdots&\vdots&&\vdots\\x_1^{n-1}&x_2^{n-1}&\cdots&x_n^{n-1}\end{vmatrix}$$

$$\xlongequal[i=n,n-1,\cdots,2]{r_i-x_1r_{i-1}}\begin{vmatrix}1&1&\cdots&1\\0&x_2-x_1&\cdots&x_n-x_1\\0&x_2(x_2-x_1)&\cdots&x_n(x_n-x_1)\\\vdots&\vdots&&\vdots\\0&x_2^{n-2}(x_2-x_1)&\cdots&x_n^{n-2}(x_n-x_1)\end{vmatrix}$$

$$=(x_2-x_1)(x_3-x_1)\cdots(x_n-x_1)\begin{vmatrix}1&1&\cdots&1\\x_2&x_3&\cdots&x_n\\\vdots&\vdots&&\vdots\\x_2^{n-2}&x_3^{n-2}&\cdots&x_n^{n-2}\end{vmatrix}.$$

上式右端的 $n-1$ 阶行列式为 $n-1$ 阶的范德蒙德行列式，故由归纳法的假定可知

$$\begin{vmatrix}1&1&\cdots&1\\x_2&x_3&\cdots&x_n\\\vdots&\vdots&&\vdots\\x_2^{n-2}&x_3^{n-2}&\cdots&x_n^{n-2}\end{vmatrix}=\prod_{2\leqslant j<i\leqslant n}(x_i-x_j),$$

从而

$$\begin{aligned}D_n&=(x_2-x_1)(x_3-x_1)\cdots(x_n-x_1)\prod_{2\leqslant j<i\leqslant n}(x_i-x_j)\\&=\prod_{1\leqslant j<i\leqslant n}(x_i-x_j).\end{aligned}$$

***例 1.4.4**　计算 n 阶行列式

$$D_n=\begin{vmatrix}a_1+1&1&\cdots&1\\1&a_2+1&\cdots&1\\\vdots&\vdots&&\vdots\\1&1&\cdots&a_n+1\end{vmatrix},$$

其中，$\prod_{i=1}^{n}a_i\neq0$.

证明　令

$$D_{n+1}=\begin{vmatrix}1 & 1 & 1 & \cdots & 1\\ 0 & a_1+1 & 1 & \cdots & 1\\ 0 & 1 & a_2+1 & \cdots & 1\\ \vdots & \vdots & \vdots & & \vdots\\ 0 & 1 & 1 & \cdots & a_n+1\end{vmatrix},$$

则由行列式的展开法则，知

$$D_n=D_{n+1}\xlongequal[i=2,\cdots,n+1]{r_i-r_1}\begin{vmatrix}1 & 1 & 1 & \cdots & 1\\ -1 & a_1 & 0 & \cdots & 0\\ -1 & 0 & a_2 & \cdots & 0\\ \vdots & \vdots & \vdots & & \vdots\\ -1 & 0 & 0 & \cdots & a_n\end{vmatrix}.$$

此时，D_n 化为例 1.3.4 的形式，利用例 1.3.4 的处理方法，依次把第 $i+1(i=1,\cdots,n)$ 列的$\dfrac{1}{a_i}$ 倍加到第 1 列，可得

$$D_n=D_{n+1}=\begin{vmatrix}1+\sum\limits_{i=1}^{n}\dfrac{1}{a_i} & 1 & 1 & \cdots & 1\\ 0 & a_1 & 0 & \cdots & 0\\ 0 & 0 & a_2 & \cdots & 0\\ \vdots & \vdots & \vdots & & \vdots\\ 0 & 0 & 0 & \cdots & a_n\end{vmatrix}$$

$$=(\prod_{i=1}^{n}a_i)(1+\sum_{i=1}^{n}\frac{1}{a_i}).$$

上述方法，我们称之为“加边法”. 一般来说，将高阶行列式化为低阶行列式的“降阶”方法是处理行列式的一般方法. 但形如例 1.4.4 的行列式，用“降阶”的方法处理起来却非常困难，而采用“加边法”这一“升阶”的方法却能收到意外的效果. 类似于“加边法”这种逆式思维，在数学问题的处理中也是一种常用的思维方式. 总之，在行列式的计算中，我们的出发点就是把不熟悉的、较为复杂的形式化为熟悉的、较为简单的形式来进行计算.

例 1.4.5 已知

$$D_1=\begin{vmatrix}1 & 2 & 3\\ 4 & 5 & 6\\ 7 & 8 & 9\end{vmatrix},$$

(1) 写出 D_1 的第一行元素对应的代数余子式 A_{11}, A_{12}, A_{13}，并计算 $A_{11}+A_{12}+A_{13}$；

(2) 按第一行展开，计算行列式

$$D_2 = \begin{vmatrix} 1 & 1 & 1 \\ 4 & 5 & 6 \\ 7 & 8 & 9 \end{vmatrix}.$$

解:(1)$A_{11} = \begin{vmatrix} 5 & 6 \\ 8 & 9 \end{vmatrix} = -3$;

$$A_{12} = -\begin{vmatrix} 4 & 6 \\ 7 & 9 \end{vmatrix} = 6;$$

$$A_{13} = \begin{vmatrix} 4 & 5 \\ 7 & 8 \end{vmatrix} = -3;$$

$$A_{11} + A_{12} + A_{13} = -3 + 6 - 3 = 0.$$

(2) 按第一行展开可得

$$D_2 = \begin{vmatrix} 1 & 1 & 1 \\ 4 & 5 & 6 \\ 7 & 8 & 9 \end{vmatrix} = \begin{vmatrix} 5 & 6 \\ 8 & 9 \end{vmatrix} - \begin{vmatrix} 4 & 6 \\ 7 & 9 \end{vmatrix} + \begin{vmatrix} 4 & 5 \\ 7 & 8 \end{vmatrix}$$

$$= A_{11} + A_{12} + A_{13} = 0$$

从例 1.4.5 可以看出:行列式 D 中第 i 行元素 $a_{i1}, a_{i2}, \cdots, a_{in}$ 对应的代数余子式 $A_{i1}, A_{i2}, \cdots, A_{in}$ 与第 i 行元素 $a_{i1}, a_{i2}, \cdots, a_{in}$ 无关. 其代数余子式的一个线性运算

$$k_1 a_{i1} + k_2 a_{i2} + \cdots + k_n a_{in}$$

其实就是将 D 中第 i 行元素 $a_{i1}, a_{i2}, \cdots, a_{in}$ 换为 $k_1, k_2, \cdots, k_n$,其余元素保持不变所得的新行列式的值. 当然上述结果对于行列式的列仍然成立.

推论　行列式某一行(列) 各元素与另一行(列) 各元素对应的代数余子式的乘积之和为零,即

$$a_{i1}A_{j1} + a_{i2}A_{j2} + \cdots + a_{in}A_{jn} = 0 \quad (i \neq j), \tag{1.4.4}$$

或

$$a_{1i}A_{1j} + a_{2i}A_{2j} + \cdots + a_{ni}A_{nj} = 0 \quad (i \neq j). \tag{1.4.5}$$

推论的证明较为复杂,此处略去.

第五节　克莱姆(Cramer) 法则

在第一节中,我们推导出了二、三元线性方程组在系数行列式 $D \neq 0$ 时,必有唯一解

$$x_i = \frac{D_i}{D} \quad (i = 1,2 \text{ 或 } i = 1,2,3).$$

同样,对于 n 元线性方程组

$$\begin{cases} a_{11}x_1 + a_{12}x_2 + \cdots + a_{1n}x_n = b_1, \\ a_{21}x_1 + a_{22}x_2 + \cdots + a_{2n}x_n = b_2, \\ \qquad \vdots \qquad\qquad\qquad \vdots \\ a_{n1}x_1 + a_{n2}x_2 + \cdots + a_{nn}x_n = b_n, \end{cases} \tag{1.5.1}$$

也有类似的结果. 这就是著名的克莱姆(Cramer) 法则.

克莱姆法则 如果 n 元线性方程组(1.5.1) 的系数行列式

$$D = \begin{vmatrix} a_{11} & \cdots & a_{1n} \\ \vdots & & \vdots \\ a_{n1} & \cdots & a_{nn} \end{vmatrix} \neq 0,$$

则方程组(1.5.1) 有唯一解

$$x_1 = \frac{D_1}{D}, x_2 = \frac{D_2}{D}, \cdots, x_n = \frac{D_n}{D}.$$

其中, $D_j\ (j = 1,2,\cdots,n)$ 是把系数行列式 D 中第 j 列的元素用方程组(1.5.1) 右端的常数项代替后所得的 n 阶行列式. 即

$$D_j = \begin{vmatrix} a_{11} & \cdots & a_{1(j-1)} & b_1 & a_{1(j+1)} & \cdots & a_{1n} \\ \vdots & & \vdots & \vdots & \vdots & & \vdots \\ a_{n1} & \cdots & a_{n(j-1)} & b_n & a_{n(j+1)} & \cdots & a_{nn} \end{vmatrix} \quad (j = 1,2,\cdots,n).$$

证明: 一方面, 将方程组(1.5.1) 的 n 个方程两边依次乘上 D 的第 j 列元素的代数余子式 $A_{1j}, A_{2j}, \cdots, A_{nj}$, 再相加, 可得

$$\begin{aligned} b_1A_{ij} + \cdots + b_nA_{nj} &= (a_{11}x_1 + \cdots + a_{1n}x_n)A_{1j} + \cdots + (a_{n1}x_1 + \cdots + a_{nn}x_n)A_{nj} \\ &= (a_{11}A_{1j} + a_{n1}A_{nj})x_1 + \cdots + (a_{1j}A_{1j} + \cdots + a_{nj}A_{nj})x_j + \cdots \\ &\quad + (a_{1n}A_{1j} + \cdots + a_{nn}A_{nj})x_n. \end{aligned}$$

由定理 1.4.1 及推论的结果(1.4.2) 式和(1.4.5) 式, 可得

$$b_1A_{1j} + \cdots + b_nA_{nj} = D \cdot x_j. \tag{1.5.2}$$

另一方面, 将 D_j 按照第 j 列展开, 可得

$$D_j = b_1A_{1j} + b_2A_{2j} + \cdots + b_nA_{nj}. \tag{1.5.3}$$

结合(1.5.2) 和(1.5.3) 两式, 可得

$$D \cdot x_j = D_j \qquad (j = 1,2,\cdots,n).$$

因此, 当 $D \neq 0$ 时, 方程组(1.5.1) 的唯一解为

$$x_j = \frac{D_j}{D} \quad (j = 1,2,\cdots,n).$$

例 1.5.1 解线性方程组

$$\begin{cases} x_1 - x_2 + x_3 - 2x_4 = 2, \\ 2x_1 \qquad - x_3 + 4x_4 = 4, \\ 3x_1 + 2x_2 + x_3 \qquad = -1, \\ -x_1 + 2x_2 - x_3 + 2x_4 = -4. \end{cases}$$

解:因为系数行列式

$$D=\begin{vmatrix}1&-1&1&-2\\2&0&-1&4\\3&2&1&0\\-1&2&-1&2\end{vmatrix}=-2\neq 0,$$

所以,方程组有唯一解.又由于

$$D_1=\begin{vmatrix}2&-1&1&-2\\4&0&-1&4\\-1&2&1&0\\-4&2&-1&2\end{vmatrix}=-2,$$

$$D_2=\begin{vmatrix}1&2&1&-2\\2&4&-1&4\\3&-1&1&0\\-1&-4&-1&2\end{vmatrix}=4,$$

$$D_3=\begin{vmatrix}1&-1&2&-2\\2&0&4&4\\3&2&-1&0\\-1&2&-4&2\end{vmatrix}=0,$$

$$D_4=\begin{vmatrix}1&-1&1&2\\2&0&-1&4\\3&2&1&-1\\-1&2&-1&-4\end{vmatrix}=-1,$$

所以,方程组的唯一解为

$$x_1=\frac{D_1}{D}=1,x_2=\frac{D_2}{D}=-2,x_3=\frac{D_3}{D}=0,x_4=\frac{D_4}{D}=\frac{1}{2}.$$

由例 1.5.1 的解题过程看出,对于较大的 n,方程组的求解过程计算量非常大,此时,克莱姆法则仅具有理论意义,不具有实际意义.因此,对于未知数个数较多的方程组而言,我们仍需寻找简单而有效的方法.这些方法我们将在第三章和第四章给出.

当方程组(1.5.1)右端常数项全为零时,即

$$\begin{cases}a_{11}x_1+a_{12}x_2+\cdots+a_{1n}x_n=0,\\a_{21}x_1+a_{22}x_2+\cdots+a_{2n}x_n=0,\\\qquad\vdots\qquad\qquad\qquad\vdots\\a_{n1}x_1+a_{n2}x_2+\cdots+a_{nn}x_n=0.\end{cases}\tag{1.5.4}$$

我们称之为齐次线性方程组.而当常数项 $b_1,b_2,\cdots,b_n$ 不全为零时,我们称方程组(1.5.1)为非齐次线性方程组.

在很多实际问题中，我们只关心方程组(1.5.1)解的个数，而不关心其具体解的形式. 此时，克莱姆法则可叙述如下：

定理 1.5.1 若线性方程组(1.5.1)的系数行列式 $D\neq 0$，则线性方程组(1.5.1)有解，且解唯一.

其逆否命题如下：

定理 1.5.2 若线性方程组(1.5.1)无解或有两个不同的解，则其系数行列式 $D=0$.

对于齐次线性方程组(1.5.4)而言，$x_1=x_2=\cdots=x_n=0$ 必定为其解，我们称该解为方程组(1.5.4)的零解. 而若存在一组不全为零的数为方程组(1.5.4)的解，则称其为方程组(1.5.4)的非零解. 显然，齐次线性方程组(1.5.4)一定有零解，但不一定有非零解.

将定理 1.5.1 和定理 1.5.2 应用于齐次线性方程组，可得如下定理：

定理 1.5.3 若齐次线性方程组(1.5.4)的系数行列式 $D\neq 0$，则方程组(1.5.4)只有零解.

定理 1.5.4 若齐次线性方程组(1.5.4)有非零解，则其系数行列式 $D=0$.

例 1.5.2 当 λ 取何值时，方程组

$$\begin{cases}\lambda x_1+x_2+x_3=0,\\ x_1+\lambda x_2+x_3=0,\\ x_1+x_2+\lambda x_3=0,\end{cases}$$

有非零解.

解：因为其系数行列式

$$D=\begin{vmatrix}\lambda & 1 & 1\\ 1 & \lambda & 1\\ 1 & 1 & \lambda\end{vmatrix}\xlongequal{c_1+c_2+c_3}\begin{vmatrix}\lambda+2 & 1 & 1\\ \lambda+2 & \lambda & 1\\ \lambda+2 & 1 & \lambda\end{vmatrix}$$

$$\xlongequal[r_3-r_1]{r_2-r_1}\begin{vmatrix}\lambda+2 & 1 & 1\\ 0 & \lambda-1 & 0\\ 0 & 0 & \lambda-1\end{vmatrix}=(\lambda-1)^2(\lambda+2),$$

所以，当 $D=0$，即 $\lambda=1$ 或 -2 时，原方程组有非零解.

注：克莱姆法则仅适用于方程个数等于未知数个数的情形，对于一般的线性方程组求解问题，我们将在第三章详细讨论.

习题一

A

1. 计算下列行列式.

(1) $\begin{vmatrix}a & b\\ c & d\end{vmatrix}$；　　(2) $\begin{vmatrix}1 & 0 & 1\\ 2 & 1 & 0\\ -3 & 2 & -5\end{vmatrix}$；

(3) $\begin{vmatrix} x & y & x+y \\ y & x+y & x \\ x+y & x & y \end{vmatrix}$；　(4) $\begin{vmatrix} 1 & 1 & 1 \\ 2 & 3 & 4 \\ 4 & 9 & 16 \end{vmatrix}$.

2. 证明下列等式.

$$\begin{vmatrix} a_1 & a_2 & a_3 \\ b_1 & b_2 & b_3 \\ c_1 & c_2 & c_3 \end{vmatrix} = a_1\begin{vmatrix} b_2 & b_3 \\ c_2 & c_3 \end{vmatrix} - a_2\begin{vmatrix} b_1 & b_3 \\ c_1 & c_3 \end{vmatrix} + a_3\begin{vmatrix} b_1 & b_2 \\ c_1 & c_2 \end{vmatrix}.$$

3. 求下列排列的逆序数,并指出排列的奇偶性.

(1)1　3　2　5　4；

(2)3　4　2　1；

(3)$1\cdot 3\cdots(2n-1)(2n)(2n-2)\cdots 2$；

(4)$n(n-1)\cdots 1$.

4. 写出四阶行列式 $|(a_{ij})_{4\times 4}|$ 中含有 $a_{11}a_{24}$ 的项.

5. 利用行列式定义计算下列行列式.

(1) $D_4 = \begin{vmatrix} 0 & 0 & 2 & 0 \\ 0 & 0 & 1 & 4 \\ 0 & -3 & 0 & 0 \\ 5 & 2 & -1 & 0 \end{vmatrix}$；

(2) $D_n = \begin{vmatrix} & & & \lambda_1 \\ & & \lambda_2 & \\ & \iddots & & \\ \lambda_n & & & \end{vmatrix}$,其中未写出的元素均为 0.

6. 已知

$$\begin{vmatrix} a_{11} & a_{12} & a_{13} \\ a_{21} & a_{22} & a_{23} \\ a_{31} & a_{32} & a_{33} \end{vmatrix} = 2,$$

求

$$\begin{vmatrix} 6a_{11} & -2a_{12} & -10a_{13} \\ -3a_{21} & a_{22} & 5a_{23} \\ -3a_{31} & a_{32} & 5a_{33} \end{vmatrix}.$$

7. 利用行列式的性质证明.

(1) $\begin{vmatrix} y+z & z+x & x+y \\ x+y & y+z & z+x \\ z+x & x+y & y+z \end{vmatrix} = 2\begin{vmatrix} x & y & z \\ z & x & y \\ y & z & x \end{vmatrix}$；

(2) $\begin{vmatrix} a^2 & (a+1)^2 & (a+2)^2 & (a+3)^2 \\ b^2 & (b+1)^2 & (b+2)^2 & (b+3)^2 \\ c^2 & (c+1)^2 & (c+2)^2 & (c+3)^2 \\ d^2 & (d+1)^2 & (d+2)^2 & (d+3)^2 \end{vmatrix} = 0.$

8. 计算下列各阶行列式(其中 D_k 表示 k 阶行列式).

(1) $\begin{vmatrix} 1 & 2 & 0 & 0 \\ 3 & 4 & 0 & 0 \\ a & b & 5 & 6 \\ c & d & 7 & 8 \end{vmatrix}$;

(2) $\begin{vmatrix} 1 & 0 & -2 & 1 \\ -2 & 1 & 2 & -1 \\ 0 & 2 & -4 & 1 \\ 1 & 2 & 3 & 4 \end{vmatrix}$;

(3) $D_n = \begin{vmatrix} a & & b \\ & \ddots & \\ b & & a \end{vmatrix}$,其中未写出的元素均为 0;

(4) $D_n = \begin{vmatrix} b & a & \cdots & a \\ a & b & \cdots & a \\ \vdots & \vdots & & \vdots \\ a & a & \cdots & b \end{vmatrix}$;

(5) $D_{n+1} = \begin{vmatrix} -a_1 & a_1 & 0 & \cdots & 0 & 0 \\ 0 & -a_2 & a_2 & \cdots & 0 & 0 \\ \vdots & \vdots & \vdots & & \vdots & \vdots \\ 0 & 0 & 0 & \cdots & -a_n & a_n \\ 1 & 1 & 1 & \cdots & 1 & 1 \end{vmatrix}$;

(6) $\begin{vmatrix} 1 & a & a^2 & a^3 \\ 1 & b & b^2 & b^3 \\ 1 & c & c^2 & c^3 \\ 1 & d & d^2 & d^3 \end{vmatrix}$;

(7) $D_{2n} = \begin{vmatrix} a_n & & & & & b_n \\ & \ddots & & & \iddots & \\ & & a_1 & b_1 & & \\ & & c_1 & d_1 & & \\ & \iddots & & & \ddots & \\ c_n & & & & & d_n \end{vmatrix}$,其中未写出的元素均为 0;

$$^{*}(8)\begin{vmatrix} 1+a_1 & 1 & 1 & 1 \\ 1 & 1+a_2 & 1 & 1 \\ 1 & 1 & 1+a_3 & 1 \\ 1 & 1 & 1 & 1+a_4 \end{vmatrix}，其中 a_1a_2a_3a_4 \neq 0.$$

提示：利用加边法.

9. 已知

$$D=\begin{vmatrix} 1 & 2 & 3 & 4 \\ 1 & 3 & -1 & 3 \\ 0 & 1 & 1 & -5 \\ -1 & -4 & 2 & -3 \end{vmatrix},$$

A_{11}，A_{12}，A_{13}，A_{14} 分别表示 D 的第一行四个元素对应的代数余子式，求 $2A_{11}-5A_{12}+3A_{13}+A_{14}$.

10. 利用克莱姆法则解下列线性方程组.

(1) $\begin{cases} x_1+2x_2=1, \\ 3x_1+4x_2=1; \end{cases}$

(2) $\begin{cases} 2x_1+5x_2=0, \\ x_1+3x_2=0; \end{cases}$

(3) $\begin{cases} x+y-2z=-3, \\ 5x-2y+7z=22, \\ 2x-5y+4z=4; \end{cases}$

(4) $\begin{cases} x_1+2x_2+x_3-x_4=0, \\ 2x_1-3x_2+x_4=0, \\ 2x_1-6x_2+x_3-3x_4=0, \\ 3x_1-x_3+2x_4=0. \end{cases}$

11. 当 λ 为何值时，齐次线性方程组

$$\begin{cases} (\lambda+2)x_1+4x_2+x_3=0, \\ -4x_1+(\lambda-3)x_2+4x_3=0, \\ -x_1+4x_2+(\lambda+4)x_3=0, \end{cases}$$

有非零解？

B

1. 计算下列各行列式.

$$(1)\begin{vmatrix} a & 1 & 0 & 0 \\ -1 & b & 1 & 0 \\ 0 & -1 & c & 1 \\ 0 & 0 & -1 & d \end{vmatrix};$$

(2) $\begin{vmatrix} a^2 & (a+1)^2 & (a+2)^2 & (a+3)^2 \\ b^2 & (b+1)^2 & (b+2)^2 & (b+3)^2 \\ c^2 & (c+1)^2 & (c+2)^2 & (c+3)^2 \\ d^2 & (d+1)^2 & (d+2)^2 & (d+3)^2 \end{vmatrix}$；

(3) $\begin{vmatrix} 0 & a & b & 0 \\ a & 0 & 0 & b \\ 0 & c & d & 0 \\ c & 0 & 0 & d \end{vmatrix}$；

(4) $\begin{vmatrix} \lambda & -1 & 0 & 0 \\ 0 & \lambda & -1 & 0 \\ 0 & 0 & \lambda & -1 \\ 4 & 3 & 2 & \lambda+1 \end{vmatrix}$.

2. 问 λ，μ 取何值时，齐次线性方程组 $\begin{cases} \lambda x_1 + x_2 + x_3 = 0 \\ x_1 + \mu x_2 + x_3 = 0 \\ x_1 + 2\mu x_2 + x_3 = 0 \end{cases}$ 有非零解？

3. 设 n 元线性方程组 $\boldsymbol{Ax}=\boldsymbol{b}$，其中

$$\boldsymbol{A}=\begin{pmatrix} 2a & 1 & & & & \\ a^2 & 2a & 1 & & & \\ & a^2 & 2a & 1 & & \\ & & \ddots & \ddots & \ddots & \\ & & & a^2 & 2a & 1 \\ & & & & a^2 & 2a \end{pmatrix}, \boldsymbol{x}=\begin{pmatrix} x_1 \\ x_2 \\ \vdots \\ x_n \end{pmatrix}, \boldsymbol{b}=\begin{pmatrix} 1 \\ 0 \\ \vdots \\ 0 \end{pmatrix}.$$

(1)证明行列式 $|\boldsymbol{A}|=(n+1)a^n$；

(2)当 a 为何值时，该方程组有唯一解，并求 x_1.

4. 设 $\boldsymbol{\alpha}_1,\boldsymbol{\alpha}_2,\boldsymbol{\alpha}_3$ 均为 3 维列向量，记矩阵

$\boldsymbol{A}=(\boldsymbol{\alpha}_1,\boldsymbol{\alpha}_2,\boldsymbol{\alpha}_3)$，$\boldsymbol{B}=(\boldsymbol{\alpha}_1+\boldsymbol{\alpha}_2+\boldsymbol{\alpha}_3,\boldsymbol{\alpha}_1+2\boldsymbol{\alpha}_2+4\boldsymbol{\alpha}_3,\boldsymbol{\alpha}_1+3\boldsymbol{\alpha}_2+9\boldsymbol{\alpha}_3)$，

如果 $|\boldsymbol{A}|=1$，那么 $|\boldsymbol{B}|=$________.

第二章　矩阵及其运算

矩阵是线性代数中的一个重要内容.矩阵广泛运用于工程技术、管理科学、计算机科学、运筹学、经济研究中,是处理各种模型的重要工具.

在本章中,我们主要讨论矩阵的运算及运算规律,特别需要注意的是矩阵运算与数的运算之间的异同点.

第一节　矩阵的概念与特殊矩阵

首先来看两个例子.

例 2.1.1　设有线性方程组

$$\begin{cases} x_1 - x_2 + 2x_3 - 7x_4 = 2, \\ x_1 \quad\quad - x_3 + 3x_4 = 6, \\ 3x_1 - 6x_2 \quad\quad + x_4 = -1. \end{cases}$$

把这个方程组的未知数系数和右边的常数项用矩形数表

$$\begin{pmatrix} 1 & -1 & 2 & -7 & 2 \\ 1 & 0 & -1 & 3 & 6 \\ 3 & -6 & 0 & 1 & -1 \end{pmatrix}$$

表示出来,则数表与方程组有一个一一对应的关系.从后面的知识中,我们可以知道,这个数表决定了方程组是否有解,以及如果有解,有多少个解,解是什么等问题.

例 2.1.2　某企业在 A,B,C 三个城市设有产地,其生产的产品销往 D,E,F,G 四个城市,其销往各地的产品数量(万件) 如表 2－1 所示.

表 2－1

产地\数量\销地	D	E	F	G
A	60	25	45	30
B	30	50	70	35
C	35	40	55	10

而矩形数表

$$\begin{pmatrix} 60 & 25 & 45 & 30 \\ 30 & 50 & 70 & 35 \\ 35 & 40 & 55 & 10 \end{pmatrix}$$

就简单而又具体地表示了各产地销往各销地的产品数量.

定义 1.2.1 由 $m \times n$ 个数 $a_{ij}(i=1,2,\cdots,m;j=1,2,\cdots,n)$ 排成的 m 行 n 列的数表

$$\begin{matrix} a_{11} & a_{12} & \cdots & a_{1n} \\ a_{21} & a_{22} & \cdots & a_{2n} \\ \vdots & \vdots & & \vdots \\ a_{m1} & a_{m2} & \cdots & a_{mn} \end{matrix}$$

用括号(　)或[　]括起来,我们称之为 $m \times n$ 矩阵. 一般,我们用大写黑斜体字母表示矩阵,记作

$$\boldsymbol{A} = \begin{pmatrix} a_{11} & a_{12} & \cdots & a_{1n} \\ a_{21} & a_{22} & \cdots & a_{2n} \\ \vdots & \vdots & & \vdots \\ a_{m1} & a_{m2} & \cdots & a_{mn} \end{pmatrix} \text{或} \boldsymbol{A} = \begin{bmatrix} a_{11} & a_{12} & \cdots & a_{1n} \\ a_{21} & a_{22} & \cdots & a_{2n} \\ \vdots & \vdots & & \vdots \\ a_{m1} & a_{m2} & \cdots & a_{mn} \end{bmatrix}.$$

其中,a_{ij} 称为矩阵 $\boldsymbol{A}$ 的元素;i 表示数 a_{ij} 在 $\boldsymbol{A}$ 中位于第 i 行,称为行标;j 表示数 a_{ij} 在 $\boldsymbol{A}$ 中位于第 j 列,称为列标. 以 $a_{ij}(i=1,\cdots,m;j=1,\cdots,n)$ 为元素的矩阵亦可简记为 (a_{ij}) 或 $(a_{ij})_{mn}$. 有时,为了表示出 $m \times n$ 矩阵 $\boldsymbol{A}$ 的行数与列数,也把 $m \times n$ 矩阵 $\boldsymbol{A}$ 表示为 $\boldsymbol{A}_{m\times n}$,不混淆的情况下,简写为 $\boldsymbol{A}_{mn}$.

元素为实数的矩阵称为实矩阵,元素为复数的矩阵称为复矩阵. 本书所研究的矩阵均为实矩阵.

当 $m=1$ 时,即 $(a_1,a_2,\cdots,a_n)$,矩阵只有一行,我们称此矩阵为行矩阵. 同理,若 $n=1$ 时,即 $\begin{pmatrix} b_1 \\ b_2 \\ \vdots \\ b_m \end{pmatrix}$,矩阵只有一列,此类矩阵称为列矩阵.

在 $m\times n$ 矩阵 $(a_{ij})_{mn}$ 中，若 $a_{ij}=0(i=1,2,\cdots,m;j=1,2,\cdots,n)$，则称该矩阵为零矩阵，记为 $\mathbf{0}_{mn}$ 或 $\mathbf{0}$.

在矩阵 $\boldsymbol{A}_{mn}$ 中，若行数和列数相等，称为 n 阶方阵，记为 $\boldsymbol{A}_n$，即

$$\boldsymbol{A}_n=\begin{pmatrix} a_{11} & a_{12} & \cdots & a_{1n} \\ a_{21} & a_{22} & \cdots & a_{2n} \\ \vdots & \vdots & & \vdots \\ a_{n1} & a_{n2} & \cdots & a_{nn} \end{pmatrix}.$$

此时，我们发现行列式

$$D=\begin{vmatrix} a_{11} & a_{12} & \cdots & a_{1n} \\ a_{21} & a_{22} & \cdots & a_{2n} \\ \vdots & \vdots & & \vdots \\ a_{n1} & a_{n2} & \cdots & a_{nn} \end{vmatrix}$$

就是把 n 阶方阵 $\boldsymbol{A}_n=(a_{ij})$ 对应到一个数 D 的一种映射. 用 det 来表示该映射，行列式又可记为 $D=\det\boldsymbol{A}$ 或 $D=\det(a_{ij})$.

在 n 阶方阵 $\boldsymbol{A}_n=(a_{ij})$ 中，类似于行列式主对角线的定义方法，把从左上角 a_{11} 到右下角 a_{nn} 这条线称为方阵 $\boldsymbol{A}_n$ 的对角线. 若方阵 $\boldsymbol{A}_n=(a_{ij})$ 中，只有对角线不全为 0，其他元素全为 0，即

$$\boldsymbol{A}_n=\begin{pmatrix} \lambda_1 & & \\ & \ddots & \\ & & \lambda_n \end{pmatrix}\text{（未写出的元素均为 0）}$$

称为对角阵，记为

$$\boldsymbol{\Lambda}=\mathrm{diag}(\lambda_1,\lambda_2,\cdots,\lambda_n),$$

即

$$\boldsymbol{\Lambda}=\mathrm{diag}(\lambda_1,\lambda_2,\cdots,\lambda_n)=\begin{pmatrix} \lambda_1 & & \\ & \ddots & \\ & & \lambda_n \end{pmatrix}\text{（未写出的元素均为 0）}.$$

特别的，若 $\lambda_1=\lambda_2=\cdots=\lambda_n=a$，即

$$\begin{pmatrix} a & & \\ & \ddots & \\ & & a \end{pmatrix}\text{（未写出的元素均为 0）}$$

称为数量阵.

若 $a=1$，即

$$\begin{pmatrix} 1 & & \\ & \ddots & \\ & & 1 \end{pmatrix}\text{（未写出的元素均为 0）}$$

称为n阶单位阵，记为$\boldsymbol{E}_n$或$\boldsymbol{E}$. 如

$$\boldsymbol{E}_2=\begin{pmatrix}1&0\\0&1\end{pmatrix},\boldsymbol{E}_3=\begin{pmatrix}1&0&0\\0&1&0\\0&0&1\end{pmatrix}.$$

若两个矩阵$\boldsymbol{A},\boldsymbol{B}$的行数和列数均相等，则称$\boldsymbol{A},\boldsymbol{B}$为同型矩阵. 如在下列矩阵中，

$$\boldsymbol{A}=\begin{pmatrix}a_{11}&a_{12}&a_{13}\\a_{21}&a_{22}&a_{23}\end{pmatrix},\boldsymbol{B}=\begin{pmatrix}b_{11}&b_{12}&b_{13}\\b_{21}&b_{22}&b_{23}\end{pmatrix},\boldsymbol{C}=\begin{pmatrix}c_{11}&c_{12}\\c_{21}&c_{22}\\c_{31}&c_{32}\end{pmatrix},$$

$\boldsymbol{A}$与$\boldsymbol{B}$为同型矩阵，而$\boldsymbol{A}$与$\boldsymbol{C}$不是同型矩阵.

在两个同型矩阵$\boldsymbol{A}_{mn}=(a_{ij})_{mn},\boldsymbol{B}_{mn}=(b_{ij})_{mn}$中，若

$$a_{ij}=b_{ij}(i=1,2,\cdots,m;j=1,2,\cdots,n),$$

则称两个矩阵相等，记作

$$\boldsymbol{A}=\boldsymbol{B}.$$

也就是说，两个矩阵要相同，必须为同型矩阵，且对应元素全相等. 而若

$$a_{ij}=-b_{ij}(i=1,2,\cdots,m;j=1,2,\cdots,n),$$

则称$\boldsymbol{B}$为$\boldsymbol{A}$的负矩阵，记作

$$\boldsymbol{B}=-\boldsymbol{A}.$$

显然，若$\boldsymbol{B}$为$\boldsymbol{A}$的负矩阵，则$\boldsymbol{A}$也一定为$\boldsymbol{B}$的负矩阵.

第二节　矩阵的运算

一、矩阵的加法

定义 2.2.1　设两个$m\times n$矩阵$\boldsymbol{A}=(a_{ij}),\boldsymbol{B}=(b_{ij})$，则$(a_{ij}+b_{ij})$称为矩阵$\boldsymbol{A}$与$\boldsymbol{B}$的和，记为$\boldsymbol{A}+\boldsymbol{B}$，即

$$\boldsymbol{A}+\boldsymbol{B}=\begin{pmatrix}a_{11}+b_{11}&a_{12}+b_{12}&\cdots&a_{1n}+b_{1n}\\a_{21}+b_{21}&a_{22}+b_{22}&\cdots&a_{2n}+b_{2n}\\\vdots&\vdots&&\vdots\\a_{m1}+b_{m1}&a_{m2}+b_{m2}&\cdots&a_{mn}+b_{mn}\end{pmatrix}.$$

需要注意的是，只有同型矩阵才能相加.

矩阵的加法满足以下性质：

(1) 交换律：$\boldsymbol{A}+\boldsymbol{B}=\boldsymbol{B}+\boldsymbol{A}$；

(2) 结合律：$(\boldsymbol{A}+\boldsymbol{B})+\boldsymbol{C}=\boldsymbol{A}+(\boldsymbol{B}+\boldsymbol{C})$.

显然，$\boldsymbol{A}+(-\boldsymbol{A})=\boldsymbol{0}$.

规定矩阵的减法 $\boldsymbol{A}-\boldsymbol{B}=\boldsymbol{A}+(-\boldsymbol{B})$.

二、数与矩阵相乘

定义 2.2.2　数 λ 与矩阵 $\boldsymbol{A}=(a_{ij})$ 的乘法规定为

$$\lambda\boldsymbol{A}=\boldsymbol{A}\lambda=(\lambda a_{ij})\quad(i=1,\cdots,m;j=1,\cdots,n),$$

即

$$\lambda\boldsymbol{A}=\boldsymbol{A}\lambda=\begin{pmatrix}\lambda a_{11} & \lambda a_{12} & \cdots & \lambda a_{1n}\\ \lambda a_{21} & \lambda a_{22} & \cdots & \lambda a_{2n}\\ \vdots & \vdots & & \vdots\\ \lambda a_{m1} & \lambda a_{m2} & \cdots & \lambda a_{mn}\end{pmatrix}$$

简称为矩阵的数乘.

需要注意的是，矩阵的数乘应区别于行列式与数的乘法 kD. 行列式扩大 k 倍，仅仅是把行列式的某一行(列)扩大 k 倍；而把矩阵扩大 k 倍，则是将矩阵中每一个元素都扩大 k 倍.

任何一个数都可以和任何一个矩阵相乘. 特别的，数 0 与矩阵 $\boldsymbol{A}$ 相乘为零矩阵，即

$$0\cdot\boldsymbol{A}=\boldsymbol{0}.$$

矩阵的数乘满足以下性质：

(1)$1\cdot\boldsymbol{A}=\boldsymbol{A}$；

(2)$(kl)\cdot\boldsymbol{A}=k\cdot(l\boldsymbol{A})=l\cdot(k\boldsymbol{A})$；

(3)$(k+l)\boldsymbol{A}=k\boldsymbol{A}+l\boldsymbol{A}$；

(4)$k(\boldsymbol{A}+\boldsymbol{B})=k\boldsymbol{A}+k\boldsymbol{B}$.

例 2.2.1　已知 $\boldsymbol{A}=\begin{pmatrix}1 & 2 & 3\\ -1 & 0 & 2\end{pmatrix}$，$\boldsymbol{B}=\begin{pmatrix}2 & 0 & 3\\ 4 & 1 & 5\end{pmatrix}$，求 $3\boldsymbol{A}+\boldsymbol{B}$，$\boldsymbol{B}-2\boldsymbol{A}$.

解：$3\boldsymbol{A}+\boldsymbol{B}=\begin{pmatrix}3 & 6 & 9\\ -3 & 0 & 6\end{pmatrix}+\begin{pmatrix}2 & 0 & 3\\ 4 & 1 & 5\end{pmatrix}=\begin{pmatrix}5 & 6 & 12\\ 1 & 1 & 11\end{pmatrix}$；

$$\boldsymbol{B}-2\boldsymbol{A}=\begin{pmatrix}2 & 0 & 3\\ 4 & 1 & 5\end{pmatrix}-\begin{pmatrix}2 & 4 & 6\\ -2 & 0 & 4\end{pmatrix}=\begin{pmatrix}0 & -4 & -3\\ 6 & 1 & 1\end{pmatrix}.$$

三、矩阵的乘法

已知变量 x,y,z 与变量 x_1,x_2,x_3 之间有如下关系：

$$\begin{cases}x=a_{11}x_1+a_{12}x_2+a_{13}x_3,\\ y=a_{21}x_1+a_{22}x_2+a_{23}x_3,\\ z=a_{31}x_1+a_{32}x_2+a_{33}x_3,\end{cases}\tag{2.2.1}$$

变量 x_1,x_2,x_3 与变量 t_1,t_2 之间有如下线性关系：

$$\begin{cases} x_1 = b_{11}t_1 + b_{12}t_2, \\ x_2 = b_{21}t_1 + b_{22}t_2, \\ x_3 = b_{31}t_1 + b_{32}t_2. \end{cases} \tag{2.2.2}$$

称(2.2.1)式为变量 x_1, x_2, x_3 到变量 x, y, z 的线性变换,记

$$\boldsymbol{A} = \begin{pmatrix} a_{11} & a_{12} & a_{13} \\ a_{21} & a_{22} & a_{23} \\ a_{31} & a_{32} & a_{33} \end{pmatrix},$$

则矩阵 $\boldsymbol{A}$ 与线性变换(2.2.1)之间有一个一一对应关系,称矩阵 $\boldsymbol{A}$ 为线性变换(2.2.1)的线性变换矩阵. 同理,记变量 t_1, t_2 到变量 x_1, x_2, x_3 的线性变换矩阵

$$\boldsymbol{B} = \begin{pmatrix} b_{11} & b_{12} \\ b_{21} & b_{22} \\ b_{31} & b_{32} \end{pmatrix}.$$

要找变量 t_1, t_2 到变量 x, y, z 的线性变换,只需将线性变换(2.2.2)代入线性变换(2.2.1)中,即可得

$$\begin{cases} x = (a_{11}b_{11} + a_{12}b_{21} + a_{13}b_{31})t_1 + (a_{11}b_{12} + a_{12}b_{22} + a_{13}b_{32})t_2, \\ y = (a_{21}b_{11} + a_{22}b_{21} + a_{23}b_{31})t_1 + (a_{21}b_{12} + a_{22}b_{22} + a_{23}b_{32})t_2, \\ z = (a_{31}b_{11} + a_{32}b_{21} + a_{33}b_{31})t_1 + (a_{31}b_{12} + a_{32}b_{22} + a_{33}b_{32})t_2. \end{cases} \tag{2.2.3}$$

线性变换(2.2.3)对应的矩阵为

$$\boldsymbol{C} = \begin{pmatrix} a_{11}b_{11} + a_{12}b_{21} + a_{13}b_{31} & a_{11}b_{12} + a_{12}b_{22} + a_{13}b_{32} \\ a_{21}b_{11} + a_{22}b_{21} + a_{23}b_{31} & a_{21}b_{12} + a_{22}b_{22} + a_{23}b_{32} \\ a_{31}b_{11} + a_{32}b_{21} + a_{33}b_{31} & a_{31}b_{12} + a_{32}b_{22} + a_{33}b_{32} \end{pmatrix}.$$

线性变换(2.2.3)可以看作先做线性变换(2.2.2),再做线性变换(2.2.1)的结果. 我们称线性变换(2.2.3)为线性变换(2.2.2)与(2.2.1)的乘积;相应的,把(2.2.3)所对应的矩阵 $\boldsymbol{C}$ 定义为(2.2.1)与(2.2.2)对应矩阵 $\boldsymbol{A}, \boldsymbol{B}$ 的乘积,即

$$\begin{pmatrix} a_{11} & a_{12} & a_{13} \\ a_{21} & a_{22} & a_{23} \\ a_{31} & a_{32} & a_{33} \end{pmatrix} \begin{pmatrix} b_{11} & b_{12} \\ b_{21} & b_{22} \\ b_{31} & b_{32} \end{pmatrix} = \begin{pmatrix} a_{11}b_{11} + a_{12}b_{21} + a_{13}b_{31} & a_{11}b_{12} + a_{12}b_{22} + a_{13}b_{32} \\ a_{21}b_{11} + a_{22}b_{21} + a_{23}b_{31} & a_{21}b_{12} + a_{22}b_{22} + a_{23}b_{32} \\ a_{31}b_{11} + a_{32}b_{21} + a_{33}b_{31} & a_{31}b_{12} + a_{32}b_{22} + a_{33}b_{32} \end{pmatrix}.$$

一般的,我们有下面的定义.

定义 2.2.3 设矩阵 $\boldsymbol{A} = (a_{ij})$ 为 $m \times s$ 矩阵,$\boldsymbol{B} = (b_{ij})$ 为 $s \times n$ 矩阵,则定义 $\boldsymbol{C} = (c_{ij})$ 为 $m \times n$ 矩阵,其中

$$\begin{aligned} c_{ij} &= a_{i1}b_{1j} + a_{i2}b_{2j} + \cdots + a_{is}b_{sj} \\ &= \sum_{k=1}^{s} a_{ik}b_{kj} \qquad (i = 1, \cdots, m; j = 1, \cdots, n). \end{aligned}$$

简记作

$$\boldsymbol{C} = \boldsymbol{AB}.$$

需要注意的是，不是任意两个矩阵都能相乘，只有当左边矩阵（简称左矩阵）的列数与右边矩阵（简称右矩阵）的行数相等的时候，两个矩阵才能相乘. 两个矩阵相乘后所得矩阵的行数与左矩阵的行数相等，而其列数与右矩阵的列数相等. 乘积矩阵 $\boldsymbol{C}=(c_{ij})$ 的第 i 行第 j 列的元素 c_{ij} 是左矩阵的第 i 行各元素与右矩阵第 j 列各对应元素相乘之后的和. 特别的，一个 $1\times s$ 的矩阵与一个 $s\times 1$ 矩阵的乘积是一个一阶方阵，即一个数

$$(a_1,a_2,\cdots,a_n)\begin{pmatrix}b_1\\b_2\\\vdots\\b_n\end{pmatrix}=a_1b_1+a_2b_2+\cdots+a_nb_n=\sum_{i=1}^{n}a_ib_i. \qquad (2.2.4)$$

例 2.2.2　已知 $\boldsymbol{A}=(a_1,a_2,\cdots,a_n)$，$\boldsymbol{B}=\begin{pmatrix}b_1\\b_2\\\vdots\\b_n\end{pmatrix}$，求 $\boldsymbol{BA}$.

解：$\boldsymbol{BA}=\begin{pmatrix}b_1\\b_2\\\vdots\\b_n\end{pmatrix}(a_1,a_2,\cdots,a_n)=\begin{pmatrix}b_1a_1&b_1a_2&\cdots&b_1a_n\\b_2a_1&b_2a_2&\cdots&b_2a_n\\\vdots&\vdots&&\vdots\\b_na_1&b_na_2&\cdots&b_na_n\end{pmatrix}$.

例 2.2.3　已知 $\boldsymbol{A}=\begin{bmatrix}1&4&2\\7&2&0\\-1&3&1\end{bmatrix}$，$\boldsymbol{B}=\begin{bmatrix}2&1\\0&3\\-1&2\end{bmatrix}$，问 $\boldsymbol{AB}$，$\boldsymbol{BA}$ 是否有意义，若有意义，求出其值.

解：$\boldsymbol{BA}$ 没有意义，$\boldsymbol{AB}$ 有意义，且

$$\begin{aligned}\boldsymbol{AB}&=\begin{pmatrix}1&4&2\\7&2&0\\-1&3&1\end{pmatrix}\begin{pmatrix}2&1\\0&3\\-1&2\end{pmatrix}\\&=\begin{pmatrix}1\times2+4\times0+2\times(-1)&1\times1+4\times3+2\times2\\7\times2+2\times0+0\times(-1)&7\times1+2\times3+0\times2\\-1\times2+3\times0+1\times(-1)&-1\times1+3\times3+1\times2\end{pmatrix}\\&=\begin{pmatrix}0&17\\14&13\\-3&10\end{pmatrix}.\end{aligned}$$

由例 2.2.2 和例 2.2.3 可以看出，矩阵的乘法不具有交换律.

例 2.2.4 已知 $\boldsymbol{x}=\begin{pmatrix}x_1\\x_2\\\vdots\\x_n\end{pmatrix}$，$\boldsymbol{y}=\begin{pmatrix}y_1\\y_2\\\vdots\\y_m\end{pmatrix}$，$\boldsymbol{A}=\begin{pmatrix}a_{11}&a_{12}&\cdots&a_{1n}\\a_{21}&a_{22}&\cdots&a_{2n}\\\vdots&\vdots&&\vdots\\a_{m1}&a_{m2}&\cdots&a_{mn}\end{pmatrix}$，求 $\boldsymbol{Ax}$，并写出 $\boldsymbol{y}=\boldsymbol{Ax}$ 对应的方程组形式.

解：$$\boldsymbol{Ax}=\begin{pmatrix}a_{11}&a_{12}&\cdots&a_{1n}\\a_{21}&a_{22}&\cdots&a_{2n}\\\vdots&\vdots&&\vdots\\a_{m1}&a_{m2}&\cdots&a_{mn}\end{pmatrix}\begin{pmatrix}x_1\\x_2\\\vdots\\x_n\end{pmatrix}=\begin{pmatrix}a_{11}x_1+a_{12}x_2+\cdots+a_{1n}x_n\\a_{21}x_1+a_{22}x_2+\cdots+a_{2n}x_n\\\vdots\\a_{m1}x_1+a_{m2}x_2+\cdots+a_{mn}x_n\end{pmatrix}.$$

$$\boldsymbol{y}=\boldsymbol{Ax}\Leftrightarrow\begin{cases}y_1=a_{11}x_1+a_{12}x_2+\cdots+a_{1n}x_n,\\y_2=a_{21}x_1+a_{22}x_2+\cdots+a_{2n}x_n,\\\quad\vdots\qquad\qquad\vdots\\y_m=a_{m1}x_1+a_{m2}x_2+\cdots+a_{mn}x_n.\end{cases}$$

同理，若记 $\boldsymbol{b}=\begin{pmatrix}b_1\\b_2\\\vdots\\b_m\end{pmatrix}$，则非齐次线性方程组

$$\begin{cases}a_{11}x_1+a_{12}x_2+\cdots+a_{1n}x_n=b_1,\\a_{21}x_1+a_{22}x_2+\cdots+a_{2n}x_n=b_2,\\\qquad\qquad\vdots\qquad\qquad\quad\vdots\\a_{m1}x_1+a_{m2}x_2+\cdots+a_{mn}x_n=b_m,\end{cases}$$

可简写为矩阵乘积形式 $\boldsymbol{Ax}=\boldsymbol{b}$，对应齐次方程组则简记为 $\boldsymbol{Ax}=\boldsymbol{0}$.

例 2.2.5 已知 $\boldsymbol{A}=\begin{pmatrix}2&4\\1&2\end{pmatrix}$，$\boldsymbol{B}=\begin{pmatrix}2&-2\\-1&1\end{pmatrix}$，求 $\boldsymbol{AB}$，$\boldsymbol{BA}$.

解：$$\boldsymbol{AB}=\begin{pmatrix}2&4\\1&2\end{pmatrix}\begin{pmatrix}2&-2\\-1&1\end{pmatrix}=\begin{pmatrix}0&0\\0&0\end{pmatrix},$$

$$\boldsymbol{BA}=\begin{pmatrix}2&-2\\-1&1\end{pmatrix}\begin{pmatrix}2&4\\1&2\end{pmatrix}=\begin{pmatrix}2&4\\-1&-2\end{pmatrix}.$$

例 2.2.6 已知 $\boldsymbol{A}=\begin{pmatrix}-2&4\\-3&6\end{pmatrix}$，$\boldsymbol{B}=\begin{pmatrix}2&10\\1&5\end{pmatrix}$，$\boldsymbol{C}=\begin{pmatrix}-6&4\\-3&2\end{pmatrix}$，证明 $\boldsymbol{AB}=\boldsymbol{AC}$.

证明：因为

$$\boldsymbol{AB}=\begin{pmatrix}-2&4\\-3&6\end{pmatrix}\begin{pmatrix}2&10\\1&5\end{pmatrix}=\begin{pmatrix}0&0\\0&0\end{pmatrix},$$

$$\boldsymbol{AC}=\begin{pmatrix}-2&4\\-3&6\end{pmatrix}\begin{pmatrix}-6&4\\-3&2\end{pmatrix}=\begin{pmatrix}0&0\\0&0\end{pmatrix},$$

所以

$$AB = AC.$$

在数的运算中，若 $ab=0$，则 $a=0$ 或 $b=0$；若 $ab=ac$，且 $a\neq 0$，则 $b=c$. 例 2.2.5 和例 2.2.6 告诉我们，在矩阵的运算中，这些性质一般不再具有.

例 2.2.7　已知数量阵 $\boldsymbol{A}_n=\begin{pmatrix} a & & 0 \\ & \ddots & \\ 0 & & a \end{pmatrix}$，$\boldsymbol{B}_n=\begin{pmatrix} b_{11} & \cdots & b_{1n} \\ \vdots & & \vdots \\ b_{n1} & \cdots & b_{nn} \end{pmatrix}$，求 $\boldsymbol{BA}$，$\boldsymbol{AB}$.

解：$\boldsymbol{BA}=\begin{pmatrix} b_{11} & \cdots & b_{1n} \\ \vdots & & \vdots \\ b_{n1} & \cdots & b_{nn} \end{pmatrix}\begin{pmatrix} a & & \\ & \ddots & \\ & & a \end{pmatrix}=\begin{pmatrix} ab_{11} & ab_{12} & \cdots & ab_{1n} \\ \vdots & \vdots & & \vdots \\ ab_{n1} & ab_{n2} & \cdots & ab_{nn} \end{pmatrix}=a\boldsymbol{B}$，

$$\boldsymbol{AB}=\begin{pmatrix} a & & \\ & \ddots & \\ & & a \end{pmatrix}\begin{pmatrix} b_{11} & \cdots & b_{1n} \\ \vdots & & \vdots \\ b_{n1} & \cdots & b_{nn} \end{pmatrix}=\begin{pmatrix} ab_{11} & \cdots & ab_{1n} \\ \vdots & & \vdots \\ ab_{n1} & \cdots & ab_{nn} \end{pmatrix}=a\boldsymbol{B}=\boldsymbol{BA}.$$

由例 2.2.7 可知，n 阶数量阵 $\boldsymbol{A}_n$ 与任意一个同阶方阵的乘积均满足交换性，即

$$\boldsymbol{AB}=\boldsymbol{BA},$$

且其运算结果等于是把 $\boldsymbol{B}$ 扩大 a 倍. 特别的，当 $a=1$ 时，即

$$\begin{pmatrix} 1 & & \\ & \ddots & \\ & & 1 \end{pmatrix}$$

称为 n 阶单位阵，记作 $\boldsymbol{E}$ 或 $\boldsymbol{E}_n$. 容易验证，对任意的 $m\times n$ 矩阵 $\boldsymbol{A}_{mn}$，有

$$\boldsymbol{A}_{mn}\boldsymbol{E}_n=\boldsymbol{E}_m\boldsymbol{A}_{mn}=\boldsymbol{A}_{mn}.$$

另外，对于零矩阵，有

$$\boldsymbol{A}_{mn}\boldsymbol{0}_{ns}=\boldsymbol{0}_{ms},$$

$$\boldsymbol{0}_{mn}\boldsymbol{A}_{ns}=\boldsymbol{0}_{ms},$$

$$\boldsymbol{A}_{mn}+\boldsymbol{0}_{mn}=\boldsymbol{A}_{mn}.$$

由此，我们发现，单位阵和零矩阵在矩阵运算中具有类似于数中 1 和 0 的性质. 矩阵的乘法具有以下性质(假定下面的矩阵运算均有意义)：

(1)$(\boldsymbol{AB})\boldsymbol{C}=\boldsymbol{A}(\boldsymbol{BC})$；

(2)$(\boldsymbol{A}+\boldsymbol{B})\boldsymbol{C}=\boldsymbol{AC}+\boldsymbol{BC}$，

$\boldsymbol{A}(\boldsymbol{B}+\boldsymbol{C})=\boldsymbol{AB}+\boldsymbol{AC}$；

(3)$k(\boldsymbol{AB})=(k\boldsymbol{A})\cdot\boldsymbol{B}=\boldsymbol{A}\cdot(k\boldsymbol{B})$；

(4)$(kl)\boldsymbol{A}=k(l\boldsymbol{A})=l(k\boldsymbol{A})$.

有了矩阵的乘法，我们可以定义方阵的幂运算. 设 $\boldsymbol{A}$ 为方阵，定义

$$\boldsymbol{A}^0=\boldsymbol{E},\boldsymbol{A}^1=\boldsymbol{A},\boldsymbol{A}^2=\boldsymbol{AA},\cdots,\boldsymbol{A}^k=\boldsymbol{A}^{k-1}\boldsymbol{A},$$

其中，k 为正整数. 需要注意的是，只有方阵和自身相乘才有意义，也就是说，只有方阵

才有幂运算，一般 $m\times n$ 矩阵没有幂运算. 方阵的幂运算满足如下运算律：

$$\boldsymbol{A}^k\boldsymbol{A}^l=\boldsymbol{A}^{k+l};\quad (\boldsymbol{A}^k)^l=\boldsymbol{A}^{kl}.$$

由于矩阵运算一般不具有交换律，所以在数的乘法中成立的一些恒等式在矩阵中一般不再成立. 如

$$(\boldsymbol{A}+\boldsymbol{B})^2\neq\boldsymbol{A}^2+\boldsymbol{B}^2+2\boldsymbol{AB};$$
$$(\boldsymbol{A}+\boldsymbol{B})(\boldsymbol{A}-\boldsymbol{B})\neq\boldsymbol{A}^2-\boldsymbol{B}^2;$$
$$(\boldsymbol{AB})^k\neq\boldsymbol{A}^k\cdot\boldsymbol{B}^k.$$

但若 $\boldsymbol{A},\boldsymbol{B}$ 满足交换律 $\boldsymbol{AB}=\boldsymbol{BA}$，则上式等号成立.

例 2.2.8 已知 $\boldsymbol{A}=\begin{pmatrix}1&2\\0&1\end{pmatrix}$，求 $\boldsymbol{A}^{100}$.

解：因为

$$\boldsymbol{A}^2=\boldsymbol{A}\cdot\boldsymbol{A}=\begin{pmatrix}1&2\\0&1\end{pmatrix}\begin{pmatrix}1&2\\0&1\end{pmatrix}=\begin{pmatrix}1&4\\0&1\end{pmatrix},$$
$$\boldsymbol{A}^3=\boldsymbol{A}^2\cdot\boldsymbol{A}=\begin{pmatrix}1&4\\0&1\end{pmatrix}\begin{pmatrix}1&2\\0&1\end{pmatrix}=\begin{pmatrix}1&6\\0&1\end{pmatrix},$$
$$\boldsymbol{A}^4=\boldsymbol{A}^3\cdot\boldsymbol{A}=\begin{pmatrix}1&6\\0&1\end{pmatrix}\begin{pmatrix}1&2\\0&1\end{pmatrix}=\begin{pmatrix}1&8\\0&1\end{pmatrix},$$

观察规律，可得

$$\boldsymbol{A}^n=\begin{pmatrix}1&2n\\0&1\end{pmatrix},$$

其中 n 为正整数.

用归纳法证明

$$\boldsymbol{A}^{n+1}=\boldsymbol{A}^n\boldsymbol{A}=\begin{pmatrix}1&2n\\0&1\end{pmatrix}\begin{pmatrix}1&2\\0&1\end{pmatrix}=\begin{pmatrix}1&2(n+1)\\0&1\end{pmatrix}.$$

故

$$\boldsymbol{A}^n=\begin{pmatrix}1&2n\\0&1\end{pmatrix}$$

成立. 所以

$$\boldsymbol{A}^{100}=\begin{pmatrix}1&200\\0&1\end{pmatrix}.$$

例 2.2.9 已知 $\boldsymbol{\Lambda}=\begin{pmatrix}\lambda_1&0\\0&\lambda_2\end{pmatrix}$，证明 $\boldsymbol{\Lambda}^n=\begin{pmatrix}\lambda_1^n&0\\0&\lambda_2^n\end{pmatrix}$.

证明：利用归纳法.

$n=2$ 时，有

$$\boldsymbol{\Lambda}^2=\boldsymbol{\Lambda}\cdot\boldsymbol{\Lambda}=\begin{pmatrix}\lambda_1 & 0\\ 0 & \lambda_2\end{pmatrix}\begin{pmatrix}\lambda_1 & 0\\ 0 & \lambda_2\end{pmatrix}=\begin{pmatrix}\lambda_1^2 & 0\\ 0 & \lambda_2^2\end{pmatrix}.$$

假设，$n=k$ 时，有

$$\boldsymbol{\Lambda}^k=\begin{pmatrix}\lambda_1^k & 0\\ 0 & \lambda_2^k\end{pmatrix},$$

则 $n=k+1$ 时，有

$$\boldsymbol{\Lambda}^{k+1}=\boldsymbol{\Lambda}^k\boldsymbol{\Lambda}=\begin{pmatrix}\lambda_1^k & 0\\ 0 & \lambda_2^k\end{pmatrix}\begin{pmatrix}\lambda_1 & 0\\ 0 & \lambda_2\end{pmatrix}=\begin{pmatrix}\lambda_1^{k+1} & 0\\ 0 & \lambda_2^{k+1}\end{pmatrix}.$$

由归纳法可得

$$\begin{pmatrix}\lambda_1 & 0\\ 0 & \lambda_2\end{pmatrix}^n=\begin{pmatrix}\lambda_1^n & 0\\ 0 & \lambda_2^n\end{pmatrix}.$$

一般的，对于 n 阶对角阵，我们有

$$\begin{pmatrix}\lambda_1 & & \\ & \ddots & \\ & & \lambda_n\end{pmatrix}^k=\begin{pmatrix}\lambda_1^k & & \\ & \ddots & \\ & & \lambda_n^k\end{pmatrix} \tag{2.2.5}$$

四、矩阵的转置

定义 2.2.4　设矩阵

$$\boldsymbol{A}=\begin{pmatrix}a_{11} & a_{12} & \cdots & a_{1n}\\ a_{21} & a_{22} & \cdots & a_{2n}\\ \vdots & \vdots & & \vdots\\ a_{m1} & a_{m2} & \cdots & a_{mn}\end{pmatrix},$$

则称矩阵

$$\begin{pmatrix}a_{11} & a_{21} & \cdots & a_{m1}\\ a_{12} & a_{22} & \cdots & a_{m2}\\ \vdots & \vdots & & \vdots\\ a_{1n} & a_{2n} & \cdots & a_{mn}\end{pmatrix}$$

为矩阵 $\boldsymbol{A}$ 的转置，记作 $\boldsymbol{A}^{\mathrm{T}}$. 例如

$$\begin{pmatrix}1 & 2 & 3\\ 4 & 5 & 6\end{pmatrix}^{\mathrm{T}}=\begin{pmatrix}1 & 4\\ 2 & 5\\ 3 & 6\end{pmatrix}.$$

矩阵的转置也是矩阵的一种运算，简单地说，就是把矩阵的行和列同序交换的运算. 矩阵的转置满足以下的运算律（假设下列运算均有意义）：

(1) $(\boldsymbol{A}^{\mathrm{T}})^{\mathrm{T}}=\boldsymbol{A}$；

(2) $(\boldsymbol{A}+\boldsymbol{B})^{\mathrm{T}}=\boldsymbol{A}^{\mathrm{T}}+\boldsymbol{B}^{\mathrm{T}}$；

(3) $(\lambda\boldsymbol{A})^{\mathrm{T}}=\lambda\boldsymbol{A}^{\mathrm{T}}$；

(4) $(\boldsymbol{AB})^{\mathrm{T}}=\boldsymbol{B}^{\mathrm{T}}\boldsymbol{A}^{\mathrm{T}}$.

性质(1)、(2)、(3) 显然成立，此处只证明性质(4).

证明：令 $\boldsymbol{A}=(a_{ij})_{ms}$，$\boldsymbol{B}=(b_{ij})_{sn}$，

记 $\boldsymbol{AB}=\boldsymbol{C}=(c_{ij})_{mn}$，$\boldsymbol{B}^{\mathrm{T}}\boldsymbol{A}^{\mathrm{T}}=\boldsymbol{D}=(d_{ij})_{mn}$.

由乘积公式，$\boldsymbol{C}$ 中第 i 行第 j 列元素等于 $\boldsymbol{A}$ 中第 i 行各元素与 $\boldsymbol{B}$ 中第 j 列各元素对应相乘后再相加，即

$$c_{ij}=a_{i1}b_{1j}+a_{i2}b_{2j}+\cdots+a_{is}b_{sj}.$$

同理，由于 $\boldsymbol{B}^{\mathrm{T}}$ 的第 j 行为 $\boldsymbol{B}$ 的第 j 列，$\boldsymbol{A}^{\mathrm{T}}$ 的第 i 列为 $\boldsymbol{A}$ 的第 i 行，故 $\boldsymbol{D}$ 的第 j 行第 i 列元素

$$d_{ji}=b_{1j}a_{i1}+b_{2j}a_{i2}+\cdots+b_{sj}a_{is}=c_{ij},$$

所以 $\boldsymbol{C}^{\mathrm{T}}=\boldsymbol{D}$，即

$$(\boldsymbol{AB})^{\mathrm{T}}=\boldsymbol{B}^{\mathrm{T}}\boldsymbol{A}^{\mathrm{T}}.$$

将性质(4) 推广到 n 个矩阵 $\boldsymbol{A}_1,\boldsymbol{A}_2,\cdots,\boldsymbol{A}_n$，可得

(4)′ $(\boldsymbol{A}_1\cdot\boldsymbol{A}_2\cdot\cdots\cdot\boldsymbol{A}_n)^{\mathrm{T}}=\boldsymbol{A}_n^{\mathrm{T}}\cdot\boldsymbol{A}_{n-1}^{\mathrm{T}}\cdot\cdots\cdot\boldsymbol{A}_1^{\mathrm{T}}$.

例 2.2.10 已知 $\boldsymbol{\alpha}=\begin{pmatrix}x_1\\x_2\\\vdots\\x_n\end{pmatrix}$，$x_1^2+x_2^2+\cdots+x_n^2=a>0$，求 $\boldsymbol{\alpha}^{\mathrm{T}}\boldsymbol{\alpha}$，$\boldsymbol{\alpha}\boldsymbol{\alpha}^{\mathrm{T}}$，$(\boldsymbol{\alpha}\boldsymbol{\alpha}^{\mathrm{T}})^{100}$.

解：$\boldsymbol{\alpha}^{\mathrm{T}}\boldsymbol{\alpha}=(x_1,x_2,\cdots,x_n)\begin{pmatrix}x_1\\x_2\\\vdots\\x_n\end{pmatrix}$

$$=x_1^2+x_2^2+\cdots+x_n^2=a,$$

$$\boldsymbol{\alpha}\boldsymbol{\alpha}^{\mathrm{T}}=\begin{pmatrix}x_1\\x_2\\\vdots\\x_n\end{pmatrix}(x_1,x_2,\cdots,x_n)$$

$$=\begin{pmatrix}x_1^2 & x_1x_2 & \cdots & x_1x_n\\ x_2x_1 & x_2^2 & \cdots & x_2x_n\\ \vdots & \vdots & & \vdots\\ x_nx_1 & x_nx_2 & \cdots & x_n^2\end{pmatrix},$$

$(\boldsymbol{\alpha}\boldsymbol{\alpha}^{\mathrm{T}})^{100}=(\boldsymbol{\alpha}\boldsymbol{\alpha}^{\mathrm{T}})(\boldsymbol{\alpha}\boldsymbol{\alpha}^{\mathrm{T}})\cdots(\boldsymbol{\alpha}\boldsymbol{\alpha}^{\mathrm{T}})$

$$
\begin{aligned}
&= \boldsymbol{\alpha}(\boldsymbol{\alpha}^{\mathrm{T}}\boldsymbol{\alpha})(\boldsymbol{\alpha}^{\mathrm{T}}\boldsymbol{\alpha})\cdots(\boldsymbol{\alpha}^{\mathrm{T}}\boldsymbol{\alpha})\boldsymbol{\alpha}^{\mathrm{T}} \\
&= a^{99}\cdot\boldsymbol{\alpha}\boldsymbol{\alpha}^{\mathrm{T}} \\
&= a^{99}\begin{pmatrix} x_1^2 & x_1x_2 & \cdots & x_1x_n \\ x_2x_1 & x_2^2 & \cdots & x_2x_n \\ \vdots & \vdots & & \vdots \\ x_nx_1 & x_nx_2 & \cdots & x_n^2 \end{pmatrix}.
\end{aligned}
$$

定义 2.2.5　设 $\boldsymbol{A}$ 为 n 阶方阵，若

$$\boldsymbol{A}^{\mathrm{T}} = \boldsymbol{A},$$

则称 $\boldsymbol{A}$ 为对称阵.

例 2.2.11　已知 $\boldsymbol{A}$，$\boldsymbol{B}$ 均为 n 阶对称阵，试证明：

(1)$2\boldsymbol{A} - 3\boldsymbol{B}$ 也为对称阵；

(2)$\boldsymbol{AB}$ 为对称阵的充要条件是 $\boldsymbol{AB} = \boldsymbol{BA}$.

证明：(1) 因为

$$\boldsymbol{A}^{\mathrm{T}} = \boldsymbol{A}, \boldsymbol{B}^{\mathrm{T}} = \boldsymbol{B},$$

所以

$$(2\boldsymbol{A} - 3\boldsymbol{B})^{\mathrm{T}} = (2\boldsymbol{A})^{\mathrm{T}} - (3\boldsymbol{B})^{\mathrm{T}} = 2\boldsymbol{A}^{\mathrm{T}} - 3\boldsymbol{B}^{\mathrm{T}} = 2\boldsymbol{A} - 3\boldsymbol{B},$$

即 $2\boldsymbol{A} - 3\boldsymbol{B}$ 为对称阵.

(2) 先证充分性. 若

$$\boldsymbol{A}^{\mathrm{T}} = \boldsymbol{A}, \boldsymbol{B}^{\mathrm{T}} = \boldsymbol{B}, \boldsymbol{AB} = \boldsymbol{BA},$$

则

$$(\boldsymbol{AB})^{\mathrm{T}} = \boldsymbol{B}^{\mathrm{T}}\boldsymbol{A}^{\mathrm{T}} = \boldsymbol{BA},$$

所以，$\boldsymbol{AB}$ 为对称阵.

再证必要性. 若

$$\boldsymbol{A}^{\mathrm{T}} = \boldsymbol{A}, \boldsymbol{B}^{\mathrm{T}} = \boldsymbol{B}, (\boldsymbol{AB})^{\mathrm{T}} = \boldsymbol{AB},$$

则

$$\boldsymbol{AB} = (\boldsymbol{AB})^{\mathrm{T}} = \boldsymbol{B}^{\mathrm{T}}\boldsymbol{A}^{\mathrm{T}} = \boldsymbol{BA}.$$

例 2.2.12　设列向量 $\boldsymbol{X} = \begin{pmatrix} x_1 \\ x_2 \\ \vdots \\ x_n \end{pmatrix}$ 满足 $\boldsymbol{X}^{\mathrm{T}}\boldsymbol{X} = 1$，$\boldsymbol{E}$ 为 n 阶单位阵，若 $\boldsymbol{H} = \boldsymbol{E} - 2\boldsymbol{X}\boldsymbol{X}^{\mathrm{T}}$，证明 $\boldsymbol{H}$ 为对称阵，且 $\boldsymbol{H}\boldsymbol{H}^{\mathrm{T}} = \boldsymbol{E}$.

证明：因为

$$
\begin{aligned}
\boldsymbol{H}^{\mathrm{T}} &= (\boldsymbol{E} - 2\boldsymbol{X}\boldsymbol{X}^{\mathrm{T}})^{\mathrm{T}} \\
&= \boldsymbol{E}^{\mathrm{T}} - 2(\boldsymbol{X}\boldsymbol{X}^{\mathrm{T}})^{\mathrm{T}} \\
&= \boldsymbol{E} - 2\boldsymbol{X}\boldsymbol{X}^{\mathrm{T}}
\end{aligned}
$$

$$= \boldsymbol{H},$$

所以 $\boldsymbol{H}$ 为对称阵.

$$\begin{aligned}\boldsymbol{H}\boldsymbol{H}^{\mathrm{T}} = \boldsymbol{H}^2 &= (\boldsymbol{E} - 2\boldsymbol{X}\boldsymbol{X}^{\mathrm{T}})^2 \\ &= \boldsymbol{E}^2 - 4\boldsymbol{X}\boldsymbol{X}^{\mathrm{T}} + 4(\boldsymbol{X}\boldsymbol{X}^{\mathrm{T}})(\boldsymbol{X}\boldsymbol{X}^{\mathrm{T}}) \\ &= \boldsymbol{E} - 4\boldsymbol{X}\boldsymbol{X}^{\mathrm{T}} + 4\boldsymbol{X}(\boldsymbol{X}^{\mathrm{T}}\boldsymbol{X})\boldsymbol{X}^{\mathrm{T}} \\ &= \boldsymbol{E} - 4\boldsymbol{X}\boldsymbol{X}^{\mathrm{T}} + 4\boldsymbol{X}\boldsymbol{X}^{\mathrm{T}} \\ &= \boldsymbol{E}.\end{aligned}$$

五、方阵的行列式

定义 2.2.6 由 n 阶方阵 $\boldsymbol{A}$ 的各元素按照原来的次序构成的 n 阶行列式称为方阵 $\boldsymbol{A}$ 的行列式，记作 $|\boldsymbol{A}|$，或 $\det\boldsymbol{A}$.

需要注意的是，方阵与行列式是两个完全不同的概念. n 阶方阵是 n^2 个元素构成的 n 行 n 列的一个数表；而 n 阶行列式则是这 n^2 个数(即数表 $\boldsymbol{A}$) 按一定的运算法则(n 阶行列式的定义) 所确定的一个数.

方阵的行列式具有以下性质. 设 $\boldsymbol{A}$，$\boldsymbol{B}$ 为 n 阶方阵，λ 为实数，则有

(1) $|\boldsymbol{A}^{\mathrm{T}}| = |\boldsymbol{A}|$；

(2) $|\lambda\boldsymbol{A}| = \lambda^n |\boldsymbol{A}|$；

(3) $|\boldsymbol{A}\boldsymbol{B}| = |\boldsymbol{A}||\boldsymbol{B}|$.

性质(1)、(2) 的证明较为简单. 性质(3) 的证明需用到矩阵的分块，较为复杂，此处省去证明. 我们知道，一般来说，矩阵的运算不具有交换律. 即对于 n 阶方阵 $\boldsymbol{A}$ 和 $\boldsymbol{B}$，一般情况下 $\boldsymbol{A}\boldsymbol{B} \neq \boldsymbol{B}\boldsymbol{A}$. 但由性质(3)，确有 $|\boldsymbol{A}\boldsymbol{B}| = |\boldsymbol{B}\boldsymbol{A}|$.

定义 2.2.7 设 n 阶方阵 $\boldsymbol{A} = (a_{ij})$，记行列式 $|\boldsymbol{A}|$ 中元素 a_{ij} $(i,j = 1,2,\cdots,n)$ 对应的代数余子式为 $\boldsymbol{A}_{ij}$ $(i,j = 1,2,\cdots,n)$，则称

$$\begin{pmatrix} \boldsymbol{A}_{11} & \boldsymbol{A}_{21} & \cdots & \boldsymbol{A}_{n1} \\ \boldsymbol{A}_{12} & \boldsymbol{A}_{22} & \cdots & \boldsymbol{A}_{n2} \\ \vdots & \vdots & & \vdots \\ \boldsymbol{A}_{1n} & \boldsymbol{A}_{2n} & \cdots & \boldsymbol{A}_{nn} \end{pmatrix}$$

为方阵 $\boldsymbol{A}$ 的伴随矩阵，简称伴随阵，记为 $\boldsymbol{A}^*$. 即

$$\boldsymbol{A}^* = (\boldsymbol{A}_{ij})^{\mathrm{T}} = (\boldsymbol{A}_{ji}).$$

利用行列式按行(列) 展开的定义(定理 1.4.1) 及其推论，容易验证

$$\boldsymbol{A}\boldsymbol{A}^* = \boldsymbol{A}^*\boldsymbol{A} = |\boldsymbol{A}|\boldsymbol{E}. \tag{2.2.6}$$

在(2.2.6) 式两边同取行列式，可得：当 $|\boldsymbol{A}| \neq 0$ 时有

$$|\boldsymbol{A}^*| = |\boldsymbol{A}|^{n-1},$$

其中 n 为方阵 $\boldsymbol{A}$ 的阶数.

例 2.2.13　已知

$$\boldsymbol{A}=\begin{pmatrix}a_1 & c_1 & d_1\\ a_2 & c_2 & d_2\\ a_3 & c_3 & d_3\end{pmatrix},\boldsymbol{B}=\begin{pmatrix}b_1 & c_1 & d_1\\ b_2 & c_2 & d_2\\ b_3 & c_3 & d_3\end{pmatrix},$$

且 $|\boldsymbol{A}|=2$，$|\boldsymbol{B}|=3$. 求 $|\boldsymbol{A}+\boldsymbol{B}|$.

解：$$|\boldsymbol{A}+\boldsymbol{B}|=\left|\begin{pmatrix}a_1 & c_1 & d_1\\ a_2 & c_2 & d_2\\ a_3 & c_3 & d_3\end{pmatrix}+\begin{pmatrix}b_1 & c_1 & d_1\\ b_2 & c_2 & d_2\\ b_3 & c_3 & d_3\end{pmatrix}\right|$$

$$=\begin{vmatrix}a_1+b_1 & 2c_1 & 2d_1\\ a_2+b_2 & 2c_2 & 2d_2\\ a_3+b_3 & 2c_3 & 2d_3\end{vmatrix}$$

$$=4\begin{vmatrix}a_1+b_1 & c_1 & d_1\\ a_2+b_2 & c_2 & d_2\\ a_3+b_3 & c_3 & d_3\end{vmatrix}$$

$$=4\left(\begin{vmatrix}a_1 & c_1 & d_1\\ a_2 & c_2 & d_2\\ a_3 & c_3 & d_3\end{vmatrix}+\begin{vmatrix}b_1 & c_1 & d_1\\ b_2 & c_2 & d_2\\ b_3 & c_3 & d_3\end{vmatrix}\right)$$

$$=4(|\boldsymbol{A}|+|\boldsymbol{B}|)=20.$$

例 2.2.14　已知

$$\boldsymbol{A}=\begin{pmatrix}2 & 1\\ -1 & 2\end{pmatrix},$$

$\boldsymbol{E}$ 为二阶单位阵，$\boldsymbol{B}$ 满足

$$\boldsymbol{BA}=\boldsymbol{B}+2\boldsymbol{E},$$

求 $|\boldsymbol{B}|$.

解：$\boldsymbol{BA}=\boldsymbol{B}+2\boldsymbol{E}$

$\Leftrightarrow \boldsymbol{BA}-\boldsymbol{B}=2\boldsymbol{E}$

$\Leftrightarrow \boldsymbol{B}(\boldsymbol{A}-\boldsymbol{E})=2\boldsymbol{E}$，

两边同取行列式，可得

$$|\boldsymbol{B}||\boldsymbol{A}-\boldsymbol{E}|=|2\boldsymbol{E}|.$$

又因为

$$|\boldsymbol{A}-\boldsymbol{E}|=\begin{vmatrix}1 & 1\\ -1 & 1\end{vmatrix}=2,\ |2\boldsymbol{E}|=\begin{vmatrix}2 & 0\\ 0 & 2\end{vmatrix}=2^2=4,$$

所以

$$|\boldsymbol{B}|=2.$$

例 2.2.15 已知

$$\boldsymbol{A}=\begin{pmatrix}1&1&-1\\0&1&1\\-1&1&2\end{pmatrix},$$

且 $\boldsymbol{A}^*\boldsymbol{B}=\boldsymbol{E}-\boldsymbol{B}$,求 $|\boldsymbol{B}|$.

解:因为
$$|\boldsymbol{A}|=\begin{vmatrix}1&1&-1\\0&1&1\\-1&1&2\end{vmatrix}=-1,$$

对 $\boldsymbol{A}^*\boldsymbol{B}=\boldsymbol{E}-\boldsymbol{B}$ 两边同时左乘 $\boldsymbol{A}$,可得

$$\begin{aligned}&\boldsymbol{AA}^*\boldsymbol{B}=\boldsymbol{A}-\boldsymbol{AB}\\&\Leftrightarrow-\boldsymbol{B}=\boldsymbol{A}-\boldsymbol{AB}\\&\Leftrightarrow(\boldsymbol{A}-\boldsymbol{E})\boldsymbol{B}=\boldsymbol{A}.\end{aligned}$$

两边同取行列式,可得

$$|\boldsymbol{A}-\boldsymbol{E}||\boldsymbol{B}|=|\boldsymbol{A}|.$$

又因为
$$|\boldsymbol{A}-\boldsymbol{E}|=\begin{vmatrix}0&1&-1\\0&0&1\\-1&1&1\end{vmatrix}=-1,$$

所以 $|\boldsymbol{B}|=1$.

第三节 逆矩阵

在上一节中,我们定义了矩阵的加法、减法与乘法(数乘与矩阵的乘法). 类似于数的四则运算,在这一节中,我们将引入矩阵中类似于数的除法的运算——方阵的逆.

先来看如下一个引例. 设

$$\boldsymbol{Y}=\begin{pmatrix}y_1\\y_2\\\vdots\\y_n\end{pmatrix},\boldsymbol{X}=\begin{pmatrix}x_1\\x_2\\\vdots\\x_n\end{pmatrix},\boldsymbol{A}=\begin{pmatrix}a_{11}&a_{12}&\cdots&a_{1n}\\a_{21}&a_{22}&\cdots&a_{2n}\\\vdots&\vdots&&\vdots\\a_{n1}&a_{n2}&\cdots&a_{nn}\end{pmatrix},$$

考虑线性变换

$$\boldsymbol{Y}=\boldsymbol{AX}.$$

问:是否存在另外一个 n 阶方阵 $\boldsymbol{B}=(b_{ij})$,满足

$$\boldsymbol{X}=\boldsymbol{BY}.$$

若存在,则有

$$\boldsymbol{Y}=\boldsymbol{AX}=\boldsymbol{A}(\boldsymbol{BY})=(\boldsymbol{AB})\boldsymbol{Y},$$

$$X = BY = B(AX) = (BA)X.$$

根据单位阵的性质，于是有

$$AB = BA = E.$$

由此，我们引入逆矩阵的定义.

定义 2.3.1　对于 n 阶方阵 A，如果存在一个 n 阶方阵 B，满足

$$AB = BA = E, \tag{2.3.1}$$

则称矩阵 A 可逆，并把矩阵 B 称为 A 的逆矩阵，记为

$$B = A^{-1}.$$

需要注意的是，只有方阵才有逆矩阵的说法. 如果矩阵 A 可逆，则其逆矩阵必然唯一. 理由如下：用反证法，若不然，反设 B,C 均为 A 的逆矩阵，则

$$B = BE = B(AC) = (BA)C = EC = C,$$

即

$$B = C.$$

显然，要从定义直接找出一个 n 阶矩阵的逆矩阵来判定一个矩阵是否可逆是非常困难的. 下面，我们将给出一个较为简单的判定矩阵可逆与否的充要条件，进一步，我们给出逆矩阵的一个求法.

定理 2.3.1　矩阵 A 可逆的充要条件是 $|A| \neq 0$，且 A 可逆时，

$$A^{-1} = \frac{A^*}{|A|}. \tag{2.3.2}$$

其中，A^* 为 A 的伴随阵.

证明：先证必要性.

若 A 可逆，则存在矩阵 B，使得

$$AB = E.$$

两边同时取行列式，可得

$$|AB| = |A||B| = |E| = 1,$$

显然 $|A| \neq 0$.

再证充分性.

由式(2.2.6) 可得

$$AA^* = A^*A = |A|E,$$

若 $|A| \neq 0$，对上式除以 $|A|$，可得

$$A \cdot \left(\frac{A^*}{|A|}\right) = \left(\frac{A^*}{|A|}\right) \cdot A = E.$$

根据逆矩阵的定义(2.3.1)，可得矩阵 A 可逆，且其逆矩阵为

$$A^{-1} = \frac{A^*}{|A|}.$$

当 $|A| = 0$ 时，我们称矩阵 A 为奇异矩阵，否则称为非奇异矩阵. 定理 2.3.1 告诉

我们,可逆矩阵就是非奇异矩阵.

推论:对于 n 阶方阵 $\boldsymbol{A}$,若存在 n 阶方阵 $\boldsymbol{B}$,使得

$$\boldsymbol{AB}=\boldsymbol{E}(\text{或 } \boldsymbol{BA}=\boldsymbol{E}),$$

则 $\boldsymbol{A}$ 可逆,且 $\boldsymbol{B}$ 为其逆矩阵.

证明:对 $\boldsymbol{AB}=\boldsymbol{E}$ 两边同取行列式,可得

$$|\boldsymbol{AB}|=|\boldsymbol{A}|\cdot|\boldsymbol{B}|=|\boldsymbol{E}|=1,$$

故 $|\boldsymbol{A}|\neq 0$,因而 $\boldsymbol{A}^{-1}$ 存在,于是

$$\boldsymbol{B}=\boldsymbol{EB}=(\boldsymbol{A}^{-1}\boldsymbol{A})\boldsymbol{B}=\boldsymbol{A}^{-1}(\boldsymbol{AB})=\boldsymbol{A}^{-1}\boldsymbol{E}=\boldsymbol{A}^{-1}.$$

由以上证明,我们知道,若 $|\boldsymbol{A}|\neq 0$,则 $\boldsymbol{A}$ 可逆,设 $\boldsymbol{A}^{-1}$ 为 $\boldsymbol{A}$ 的逆矩阵,则 $|\boldsymbol{A}^{-1}|=\dfrac{1}{|\boldsymbol{A}|}$.

n 阶矩阵的逆矩阵满足以下运算规律:

(1) 若 $\boldsymbol{A}$ 可逆,则 $\boldsymbol{A}^{-1}$ 亦可逆,且 $(\boldsymbol{A}^{-1})^{-1}=\boldsymbol{A}$;

(2) 若 $\boldsymbol{A}$ 可逆,数 $\lambda\neq 0$,则 $\lambda\boldsymbol{A}$ 可逆,且 $(\lambda\boldsymbol{A})^{-1}=\dfrac{1}{\lambda}\boldsymbol{A}^{-1}$;

(3) 若 $\boldsymbol{A},\boldsymbol{B}$ 均可逆,则 $\boldsymbol{AB}$ 亦可逆,且 $(\boldsymbol{AB})^{-1}=\boldsymbol{B}^{-1}\boldsymbol{A}^{-1}$;

(4) 若 $\boldsymbol{A}$ 可逆,则 $\boldsymbol{A}^{\mathrm{T}}$ 亦可逆,且 $(\boldsymbol{A}^{\mathrm{T}})^{-1}=(\boldsymbol{A}^{-1})^{\mathrm{T}}$.

性质(1) 与性质(2) 显然成立,此处只证明性质(3) 与性质(4).

证明:(3) 因为

$$(\boldsymbol{AB})(\boldsymbol{B}^{-1}\boldsymbol{A}^{-1})=\boldsymbol{A}(\boldsymbol{BB}^{-1})\boldsymbol{A}^{-1}=\boldsymbol{AEA}^{-1}=\boldsymbol{AA}^{-1}=\boldsymbol{E},$$

由推论可知

$$(\boldsymbol{AB})^{-1}=\boldsymbol{B}^{-1}\boldsymbol{A}^{-1}.$$

(4) 因为

$$\boldsymbol{A}^{\mathrm{T}}\cdot(\boldsymbol{A}^{-1})^{\mathrm{T}}=(\boldsymbol{A}^{-1}\cdot\boldsymbol{A})^{\mathrm{T}}=\boldsymbol{E}^{\mathrm{T}}=\boldsymbol{E},$$

由推论知 $(\boldsymbol{A}^{\mathrm{T}})^{-1}=(\boldsymbol{A}^{-1})^{\mathrm{T}}$.

例 2.3.1　求矩阵

$$\boldsymbol{A}=\begin{pmatrix} a & b \\ c & d \end{pmatrix}$$

的逆,其中 $ad-bc\neq 0$.

解:$|\boldsymbol{A}|=ad-bc$,$\boldsymbol{A}^{*}=\begin{pmatrix} d & -c \\ -b & a \end{pmatrix}^{\mathrm{T}}=\begin{pmatrix} d & -b \\ -c & a \end{pmatrix}$.

由 $\boldsymbol{A}^{-1}=\dfrac{\boldsymbol{A}^{*}}{|\boldsymbol{A}|}$,可得 $\boldsymbol{A}^{-1}=\dfrac{1}{ad-bc}\begin{pmatrix} d & -b \\ -c & a \end{pmatrix}$.

例 2.3.2　求矩阵 $\boldsymbol{A}=\begin{pmatrix} 1 & 2 & 1 \\ 2 & -1 & 0 \\ 1 & 0 & 1 \end{pmatrix}$ 的逆.

解：$|\boldsymbol{A}|=\begin{vmatrix}1&2&1\\2&-1&0\\1&0&1\end{vmatrix}=-4\neq 0$，

故 $\boldsymbol{A}$ 可逆，且其代数余子式为

$$\boldsymbol{A}_{11}=-1,\boldsymbol{A}_{12}=-2,\boldsymbol{A}_{13}=1,$$
$$\boldsymbol{A}_{21}=-2,\boldsymbol{A}_{22}=0,\boldsymbol{A}_{23}=2,$$
$$\boldsymbol{A}_{31}=1,\boldsymbol{A}_{32}=2,\boldsymbol{A}_{33}=-5.$$

故

$$\boldsymbol{A}^*=(\boldsymbol{A}_{ij})^{\mathrm{T}}=(\boldsymbol{A}_{ji})=\begin{pmatrix}-1&-2&1\\-2&0&2\\1&2&-5\end{pmatrix},$$

从而

$$\boldsymbol{A}^{-1}=\frac{\boldsymbol{A}^*}{|\boldsymbol{A}|}=-\frac{1}{4}\begin{pmatrix}-1&-2&1\\-2&0&2\\1&2&-5\end{pmatrix}=\begin{pmatrix}\frac{1}{4}&\frac{1}{2}&-\frac{1}{4}\\\frac{1}{2}&0&-\frac{1}{2}\\-\frac{1}{4}&-\frac{1}{2}&\frac{4}{5}\end{pmatrix}.$$

例 2.3.3　证明 n 阶对角阵

$$\boldsymbol{A}=\begin{pmatrix}\lambda_1&&\\&\ddots&\\&&\lambda_n\end{pmatrix}$$

的逆

$$\boldsymbol{A}^{-1}=\begin{pmatrix}\frac{1}{\lambda_1}&&\\&\ddots&\\&&\frac{1}{\lambda_n}\end{pmatrix}.$$

其中，$\lambda_1\lambda_2\cdots\lambda_n\neq 0$.

证明：因为

$$\begin{pmatrix}\lambda_1&&&\\&\lambda_2&&\\&&\ddots&\\&&&\lambda_n\end{pmatrix}\begin{pmatrix}\frac{1}{\lambda_1}&&&\\&\frac{1}{\lambda_2}&&\\&&\ddots&\\&&&\frac{1}{\lambda_n}\end{pmatrix}=\begin{pmatrix}1&&\\&\ddots&\\&&1\end{pmatrix}=\boldsymbol{E},$$

由推论可知

$$\begin{pmatrix} \lambda_1 & & & \\ & \lambda_2 & & \\ & & \ddots & \\ & & & \lambda_n \end{pmatrix}^{-1} = \begin{pmatrix} \frac{1}{\lambda_1} & & & \\ & \frac{1}{\lambda_2} & & \\ & & \ddots & \\ & & & \frac{1}{\lambda_n} \end{pmatrix}.$$

例 2.3.4 解矩阵方程 $\begin{pmatrix} 2 & 0 \\ 0 & 3 \end{pmatrix}\boldsymbol{X} = \begin{pmatrix} 1 & 2 \\ 3 & 4 \end{pmatrix}$.

解:因为 $\begin{vmatrix} 2 & 0 \\ 0 & 3 \end{vmatrix} = 6 \neq 0$,所以 $\begin{pmatrix} 2 & 0 \\ 0 & 3 \end{pmatrix}$ 可逆.

同时在矩阵方程的两边左乘 $\begin{pmatrix} 2 & 0 \\ 0 & 3 \end{pmatrix}^{-1}$,可得

$$\begin{pmatrix} 2 & 0 \\ 0 & 3 \end{pmatrix}^{-1}\begin{pmatrix} 2 & 0 \\ 0 & 3 \end{pmatrix}\boldsymbol{X} = \begin{pmatrix} 2 & 0 \\ 0 & 3 \end{pmatrix}^{-1}\begin{pmatrix} 1 & 2 \\ 3 & 4 \end{pmatrix},$$

即

$$\begin{aligned} \boldsymbol{X} &= \begin{pmatrix} 2 & 0 \\ 0 & 3 \end{pmatrix}^{-1}\begin{pmatrix} 1 & 2 \\ 3 & 4 \end{pmatrix} \\ &= \begin{pmatrix} \frac{1}{2} & 0 \\ 0 & \frac{1}{3} \end{pmatrix}\begin{pmatrix} 1 & 2 \\ 3 & 4 \end{pmatrix} \\ &= \begin{pmatrix} \frac{1}{2} & 1 \\ 1 & \frac{4}{3} \end{pmatrix}. \end{aligned}$$

例 2.3.4 告诉我们,若 $\boldsymbol{A}$ 为可逆阵,则矩阵方程 $\boldsymbol{AX} = \boldsymbol{B}$ 的解为 $\boldsymbol{X} = \boldsymbol{A}^{-1}\boldsymbol{B}$;同理,若 $\boldsymbol{A}$ 为可逆阵,则矩阵方程 $\boldsymbol{XA} = \boldsymbol{B}$ 的解为 $\boldsymbol{X} = \boldsymbol{BA}^{-1}$;若 $\boldsymbol{A}$,$\boldsymbol{B}$ 均为可逆阵,则矩阵方程 $\boldsymbol{AXB} = \boldsymbol{C}$ 的解为 $\boldsymbol{X} = \boldsymbol{A}^{-1}\boldsymbol{CB}^{-1}$.

例 2.2.6 告诉我们,矩阵的乘法一般不具有消去律,但若 $\boldsymbol{A}$ 为可逆阵,则消去律成立,即若 $|\boldsymbol{A}| \neq 0$,则有

$$\boldsymbol{AB} = \boldsymbol{AC} \Rightarrow \boldsymbol{B} = \boldsymbol{C}.$$

同理,若 $|\boldsymbol{A}| \neq 0$,则有

$$\boldsymbol{AB} = \boldsymbol{0} \Rightarrow \boldsymbol{B} = \boldsymbol{0}.$$

例 2.3.5 已知

$$\boldsymbol{P}^{-1}\boldsymbol{A}\boldsymbol{P}=\boldsymbol{\Lambda},$$

其中，$\boldsymbol{P}=\begin{pmatrix}1&2\\3&5\end{pmatrix}$，$\boldsymbol{\Lambda}=\begin{pmatrix}1&0\\0&-1\end{pmatrix}$，求 $\boldsymbol{A}^{10}$.

解：注意到

$$\begin{aligned}(\boldsymbol{P}^{-1}\boldsymbol{A}\boldsymbol{P})^{10}&=(\boldsymbol{P}^{-1}\boldsymbol{A}\boldsymbol{P})(\boldsymbol{P}^{-1}\boldsymbol{A}\boldsymbol{P})\cdots(\boldsymbol{P}^{-1}\boldsymbol{A}\boldsymbol{P})\\&=\boldsymbol{P}^{-1}\boldsymbol{A}(\boldsymbol{P}\boldsymbol{P}^{-1})\boldsymbol{A}(\boldsymbol{P}\boldsymbol{P}^{-1})\cdots(\boldsymbol{P}\boldsymbol{P}^{-1})\boldsymbol{A}\boldsymbol{P}\\&=\boldsymbol{P}^{-1}\boldsymbol{A}^{10}\boldsymbol{P},\end{aligned}$$

$$\boldsymbol{\Lambda}^{10}=\begin{pmatrix}1&0\\0&-1\end{pmatrix}^{10}=\begin{pmatrix}1^{10}&0\\0&(-1)^{10}\end{pmatrix}=\begin{pmatrix}1&0\\0&1\end{pmatrix}=\boldsymbol{E}.$$

所以

$$\boldsymbol{\Lambda}^{10}=\boldsymbol{E}=(\boldsymbol{P}^{-1}\boldsymbol{A}\boldsymbol{P})^{10}=\boldsymbol{P}^{-1}\boldsymbol{A}^{10}\boldsymbol{P},$$

从而

$$\boldsymbol{A}^{10}=\boldsymbol{P}\boldsymbol{E}\boldsymbol{P}^{-1}=\boldsymbol{P}\boldsymbol{P}^{-1}=\boldsymbol{E}=\begin{pmatrix}1&0\\0&1\end{pmatrix}.$$

例 2.3.6 设 $\boldsymbol{A}$ 为 n 阶方阵，$\boldsymbol{E}$ 为 n 阶单位阵，且

$$\boldsymbol{A}^2-2\boldsymbol{A}-\boldsymbol{E}=\boldsymbol{0},$$

证明 $\boldsymbol{A}$ 和 $\boldsymbol{A}+\boldsymbol{E}$ 均可逆，并求其逆.

证明：

$$\begin{aligned}&\boldsymbol{A}^2-2\boldsymbol{A}-\boldsymbol{E}=\boldsymbol{0}\\\Leftrightarrow&\boldsymbol{A}^2-2\boldsymbol{A}=\boldsymbol{E}\\\Leftrightarrow&\boldsymbol{A}(\boldsymbol{A}-2\boldsymbol{E})=\boldsymbol{E},\end{aligned}$$

由推论可知 $\boldsymbol{A}$ 可逆，且

$$\boldsymbol{A}^{-1}=\boldsymbol{A}-2\boldsymbol{E}.$$

同理，

$$\begin{aligned}&\boldsymbol{A}^2-2\boldsymbol{A}-\boldsymbol{E}=\boldsymbol{0}\\\Leftrightarrow&\boldsymbol{A}^2-2\boldsymbol{A}-3\boldsymbol{E}=-2\boldsymbol{E}\\\Leftrightarrow&(\boldsymbol{A}+\boldsymbol{E})(\boldsymbol{A}-3\boldsymbol{E})=-2\boldsymbol{E}\\\Leftrightarrow&(\boldsymbol{A}+\boldsymbol{E})\frac{\boldsymbol{A}-3\boldsymbol{E}}{-2}=\boldsymbol{E},\end{aligned}$$

由推论知，$\boldsymbol{A}+\boldsymbol{E}$ 可逆，且

$$(\boldsymbol{A}+\boldsymbol{E})^{-1}=\frac{\boldsymbol{A}-3\boldsymbol{E}}{-2}.$$

例 2.3.7 已知 $\boldsymbol{A}$ 为三阶方阵，且 $|\boldsymbol{A}|=2$，求 $|2\boldsymbol{A}^{-1}-3\boldsymbol{A}^*|$.

解：根据

$$\boldsymbol{A}^{-1}=\frac{\boldsymbol{A}^*}{|\boldsymbol{A}|},$$

可得

$$A^* = |A| \cdot A^{-1} = 2A^{-1},$$

所以

$$|2A^{-1} - 3A^*| = |2A^{-1} - 6A^{-1}| = |-4A^{-1}|$$
$$= (-4)^3 |A^{-1}| = -64 \times \frac{1}{2} = -32.$$

第四节　矩阵的分块

对于行数和列数较高的矩阵,将矩阵的每个元素写出来,再讨论一些问题是比较麻烦的. 若用贯穿于矩阵的若干条横线和竖线把高阶矩阵划分成若干个阶数较低的小矩阵,从而将大矩阵的运算转化为小矩阵的运算,这样的方法称为矩阵的分块. 其中每一个小矩阵称为大矩阵 $\boldsymbol{A}$ 的子块,以块为元素的形式上的矩阵称为分块矩阵.

例如,矩阵

$$\boldsymbol{A} = \begin{pmatrix} 1 & 2 & 0 & 0 \\ 3 & 4 & 0 & 0 \\ -1 & 0 & 1 & 0 \\ 1 & 2 & 0 & 1 \end{pmatrix}$$

的分法有很多,下面举出其中两种划法:

$$(1)\left(\begin{array}{cc:cc} 1 & 2 & 0 & 0 \\ 3 & 4 & 0 & 0 \\ \hdashline -1 & 0 & 1 & 0 \\ 1 & 2 & 0 & 1 \end{array}\right);\quad (2)\left(\begin{array}{c:c:c:c} 1 & 2 & 0 & 0 \\ 3 & 4 & 0 & 0 \\ -1 & 0 & 1 & 0 \\ 1 & 2 & 0 & 1 \end{array}\right).$$

分法(1) 可记为

$$\boldsymbol{A} = \begin{pmatrix} \boldsymbol{A}_{11} & \boldsymbol{A}_{12} \\ \boldsymbol{A}_{21} & \boldsymbol{A}_{22} \end{pmatrix},$$

其中

$$\boldsymbol{A}_{11} = \begin{pmatrix} 1 & 2 \\ 3 & 4 \end{pmatrix}, \boldsymbol{A}_{12} = \boldsymbol{0}, \boldsymbol{A}_{21} = \begin{pmatrix} -1 & 0 \\ 1 & 2 \end{pmatrix}, \boldsymbol{A}_{22} = \boldsymbol{E}_2.$$

分法(2) 可记为

$$\boldsymbol{A} = (\boldsymbol{A}_1, \boldsymbol{A}_2, \boldsymbol{A}_3, \boldsymbol{A}_4),$$

其中

$$\boldsymbol{A}_1 = \begin{pmatrix} 1 \\ 3 \\ -1 \\ 1 \end{pmatrix}, \boldsymbol{A}_2 = \begin{pmatrix} 2 \\ 4 \\ 0 \\ 2 \end{pmatrix}, \boldsymbol{A}_3 = \begin{pmatrix} 0 \\ 0 \\ 1 \\ 0 \end{pmatrix}, \boldsymbol{A}_4 = \begin{pmatrix} 0 \\ 0 \\ 0 \\ 1 \end{pmatrix}.$$

对于矩阵如何进行分块，一般没有统一的原则，主要是根据实际计算需要和书写方便. 例如，例 1.3.5 中，若记

$$\boldsymbol{A}=(a_{ij})_{nn}, \boldsymbol{B}=(b_{ij})_{mm}, \boldsymbol{C}=(c_{ij})_{mn},$$

则行列式 D 对应的矩阵可写成

$$\begin{pmatrix} \boldsymbol{A} & \boldsymbol{0} \\ \boldsymbol{C} & \boldsymbol{B} \end{pmatrix}.$$

若有

$$\boldsymbol{B}=\begin{pmatrix} 1 & 0 & 1 & -1 \\ 0 & 1 & 0 & 2 \\ 0 & 0 & 3 & 1 \\ 0 & 0 & -2 & -1 \end{pmatrix},$$

要用分块的方法求 $\boldsymbol{A}+\boldsymbol{B}$，则 $\boldsymbol{B}$ 的划分方法必须和 $\boldsymbol{A}$ 一样. 如果 $\boldsymbol{A}$ 采用划分方法(1)，则 $\boldsymbol{B}$ 只能划分为

$$\boldsymbol{B}=\left(\begin{array}{cc:cc} 1 & 0 & 1 & -1 \\ 0 & 1 & 0 & 2 \\ \hdashline 0 & 0 & 3 & 1 \\ 0 & 0 & -2 & -1 \end{array}\right)=\begin{pmatrix} \boldsymbol{B}_{11} & \boldsymbol{B}_{12} \\ \boldsymbol{B}_{21} & \boldsymbol{B}_{22} \end{pmatrix},$$

此时，可将 $\boldsymbol{A}_{ij}$ 与 $\boldsymbol{B}_{ij}$ 当作矩阵 $\boldsymbol{A}, \boldsymbol{B}$ 的元素进行矩阵的加法，即

$$\begin{aligned} \boldsymbol{A}+\boldsymbol{B} &= \begin{pmatrix} \boldsymbol{A}_{11}+\boldsymbol{B}_{11} & \boldsymbol{A}_{12}+\boldsymbol{B}_{12} \\ \boldsymbol{A}_{21}+\boldsymbol{B}_{21} & \boldsymbol{A}_{22}+\boldsymbol{B}_{22} \end{pmatrix} \\ &= \begin{pmatrix} 2 & 2 & 1 & -1 \\ 3 & 5 & 0 & 2 \\ -1 & 0 & 4 & 1 \\ 1 & 2 & -2 & 0 \end{pmatrix}. \end{aligned}$$

若对 $\boldsymbol{B}$ 进行其他划分，如

$$\boldsymbol{B}=\left(\begin{array}{cc:cc} 1 & 0 & 1 & -1 \\ \hdashline 0 & 1 & 0 & 2 \\ 0 & 0 & 3 & 1 \\ 0 & 0 & -2 & -1 \end{array}\right)=\begin{pmatrix} \boldsymbol{B}'_{11} & \boldsymbol{B}'_{12} \\ \boldsymbol{B}'_{21} & \boldsymbol{B}'_{22} \end{pmatrix},$$

则不能将 $\boldsymbol{A}_{ij}, \boldsymbol{B}_{ij}$ 看作 $\boldsymbol{A}, \boldsymbol{B}$ 的元素进行运算，因为 $\boldsymbol{A}_{ij}+\boldsymbol{B}_{ij}$ 没有意义.

若把 $\boldsymbol{A}$ 划分为如下分块形式

$$\boldsymbol{A}=(\boldsymbol{A}_{ij})_{s\times t}=\begin{pmatrix} \boldsymbol{A}_{11} & \boldsymbol{A}_{12} & \cdots & \boldsymbol{A}_{1t} \\ \boldsymbol{A}_{21} & \boldsymbol{A}_{22} & \cdots & \boldsymbol{A}_{2t} \\ \vdots & \vdots & & \vdots \\ \boldsymbol{A}_{s1} & \boldsymbol{A}_{s2} & \cdots & \boldsymbol{A}_{st} \end{pmatrix},$$

则分块矩阵 $\boldsymbol{A}$ 的数乘和转置运算为

$$k\boldsymbol{A}=(k\boldsymbol{A}_{ij})_{s\times t}=\begin{pmatrix}k\boldsymbol{A}_{11} & k\boldsymbol{A}_{12} & \cdots & k\boldsymbol{A}_{1t}\\ k\boldsymbol{A}_{21} & k\boldsymbol{A}_{22} & \cdots & k\boldsymbol{A}_{2t}\\ \vdots & \vdots & & \vdots\\ k\boldsymbol{A}_{s1} & k\boldsymbol{A}_{s2} & \cdots & k\boldsymbol{A}_{st}\end{pmatrix},$$

$$\boldsymbol{A}^{\mathrm{T}}=(\boldsymbol{A}_{ji}^{\mathrm{T}})_{t\times s}=\begin{pmatrix}\boldsymbol{A}_{11}^{\mathrm{T}} & \boldsymbol{A}_{21}^{\mathrm{T}} & \cdots & \boldsymbol{A}_{s1}^{\mathrm{T}}\\ \boldsymbol{A}_{12}^{\mathrm{T}} & \boldsymbol{A}_{22}^{\mathrm{T}} & \cdots & \boldsymbol{A}_{s2}^{\mathrm{T}}\\ \vdots & \vdots & & \vdots\\ \boldsymbol{A}_{1t}^{\mathrm{T}} & \boldsymbol{A}_{2t}^{\mathrm{T}} & \cdots & \boldsymbol{A}_{st}^{\mathrm{T}}\end{pmatrix}.$$

在分块矩阵的运算中，用得较多的是乘法及求逆运算. 例如，要求 $\boldsymbol{AB}$，若利用各元素去相乘相加计算，需计算较多的加法和乘法，易出错. 而若利用分块去计算，则可简化为

$$\begin{aligned}\boldsymbol{AB}&=\begin{pmatrix}\boldsymbol{A}_{11} & \boldsymbol{A}_{12}\\ \boldsymbol{A}_{21} & \boldsymbol{A}_{22}\end{pmatrix}\begin{pmatrix}\boldsymbol{B}_{11} & \boldsymbol{B}_{12}\\ \boldsymbol{B}_{21} & \boldsymbol{B}_{22}\end{pmatrix}\\ &=\begin{pmatrix}\boldsymbol{A}_{11} & \boldsymbol{0}\\ \boldsymbol{A}_{21} & \boldsymbol{E}\end{pmatrix}\begin{pmatrix}\boldsymbol{E} & \boldsymbol{B}_{12}\\ \boldsymbol{0} & \boldsymbol{B}_{22}\end{pmatrix}\\ &=\begin{pmatrix}\boldsymbol{A}_{11}\boldsymbol{E}+\boldsymbol{0}\boldsymbol{0} & \boldsymbol{A}_{11}\boldsymbol{B}_{12}+\boldsymbol{0}\boldsymbol{B}_{22}\\ \boldsymbol{A}_{21}\boldsymbol{E}+\boldsymbol{E}\boldsymbol{0} & \boldsymbol{A}_{21}\boldsymbol{B}_{12}+\boldsymbol{E}\boldsymbol{B}_{22}\end{pmatrix}\\ &=\begin{pmatrix}\boldsymbol{A}_{11} & \boldsymbol{A}_{11}\boldsymbol{B}_{12}\\ \boldsymbol{A}_{21} & \boldsymbol{A}_{21}\boldsymbol{B}_{12}+\boldsymbol{B}_{22}\end{pmatrix}\\ &=\begin{pmatrix}1 & 2 & 1 & 3\\ 3 & 4 & 3 & 5\\ -1 & 0 & 2 & 2\\ 1 & 2 & -1 & 2\end{pmatrix}.\end{aligned}$$

在上述分块矩阵的乘法运算中，我们只需进行 2×2 矩阵的乘法与加法，这样就简化了计算. 但在进行分块矩阵的乘法时，需要注意，在对矩阵划分时，一定要使各小块矩阵的乘法与加法运算有意义. 比如

$$\boldsymbol{AB}=(\boldsymbol{A}_{ij})(\boldsymbol{B}'_{ij})$$

就没有意义.

由例 1.3.5 可知，若 $\boldsymbol{A},\boldsymbol{B}$ 均为方阵，则

$$\begin{vmatrix}\boldsymbol{A} & \boldsymbol{0}\\ \boldsymbol{C} & \boldsymbol{B}\end{vmatrix}=|\boldsymbol{A}||\boldsymbol{B}|.$$

但若 $\boldsymbol{A},\boldsymbol{B},\boldsymbol{C},\boldsymbol{D}$ 均为 n 阶方阵，一般情况下，

$$\begin{vmatrix}\boldsymbol{A} & \boldsymbol{B}\\ \boldsymbol{C} & \boldsymbol{D}\end{vmatrix}\neq|\boldsymbol{A}||\boldsymbol{D}|-|\boldsymbol{B}||\boldsymbol{C}|.$$

设 $\boldsymbol{A}$ 为 n 阶方阵,且

$$\boldsymbol{A}=\begin{pmatrix}\boldsymbol{A}_1 & & \boldsymbol{0}\\ & \ddots & \\ \boldsymbol{0} & & \boldsymbol{A}_n\end{pmatrix},$$

其中,$\boldsymbol{A}_i$ 均为方阵(阶数不一定相同),则称 $\boldsymbol{A}$ 为分块对角阵.

类似于对角阵,分块对角阵具有下列性质:

(1) $|\boldsymbol{A}|=|\boldsymbol{A}_1||\boldsymbol{A}_2|\cdots|\boldsymbol{A}_n|$;

(2) $\boldsymbol{A}^k=\begin{pmatrix}\boldsymbol{A}_1^k & & \boldsymbol{0}\\ & \ddots & \\ \boldsymbol{0} & & \boldsymbol{A}_n^k\end{pmatrix}$;

(3) 若 $|\boldsymbol{A}_i|\neq 0,i=1,2,\cdots,n$,则 $\boldsymbol{A}$ 可逆,且

$$\boldsymbol{A}^{-1}=\begin{pmatrix}\boldsymbol{A}_1^{-1} & & \boldsymbol{0}\\ & \ddots & \\ \boldsymbol{0} & & \boldsymbol{A}_n^{-1}\end{pmatrix}.$$

证明留给读者完成。

例 2.4.1　已知

$$\boldsymbol{A}=\begin{pmatrix}1 & 2 & 0 & 0\\ 0 & 1 & 0 & 0\\ 0 & 0 & 1 & -1\\ 0 & 0 & 3 & 1\end{pmatrix},$$

求 $\boldsymbol{A}^2,\boldsymbol{A}^{-1}$.

解:因为

$$\begin{pmatrix}1 & 2\\ 0 & 1\end{pmatrix}^2=\begin{pmatrix}1 & 4\\ 0 & 1\end{pmatrix},$$

$$\begin{pmatrix}1 & -1\\ 3 & 1\end{pmatrix}^2=\begin{pmatrix}-2 & -2\\ 6 & -2\end{pmatrix},$$

$$\begin{pmatrix}1 & 2\\ 0 & 1\end{pmatrix}^{-1}=\begin{pmatrix}1 & -2\\ 0 & 1\end{pmatrix},$$

$$\begin{pmatrix}1 & -1\\ 3 & 1\end{pmatrix}^{-1}=\begin{pmatrix}\frac{1}{4} & \frac{1}{4}\\ -\frac{3}{4} & \frac{1}{4}\end{pmatrix},$$

所以

$$A^2=\begin{pmatrix}1&4&0&0\\0&1&0&0\\0&0&-2&-2\\0&0&6&-2\end{pmatrix},A^{-1}=\begin{pmatrix}1&-2&0&0\\0&1&0&0\\0&0&\frac{1}{4}&\frac{1}{4}\\0&0&-\frac{3}{4}&\frac{1}{4}\end{pmatrix}.$$

在后面的学习过程中，我们经常需要将矩阵按照列来划分成若干个列块矩阵，然后利用矩阵的分块乘法来处理一些问题. 如把矩阵的每一列划分成一小矩阵，我们可把 $\boldsymbol{A}_{mn}$ 和 $\boldsymbol{B}_{ns}$ 划分为

$$\boldsymbol{A}=(\boldsymbol{\alpha}_1,\boldsymbol{\alpha}_2,\cdots,\boldsymbol{\alpha}_n),$$
$$\boldsymbol{B}=(\boldsymbol{\beta}_1,\boldsymbol{\beta}_2,\cdots,\boldsymbol{\beta}_s).$$

则方程组 $\boldsymbol{Ax}=\boldsymbol{b}$ 可写成

$$(\boldsymbol{\alpha}_1,\boldsymbol{\alpha}_2,\cdots,\boldsymbol{\alpha}_n)\begin{pmatrix}x_1\\\vdots\\x_n\end{pmatrix}=\boldsymbol{b},$$

即

$$x_1\boldsymbol{\alpha}_1+x_2\boldsymbol{\alpha}_2+\cdots+x_n\boldsymbol{\alpha}_n=\boldsymbol{b};$$

矩阵 $\boldsymbol{A},\boldsymbol{B}$ 的乘法 $\boldsymbol{AB}$ 可写成

$$\begin{aligned}\boldsymbol{AB}&=\boldsymbol{A}(\boldsymbol{\beta}_1,\boldsymbol{\beta}_2,\cdots,\boldsymbol{\beta}_s)\\&=(\boldsymbol{A\beta}_1,\boldsymbol{A\beta}_2,\cdots,\boldsymbol{A\beta}_s).\end{aligned}$$

习题二

A

1. 计算.

(1) $\begin{pmatrix}1&3&4\\2&5&-1\end{pmatrix}+\begin{pmatrix}-2&0&1\\1&-1&-3\end{pmatrix}$;

(2) $\begin{pmatrix}1&2\\0&1\end{pmatrix}-\begin{pmatrix}2&-2\\0&3\end{pmatrix}$;

(3) $a\begin{pmatrix}1&0\\0&0\end{pmatrix}+b\begin{pmatrix}0&1\\0&0\end{pmatrix}+c\begin{pmatrix}0&0\\1&0\end{pmatrix}+d\begin{pmatrix}0&0\\0&1\end{pmatrix}$.

2. 已知

$$\boldsymbol{A}=\begin{pmatrix}1&2&1&2\\2&1&2&1\\1&2&3&4\end{pmatrix},\boldsymbol{B}=\begin{pmatrix}4&3&2&1\\-2&1&-2&1\\0&-1&0&-1\end{pmatrix}.$$

(1) 求 $3\boldsymbol{A}-\boldsymbol{B}$；

(2) 求 $2\boldsymbol{A}+3\boldsymbol{B}$；

(3) 若 $\boldsymbol{X}$ 满足 $\boldsymbol{A}+\boldsymbol{X}=\boldsymbol{B}$，求 $\boldsymbol{X}$；

(4) 若 $\boldsymbol{X}$ 满足 $(2\boldsymbol{A}-\boldsymbol{Y})+2(\boldsymbol{B}-\boldsymbol{Y})=\boldsymbol{0}$，求 $\boldsymbol{Y}$.

3. 计算.

(1) $(1\quad 2\quad 3)\begin{pmatrix}1\\2\\3\end{pmatrix}$；

(2) $\begin{pmatrix}1\\2\\3\end{pmatrix}(1\quad 2\quad 3)$；

(3) $\begin{pmatrix}1&0\\0&0\end{pmatrix}\begin{pmatrix}x\\y\end{pmatrix}$；

(4) $\begin{pmatrix}4&3&1\\1&-2&3\\5&7&0\end{pmatrix}\begin{pmatrix}7\\2\\1\end{pmatrix}$；

(5) $\begin{pmatrix}1&2&3\\-2&1&2\end{pmatrix}\begin{pmatrix}1&2&0\\0&1&1\\3&0&-1\end{pmatrix}$；

(6) $(x\quad y\quad z)\begin{pmatrix}a_{11}&a_{12}&a_{13}\\a_{12}&a_{22}&a_{23}\\a_{13}&a_{23}&a_{33}\end{pmatrix}\begin{pmatrix}x\\y\\z\end{pmatrix}$；

(7) $\begin{pmatrix}3&1&2&-1\\0&3&1&0\end{pmatrix}\begin{pmatrix}1&0&5\\0&2&0\\1&0&1\\0&3&0\end{pmatrix}\begin{pmatrix}-1&0\\1&5\\0&2\end{pmatrix}$.

4. 设 $\boldsymbol{A}=\begin{pmatrix}1&2\\3&4\end{pmatrix}$，$\boldsymbol{B}=\begin{pmatrix}1&1\\0&1\end{pmatrix}$，问：

(1) $\boldsymbol{AB}=\boldsymbol{BA}$ 吗？

(2) $(\boldsymbol{A}+\boldsymbol{B})^2=\boldsymbol{A}^2+\boldsymbol{B}^2+2\boldsymbol{AB}$ 吗？

(3) $(\boldsymbol{A}-\boldsymbol{B})(\boldsymbol{A}+\boldsymbol{B})=\boldsymbol{A}^2-\boldsymbol{B}^2$ 吗？

(4) $(\boldsymbol{AB})^2=\boldsymbol{A}^2\boldsymbol{B}^2$ 吗？

5. 已知旋转矩阵

$$\boldsymbol{A}=\begin{pmatrix}\cos\theta&-\sin\theta\\\sin\theta&\cos\theta\end{pmatrix},$$

求 $A^2, A^3, \cdots, A^n$.

6. 设 $\boldsymbol{A}, \boldsymbol{B}$ 均为 n 阶方阵，试证明：$(\boldsymbol{A}+\boldsymbol{B})^2=\boldsymbol{A}^2+\boldsymbol{B}^2+2\boldsymbol{AB}$ 的充要条件是 $\boldsymbol{AB}=\boldsymbol{BA}$.

7. 设 $\boldsymbol{A}$ 为 $m\times n$ 矩阵，证明：$\boldsymbol{A}^{\mathrm{T}}\boldsymbol{A}$ 与 $\boldsymbol{AA}^{\mathrm{T}}$ 均为对称阵.

8. 设 $\boldsymbol{A}, \boldsymbol{B}$ 均为 n 阶方阵，$\boldsymbol{E}$ 为 n 阶单位阵，且 $\boldsymbol{A}=\frac{1}{2}(\boldsymbol{B}+\boldsymbol{E})$，证明：$\boldsymbol{A}^2=\boldsymbol{A}$ 的充要条件为 $\boldsymbol{B}^2=\boldsymbol{E}$.

9. 已知

$$\boldsymbol{A}=\begin{pmatrix}1 & 0 & 1\\ 0 & 2 & 0\\ 1 & 0 & 1\end{pmatrix},$$

且 $\boldsymbol{AB}+\boldsymbol{E}=\boldsymbol{A}^2+\boldsymbol{B}$，求 $|\boldsymbol{B}|$.

10. 求下列矩阵的逆矩阵.

(1) $\begin{pmatrix}1 & 2\\ 3 & 7\end{pmatrix}$；

(2) $\begin{pmatrix}\cos\theta & -\sin\theta\\ \sin\theta & \cos\theta\end{pmatrix}$；

(3) $\begin{pmatrix}1 & 0 & 0\\ 1 & 2 & 0\\ 1 & 2 & 3\end{pmatrix}$；

(4) $\begin{pmatrix}1 & 0 & 0 & 0\\ 0 & 2 & 0 & 0\\ 0 & 0 & 3 & 0\\ 0 & 0 & 0 & 4\end{pmatrix}$.

11. 已知从变量 x_1, x_2, x_3 到变量 y_1, y_2, y_3 的线性变换为

$$\begin{cases}y_1=x_1+2x_2-x_3,\\ y_2=3x_1+4x_2-2x_3,\\ y_3=5x_1-4x_2+x_3,\end{cases}$$

试求从变量 y_1, y_2, y_3 到变量 x_1, x_2, x_3 的线性变换.

12. 解下列矩阵方程.

(1) $\begin{pmatrix}1 & 2\\ 0 & 1\end{pmatrix}\boldsymbol{X}=\begin{pmatrix}-1 & 1\\ 1 & -1\end{pmatrix}$；

(2) $\boldsymbol{X}\begin{pmatrix}1 & 2\\ 2 & 5\end{pmatrix}=\begin{pmatrix}1 & 0\\ 0 & 1\\ 1 & 0\end{pmatrix}$；

(3) $\begin{pmatrix}1 & 1 & -1\\ -2 & 1 & 1\\ 1 & 1 & 0\end{pmatrix}\boldsymbol{X}=\begin{pmatrix}2\\3\\6\end{pmatrix}$；

(4) $\begin{pmatrix}1 & 4\\ -1 & 2\end{pmatrix}\boldsymbol{X}\begin{pmatrix}2 & 0\\ -1 & 1\end{pmatrix}=\begin{pmatrix}3 & 1\\ 0 & -1\end{pmatrix}$；

(5) $\begin{pmatrix}0 & 1 & 0\\ 1 & 0 & 0\\ 0 & 0 & 1\end{pmatrix}\boldsymbol{X}\begin{pmatrix}1 & 0 & 0\\ 0 & 0 & 1\\ 0 & 1 & 0\end{pmatrix}=\begin{pmatrix}1 & -4 & 3\\ 2 & 0 & -1\\ 1 & -2 & 0\end{pmatrix}$.

13. 设 $\boldsymbol{P}^{-1}\boldsymbol{A}\boldsymbol{P}=\boldsymbol{\Lambda}$，其中

$$\boldsymbol{P}=\begin{pmatrix}-1 & -4\\ 1 & 1\end{pmatrix},\boldsymbol{\Lambda}=\begin{pmatrix}-1 & 0\\ 0 & 2\end{pmatrix},$$

求 $\boldsymbol{A}^{11}$.

14. 设 $\boldsymbol{A}$ 为 3 阶矩阵，且 $|\boldsymbol{A}|=\dfrac{1}{2}$，求 $|(2\boldsymbol{A})^{-1}-5\boldsymbol{A}^*|$.

15. 已知 $\boldsymbol{A}^*$ 为三阶方阵 $\boldsymbol{A}$ 的伴随阵，且 $|\boldsymbol{A}|=2$，求：(1) $|5\boldsymbol{A}^*|$；(2) $(2\boldsymbol{A})^*$.

16. 设 $\boldsymbol{A},\boldsymbol{B}$ 均为 3 阶方阵，且 $|\boldsymbol{A}|=2$，$|\boldsymbol{B}|=3$，求 $|-2(\boldsymbol{A}^{\mathrm{T}}\boldsymbol{B}^{-1})^{-1}|$.

17. 设

$$\boldsymbol{A}=\begin{pmatrix}1 & 2 & -3\\ 0 & 1 & 2\\ 0 & 0 & 1\end{pmatrix},\boldsymbol{B}=\begin{pmatrix}1 & 2 & 0\\ 0 & 1 & 2\\ 0 & 0 & 1\end{pmatrix},$$

且 $(2\boldsymbol{E}-\boldsymbol{A}^{-1}\boldsymbol{B})\boldsymbol{C}^{\mathrm{T}}=\boldsymbol{A}^{-1}$，求 $\boldsymbol{C}$.

18. 若 $\boldsymbol{A}^k=\boldsymbol{0}$（$k$ 为正整数），证明 $(\boldsymbol{E}-\boldsymbol{A})^{-1}=\boldsymbol{E}+\boldsymbol{A}+\boldsymbol{A}^2+\cdots+\boldsymbol{A}^{k-1}$.

19. 已知 $f(x)=a_nx^n+a_{n-1}x^{n-1}+\cdots+a_1x+a_0$，$\boldsymbol{A}$ 为 n 阶方阵，$\boldsymbol{E}$ 为 n 阶单位阵，定义 $f(\boldsymbol{A})=a_n\boldsymbol{A}^n+a_{n-1}\boldsymbol{A}^{n-1}+\cdots+a_1\boldsymbol{A}+a_0\boldsymbol{E}$，称 $f(\boldsymbol{A})$ 为矩阵多项式.

(1) 已知 $f(x)=x^2-x-1$，$\boldsymbol{A}=\begin{pmatrix}3 & 1 & 1\\ 3 & 1 & 2\\ 1 & -1 & 0\end{pmatrix}$，求 $f(\boldsymbol{A})$；

(2) 已知 $f(x)=x^2-5x+3$，$\boldsymbol{A}=\begin{pmatrix}2 & -1\\ -3 & 3\end{pmatrix}$，求 $f(\boldsymbol{A})$.

20. 已知 $\boldsymbol{A}$ 为 n 阶方阵，$\boldsymbol{E}$ 为 n 阶单位阵，且 $\boldsymbol{A}^2+2\boldsymbol{A}-6\boldsymbol{E}=\boldsymbol{0}$，证明 $\boldsymbol{A}-\boldsymbol{E}$ 可逆，并求 $(\boldsymbol{A}-\boldsymbol{E})^{-1}$.

21. 已知

$$\boldsymbol{A}=\begin{pmatrix}3 & 4 & 0 & 0\\ 4 & -3 & 0 & 0\\ 0 & 0 & 2 & 0\\ 0 & 0 & 2 & 2\end{pmatrix},$$

利用分块矩阵计算 $|\boldsymbol{A}^3|$，$\boldsymbol{A}^4$，$\boldsymbol{A}^{-1}$.

B

1. 填空题.

(1)设$\boldsymbol{\alpha}$为3维列向量,$\boldsymbol{\alpha}^{\mathrm{T}}$是$\boldsymbol{\alpha}$的转置. 若$\boldsymbol{\alpha\alpha}^{\mathrm{T}}=\begin{pmatrix}1&-1&1\\-1&1&-1\\1&-1&1\end{pmatrix}$,则$\boldsymbol{\alpha}^{\mathrm{T}}\boldsymbol{\alpha}=$______;

(2)设三阶方阵$\boldsymbol{A},\boldsymbol{B}$满足$\boldsymbol{A}^2\boldsymbol{B}-\boldsymbol{A}-\boldsymbol{B}=\boldsymbol{E}$,其中$\boldsymbol{E}$为三阶单位矩阵,若$\boldsymbol{A}=\begin{pmatrix}1&0&1\\0&2&0\\-2&0&1\end{pmatrix}$,则$|\boldsymbol{B}|=$______;

(3)设矩阵$\boldsymbol{A}=\begin{pmatrix}2&1&0\\1&2&0\\0&0&1\end{pmatrix}$,矩阵$\boldsymbol{B}$满足$\boldsymbol{ABA}^*=2\boldsymbol{BA}^*+\boldsymbol{E}$,其中$\boldsymbol{A}^*$为$\boldsymbol{A}$的伴随矩阵,$\boldsymbol{E}$是单位矩阵,则$|\boldsymbol{B}|=$______;

(4)设$\boldsymbol{A}=(a_{ij})$是三阶非零矩阵,$|\boldsymbol{A}|$为$\boldsymbol{A}$的行列式,A_{ij}为a_{ij}的代数余子式,若$a_{ij}+A_{ij}=0(i,j=1,2,3)$,则$|\boldsymbol{A}|=$______.

2. 选择题.

(1)设$\boldsymbol{A}$为三阶矩阵,$\boldsymbol{P}=(\alpha_1,\alpha_2,\alpha_3)$为可逆矩阵,使得$\boldsymbol{P}^{-1}\boldsymbol{AP}=\begin{pmatrix}0&&\\&1&\\&&2\end{pmatrix}$,则$\boldsymbol{A}(\alpha_1,\alpha_2,\alpha_3)=($　　$)$;

(A)$\alpha_1+\alpha_2$　　(B)$\alpha_2+2\alpha_3$　　(C)$\alpha_2+\alpha_3$　　(D)$\alpha_1+2\alpha_2$

(2)设$\boldsymbol{A},\boldsymbol{B}$均为2阶矩阵,$\boldsymbol{A}^*,\boldsymbol{B}^*$分别为$\boldsymbol{A},\boldsymbol{B}$的伴随矩阵,若$|\boldsymbol{A}|=2,|\boldsymbol{B}|=3$,则分块矩阵$\begin{pmatrix}\boldsymbol{0}&\boldsymbol{A}\\\boldsymbol{B}&\boldsymbol{0}\end{pmatrix}$的伴随矩阵为(　　);

(A)$\begin{pmatrix}\boldsymbol{0}&3\boldsymbol{B}^*\\2\boldsymbol{A}^*&\boldsymbol{0}\end{pmatrix}$　　(B)$\begin{pmatrix}\boldsymbol{0}&2\boldsymbol{B}^*\\3\boldsymbol{A}^*&\boldsymbol{0}\end{pmatrix}$

(C)$\begin{pmatrix}\boldsymbol{0}&3\boldsymbol{A}^*\\2\boldsymbol{B}^*&\boldsymbol{0}\end{pmatrix}$　　(D)$\begin{pmatrix}\boldsymbol{0}&2\boldsymbol{A}^*\\3\boldsymbol{B}^*&\boldsymbol{0}\end{pmatrix}$

(3)设$\boldsymbol{A},\boldsymbol{P}$均为3阶矩阵,$\boldsymbol{P}^{\mathrm{T}}$为$\boldsymbol{P}$的转置矩阵,且$\boldsymbol{P}^{\mathrm{T}}\boldsymbol{AP}=\begin{pmatrix}1&0&0\\0&1&0\\0&0&2\end{pmatrix}$,若$\boldsymbol{P}=(\alpha_1,\alpha_2,\alpha_3)$,$\boldsymbol{Q}=(\alpha_1+\alpha_2,\alpha_2,\alpha_3)$,则$\boldsymbol{Q}^{\mathrm{T}}\boldsymbol{AQ}$为(　　);

(A)$\begin{pmatrix}2&1&0\\1&1&0\\0&0&2\end{pmatrix}$　　(B)$\begin{pmatrix}1&1&0\\1&2&0\\0&0&2\end{pmatrix}$

(C)$\begin{pmatrix}2&0&0\\0&1&0\\0&0&2\end{pmatrix}$　　(D)$\begin{pmatrix}1&0&0\\0&2&0\\0&0&2\end{pmatrix}$

3. 设矩阵 $\boldsymbol{A}=\begin{pmatrix}0&1&0&0\\0&0&1&0\\0&0&0&1\\0&0&0&0\end{pmatrix}$，求 $\boldsymbol{A}^2,\boldsymbol{A}^3,\boldsymbol{A}^4$.

4. 设 $\boldsymbol{A}=\begin{pmatrix}\lambda&1&0\\0&\lambda&1\\0&0&\lambda\end{pmatrix}$，求 $\boldsymbol{A}^k$.

5. 设矩阵 $\boldsymbol{A}=\begin{pmatrix}a&1&0\\1&a&-1\\0&1&a\end{pmatrix}$，且 $\boldsymbol{A}^3=\boldsymbol{0}$.

(1)求 a 的值；

(2)若矩阵 $\boldsymbol{X}$ 满足 $\boldsymbol{X}-\boldsymbol{X}\boldsymbol{A}^2-\boldsymbol{A}\boldsymbol{X}+\boldsymbol{A}\boldsymbol{X}\boldsymbol{A}^2=\boldsymbol{E}$，$\boldsymbol{E}$ 为 3 阶单位阵，求 $\boldsymbol{X}$.

第三章 矩阵的初等变换与线性方程组

本章从线性方程组的消元法引入矩阵的初等变换，并进一步建立了矩阵的秩这一重要概念；接着讨论了矩阵秩的性质，并揭示出矩阵的秩与线性方程组解的三种情况(无解、唯一解、无穷解)之间的内在关系，并给出了用初等变换解线性方程组的方法.

第一节 矩阵的初等变换与初等矩阵

一、矩阵的初等变换

矩阵的初等变换是矩阵的一种非常重要的运算，它在解线性方程组、求逆矩阵、向量组的线性相关性以及矩阵理论的探讨中都起着重要的作用. 下面，我们从中学所熟悉的用消元法解线性方程组引入矩阵的初等变换.

引例 解线性方程组

$$\begin{cases} 2x_1+3x_2+3x_3+3x_4=8, ① \\ x_1+x_2+x_3+x_4=3, ② \\ 2x_1+2x_2+4x_3+4x_4=8, ③ \\ x_2+x_3+x_4=2. ④ \end{cases} \tag{3.1.1}$$

解：类似于行列式计算中的记法，在下面解题过程中，我们用"ⓘ↔ⓙ"表示交换第ⓘ个与第ⓙ个方程；用"ⓘ÷k"表示第ⓘ个方程两边同除一个非零数 k；用"ⓘ+kⓙ"表示把第ⓙ个方程的 k 倍加到第ⓘ个方程. 方程组的求解过程可表示为

$$(3.1.1)\xrightarrow{①\leftrightarrow②}\begin{cases} x_1+x_2+x_3+x_4=3, ① \\ 2x_1+3x_2+3x_3+3x_4=8, ② \\ 2x_1+2x_2+4x_3+4x_4=8, ③ \\ x_2+x_3+x_4=2. ④ \end{cases} \tag{3.1.2}$$

$$\xrightarrow[③-2①]{②-2①}\begin{cases}x_1+x_2+x_3+x_4=3, ①\\ x_2+x_3+x_4=2, ②\\ 2x_3+2x_4=2, ③\\ x_2+x_3+x_4=2. ④\end{cases}\tag{3.1.3}$$

$$\xrightarrow[④-②]{③\div 2}\begin{cases}x_1+x_2+x_3+x_4=3, ①\\ x_2+x_3+x_4=2, ②\\ x_3+x_4=1, ③\\ 0=0. ④\end{cases}\tag{3.1.4}$$

在方程组(3.1.3)到(3.1.4)的消元过程中，我们发现在方程④消去 x_2 的同时，也把 x_3，x_4 同时消去，使得方程左边变成了 0，同时，方程的右边也变成了 0. 此时出现了"0＝0"的方程. 这个方程在整个方程组的求解中不起作用，我们称之为"无效方程". 若在消元过程中，当方程左边化为 0 的同时，方程的右边却出现了非零的常数，此时出现方程"0＝1"，我们称之为矛盾方程. 矛盾方程的出现表明方程组无解.

方程组(3.1.4)是 4 个未知数，3 个有效方程的方程组. 此时，应有一个未知数可自由取值，我们称之为自由未知数. 由于方程组(3.1.4)呈阶梯形状，故我们可固定每一梯中第一个未知数(即 x_1，x_2，x_3)放在方程左边，而把其他未知数(x_4)选作自由未知数移到方程的右边，再利用"回代"法，即可求出方程组的解

$$\begin{cases}x_1=1,\\ x_2=1,\\ x_3=1-x_4.\end{cases}\tag{3.1.5}$$

其中，x_4 可随意取值，故可令 $x_4=c$，方程组的解可记为

$$\boldsymbol{x}=\begin{pmatrix}x_1\\ x_2\\ x_3\\ x_4\end{pmatrix}=\begin{pmatrix}1\\ 1\\ 1-c\\ c\end{pmatrix}=c\begin{pmatrix}0\\ 0\\ -1\\ 1\end{pmatrix}+\begin{pmatrix}1\\ 1\\ 1\\ 0\end{pmatrix},\tag{3.1.6}$$

其中，c 为任意常数.

我们知道，每个方程组其实都和一个矩阵 $\boldsymbol{B}=(\boldsymbol{A},\boldsymbol{b})$ 有一一对应关系. 我们将方程组系数与常数列构成的矩阵 $\boldsymbol{B}=(\boldsymbol{A},\boldsymbol{b})$ 称为方程组 $\boldsymbol{Ax}=\boldsymbol{b}$ 的增广矩阵，简称增广阵. 如方程组(3.1.1)的增广阵为

$$\boldsymbol{B}_1=\begin{pmatrix}2&3&3&3&8\\ 1&1&1&1&3\\ 2&2&4&4&8\\ 0&1&1&1&2\end{pmatrix}.$$

另外，我们知道在由方程组(3.1.1)到方程组(3.1.5)的消元及"回代"过程中，可由

矩阵的如下变化过程表示

$$B_1=\begin{pmatrix}2&3&3&3&8\\1&1&1&1&3\\2&2&4&4&8\\0&1&1&1&2\end{pmatrix}$$

$$\xrightarrow{r_1\leftrightarrow r_2}\begin{pmatrix}1&1&1&1&3\\2&3&3&3&8\\2&2&4&4&8\\0&1&1&1&2\end{pmatrix}=B_2,$$

$$\xrightarrow[r_3-2r_1]{r_2-2r_1}\begin{pmatrix}1&1&1&1&3\\0&1&1&1&2\\0&0&2&2&2\\0&1&1&1&2\end{pmatrix}=B_3,$$

$$\xrightarrow[r_4-r_2]{r_3\div 2}\begin{pmatrix}1&1&1&1&3\\0&1&1&1&2\\0&0&1&1&1\\0&0&0&0&0\end{pmatrix}=B_4,$$

$$\xrightarrow[r_2-r_3]{r_1-r_2}\begin{pmatrix}1&0&0&0&1\\0&1&0&0&1\\0&0&1&1&1\\0&0&0&0&0\end{pmatrix}=B_5.$$

在上述矩阵的变化过程中，出现了形如“$r_1\leftrightarrow r_2$”、“r_2-2r_1”、“$r_3\div 2$”三种行变换，由此，我们引入矩阵初等变换的定义.

定义 3.1.1 下面三种变换称作矩阵的三种初等行变换：

(1)交换两行(交换 i,j 两行，记作 $r_i\leftrightarrow r_j$)；

(2)将某一行所有元素乘以数 $k(k\neq 0)$(第 i 行乘 k，记作 $r_i\times k$；$r_i\times\frac{1}{k}$ 亦可记作 $r_i\div k$)；

(3)把某一行的 k 倍加到另一行(第 j 行的 k 倍加到第 i 行，记作 r_i+kr_j).

将上述定义的“行”换为“列”，即得矩阵的初等列变换的定义. 依次用“$c_i\leftrightarrow c_j$”，“$c_i\times k$”，“c_i+kc_j”表示三种初等列变换.

矩阵的初等行变换和初等列变换统称为矩阵的初等变换.

显然，利用 $r_i\leftrightarrow r_j$，$r_i\times\frac{1}{k}$，r_i-kr_j 可将经过 $r_i\leftrightarrow r_j$，$r_i\times k$，r_i+kr_j 变换后的矩阵变回原形. 故矩阵的三种初等变换均是可逆的，且其逆变换与原变换为同一类型的初等

变换.

需要注意的是,线性方程组的同解变换只对应其增广阵的初等行变换.也就是说,在利用增广阵的初等变换解线性方程组的时候,只能使用初等行变换,而不能使用初等列变换.

定义 3.1.2　如果矩阵 $\boldsymbol{A}$ 经过有限次初等行变换变成 $\boldsymbol{B}$,则称矩阵 $\boldsymbol{A}$ 与 $\boldsymbol{B}$ 行等价,记为 $\boldsymbol{A}\overset{r}{\sim}\boldsymbol{B}$;

如果矩阵 $\boldsymbol{A}$ 经过有限次初等列变换变成 $\boldsymbol{B}$,则称矩阵 $\boldsymbol{A}$ 与 $\boldsymbol{B}$ 列等价,记为 $\boldsymbol{A}\overset{c}{\sim}\boldsymbol{B}$;

如果矩阵 $\boldsymbol{A}$ 经过有限次初等变换变成 $\boldsymbol{B}$,则称矩阵 $\boldsymbol{A}$ 与 $\boldsymbol{B}$ 等价,记为 $\boldsymbol{A}\sim\boldsymbol{B}$.

矩阵的等价关系具有如下性质:

(1)反身性:$\boldsymbol{A}\sim\boldsymbol{A}$;

(2)对称性:$\boldsymbol{A}\sim\boldsymbol{B}\Rightarrow\boldsymbol{B}\sim\boldsymbol{A}$;

(3)传递性:$\boldsymbol{A}\sim\boldsymbol{B},\boldsymbol{B}\sim\boldsymbol{C}\Rightarrow\boldsymbol{A}\sim\boldsymbol{C}$.

矩阵 $\boldsymbol{B}_4$ 与 $\boldsymbol{B}_5$ 具有如下特点:可画出一条阶梯线,线下元素全为 0;每一阶梯只有一行,阶梯数即为非零行数,每一行的首个非零元素出现在每一阶梯的第一元素.我们称具有如上特点的矩阵为行阶梯形阵.

行阶梯形阵 $\boldsymbol{B}_5$ 还具有以下两个特点:

①每一阶梯首个非零元素均为 1;

②每一阶梯首个非零元素 1 所在列的其他元素均为 0.

具有这两个特点的行阶梯形阵称为行最简形阵.

不难知道,任何一个矩阵 $\boldsymbol{A}_{mn}$ 总可以经过有限次初等行变换化为行阶梯形阵和行最简形阵.即任何一个矩阵 $\boldsymbol{A}_{mn}$ 总是与一个行阶梯形阵或行最简形阵行等价.

如果再对行最简形阵施以初等列变换,可将矩阵变成形如

$$\begin{pmatrix} \boldsymbol{E}_r & \boldsymbol{0} \\ \boldsymbol{0} & \boldsymbol{0} \end{pmatrix} \tag{3.1.7}$$

的更简洁的类型,我们称形如(3.1.7)的矩阵为矩阵 $\boldsymbol{A}_{mn}$ 的标准形,如

$$\boldsymbol{B}_1\overset{r}{\sim}\boldsymbol{B}_5=\begin{pmatrix} 1&0&0&0&1\\ 0&1&0&0&1\\ 0&0&1&1&1\\ 0&0&0&0&0 \end{pmatrix}\xrightarrow[c_5-c_1-c_2-c_3]{c_4-c_3}\begin{pmatrix} 1&0&0&0&0\\ 0&1&0&0&0\\ 0&0&1&0&0\\ 0&0&0&0&0 \end{pmatrix}=\boldsymbol{F},$$

称 $\boldsymbol{F}$ 为 $\boldsymbol{B}_1$ 的标准形.如此,任何一个矩阵等价于一个标准形矩阵.

需要指出的是,$\boldsymbol{F}$ 对应的方程组与 $\boldsymbol{B}_1$ 对应的方程组不一定再同解.

为了进一步研究初等变换的性质,我们需要引入初等矩阵.

二、初等矩阵

定义 3.1.3　单位阵经过一次初等变换得到的矩阵称为初等矩阵.

三种初等变换对应有三种初等矩阵.以三阶单位阵为例:

(1)交换 $\boldsymbol{E}_3$ 的第一行与第二行(或第一列与第二列),可得初等矩阵

$$\boldsymbol{E}(1,2)=\begin{pmatrix}0&1&0\\1&0&0\\0&0&1\end{pmatrix};$$

(2)把 $\boldsymbol{E}_3$ 的第三行(或第三列)扩大 k 倍($k\neq0$),可得初等矩阵

$$\boldsymbol{E}(3(k))=\begin{pmatrix}1&0&0\\0&1&0\\0&0&k\end{pmatrix};$$

(3)将 $\boldsymbol{E}_3$ 的第三行的 k 倍加到第一行(或第一列的 k 倍加到第三列),可得初等矩阵

$$\boldsymbol{E}(1,3(k))=\begin{pmatrix}1&0&k\\0&1&0\\0&0&1\end{pmatrix}.$$

显然,初等矩阵都是可逆的,且其逆也为初等矩阵:

$$\boldsymbol{E}^{-1}(i,j)=\boldsymbol{E}(i,j);\boldsymbol{E}^{-1}(i(k))=\boldsymbol{E}\left(i\left(\frac{1}{k}\right)\right);\boldsymbol{E}^{-1}(i,j(k))=\boldsymbol{E}^{-1}(i,j(-k)).$$

容易验证,对任意的矩阵 $\boldsymbol{A}$,有如下性质:

(1)若 $\boldsymbol{E}(i,j)\boldsymbol{A}=\boldsymbol{B}$,则 $\boldsymbol{B}$ 为 $\boldsymbol{A}$ 交换第 i 行与第 j 行所得;

(2)若 $\boldsymbol{E}(i(k))\boldsymbol{A}=\boldsymbol{B}$,则 $\boldsymbol{B}$ 为把 $\boldsymbol{A}$ 的第 i 行扩大 k 倍所得;

(3)若 $\boldsymbol{E}(i,j(k))\boldsymbol{A}=\boldsymbol{B}$,则 $\boldsymbol{B}$ 为将 $\boldsymbol{A}$ 的第 j 行的 k 倍加到第 i 行所得.

同理,针对于列,我们有如下性质:

(1)若 $\boldsymbol{AE}(i,j)=\boldsymbol{B}$,则 $\boldsymbol{B}$ 为 $\boldsymbol{A}$ 交换第 i 列与第 j 列所得;

(2)若 $\boldsymbol{AE}(i(k))=\boldsymbol{B}$,则 $\boldsymbol{B}$ 为把 $\boldsymbol{A}$ 的第 i 列扩大 k 倍所得;

(3)若 $\boldsymbol{AE}(i,j(k))=\boldsymbol{B}$,则 $\boldsymbol{B}$ 为将 $\boldsymbol{A}$ 的第 i 列的 k 倍加到第 j 列所得.

综上所述,可得下面的性质.

性质 3.1.1 设 $\boldsymbol{A}$ 是 $m\times n$ 的矩阵,对 $\boldsymbol{A}$ 实施一次初等行变换,相当于在 $\boldsymbol{A}$ 的左边乘以相应的初等矩阵;对 $\boldsymbol{A}$ 实施一次初等列变换,相当于在 $\boldsymbol{A}$ 的右边乘以相应的初等矩阵.

由性质 3.1.1,两个 $m\times n$ 的矩阵 $\boldsymbol{A},\boldsymbol{B}$ 等价可叙述如下:

$\boldsymbol{A}\sim\boldsymbol{B}\Leftrightarrow\boldsymbol{A}$ 经过有限次初等变换可变换为 $\boldsymbol{B}$

$\Leftrightarrow$存在若干个 m 阶初等矩阵 $\boldsymbol{P}_1,\boldsymbol{P}_2,\cdots,\boldsymbol{P}_s$ 与 n 阶初等矩阵 $\boldsymbol{Q}_1,\boldsymbol{Q}_2,\cdots,\boldsymbol{Q}_t$,满足

$$\boldsymbol{B}=\boldsymbol{P}_s\cdots\boldsymbol{P}_1\boldsymbol{A}\boldsymbol{Q}_1\cdots\boldsymbol{Q}_t$$

$\Leftrightarrow$存在 m 阶可逆阵 $\boldsymbol{P}$ 和 n 阶可逆阵 $\boldsymbol{Q}$,满足

$$\boldsymbol{B}=\boldsymbol{PAQ}.$$

因为任何一个矩阵总是与一个标准形矩阵等价，故由初等矩阵的可逆性可得到下面的性质.

性质 3.1.2　n 阶方阵 $\boldsymbol{A}$ 可逆的充要条件是存在可逆阵 $\boldsymbol{P}_1,\cdots,\boldsymbol{P}_s$，使得

$$\boldsymbol{A}=\boldsymbol{P}_1\cdots\boldsymbol{P}_s.$$

证明：先证充分性.

由初等阵的可逆性可得

$$|\boldsymbol{A}|=|\boldsymbol{P}_1\cdots\boldsymbol{P}_s|=|\boldsymbol{P}_1|\cdots|\boldsymbol{P}_s|\neq 0,$$

故 $\boldsymbol{A}$ 可逆.

再证必要性.

若 $\boldsymbol{A}$ 可逆，令 $\boldsymbol{F}$ 为其标准形. 则由 $\boldsymbol{A}\sim\boldsymbol{F}$ 知，存在初等矩阵 $\boldsymbol{P}_1,\cdots,\boldsymbol{P}_s$. 使得

$$\boldsymbol{A}=\boldsymbol{P}_1\cdots\boldsymbol{P}_l\boldsymbol{F}\boldsymbol{P}_{l+1}\cdots\boldsymbol{P}_s.$$

由于 $\boldsymbol{A}$ 与 $\boldsymbol{P}_i\,(i=1,\cdots,s)$均为可逆阵，对上式两边同取行列式，知

$$|\boldsymbol{F}|\neq 0.$$

故 $\boldsymbol{F}=\boldsymbol{E}$，从而

$$\boldsymbol{A}=\boldsymbol{P}_1\cdots\boldsymbol{P}_s.$$

性质 3.1.2 告诉我们，对任意的 n 阶可逆阵 $\boldsymbol{A}_n$，有

$$\boldsymbol{A}_n\sim\boldsymbol{E}_n.$$

利用性质 3.1.2 与分块矩阵的乘法，我们可得求逆矩阵的第二个方法.

第一步：构造矩阵$(\boldsymbol{A}_n,\boldsymbol{E}_n)$.

第二步：对$(\boldsymbol{A}_n,\boldsymbol{E}_n)$实施初等行变换，化成$(\boldsymbol{E}_n,\boldsymbol{B}_n)$，则 $\boldsymbol{B}_n=\boldsymbol{A}^{-1}$.

原因在于，若 $\boldsymbol{A}$ 可逆，$\boldsymbol{A}^{-1}$为其逆，则 $\boldsymbol{A}^{-1}$也可逆，由性质 3.1.2 可知，存在初等矩阵$\boldsymbol{P}_1,\cdots,\boldsymbol{P}_s$，使得

$$\boldsymbol{A}^{-1}=\boldsymbol{P}_1\cdots\boldsymbol{P}_s.$$

于是

$$\boldsymbol{P}_1\cdots\boldsymbol{P}_s(\boldsymbol{A},\boldsymbol{E})=\boldsymbol{A}^{-1}(\boldsymbol{A},\boldsymbol{E})=(\boldsymbol{A}^{-1}\boldsymbol{A},\boldsymbol{A}^{-1}\boldsymbol{E})=(\boldsymbol{E},\boldsymbol{A}^{-1}),$$

而 $\boldsymbol{P}_1\cdots\boldsymbol{P}_s(\boldsymbol{A},\boldsymbol{E})$相当于对$(\boldsymbol{A},\boldsymbol{E})$实施 s 次初等行变换.

同理，若对$(\boldsymbol{A}_{nn},\boldsymbol{B}_{nm})$实施初等行变换，将$(\boldsymbol{A}_{nn},\boldsymbol{B}_{nm})$化成$(\boldsymbol{E}_n,\boldsymbol{C}_{nm})$，则 $\boldsymbol{C}=\boldsymbol{A}^{-1}\boldsymbol{B}$.

同样的思路可考虑对 $\begin{pmatrix}\boldsymbol{A}_n\\ \boldsymbol{E}_n\end{pmatrix},\begin{pmatrix}\boldsymbol{A}_{nn}\\ \boldsymbol{B}_{mn}\end{pmatrix}$ 进行初等列变换，可求出 $\boldsymbol{A}^{-1}$与 $\boldsymbol{BA}^{-1}$.（证明留给读者）

例 3.1.1　已知 $\boldsymbol{A}=\begin{pmatrix}1&0&1\\1&1&0\\0&1&1\end{pmatrix}$，利用初等变换求 $\boldsymbol{A}^{-1}$.

解:$(\boldsymbol{A},\boldsymbol{E})=\begin{pmatrix}1&0&1&1&0&0\\1&1&0&0&1&0\\0&1&1&0&0&1\end{pmatrix}$

$$\xrightarrow{r_2-r_1}\begin{pmatrix}1&0&1&1&0&0\\0&1&-1&-1&1&0\\0&1&1&0&0&1\end{pmatrix}$$

$$\xrightarrow{r_3-r_2}\begin{pmatrix}1&0&1&1&0&0\\0&1&-1&-1&1&0\\0&0&2&1&-1&1\end{pmatrix}$$

$$\xrightarrow[\substack{r_2+r_3\\r_1-r_3}]{r_3\div 2}\begin{pmatrix}1&0&0&\frac{1}{2}&\frac{1}{2}&-\frac{1}{2}\\0&1&0&-\frac{1}{2}&\frac{1}{2}&\frac{1}{2}\\0&0&1&\frac{1}{2}&-\frac{1}{2}&\frac{1}{2}\end{pmatrix},$$

所以

$$\boldsymbol{A}^{-1}=\begin{pmatrix}\frac{1}{2}&\frac{1}{2}&-\frac{1}{2}\\-\frac{1}{2}&\frac{1}{2}&\frac{1}{2}\\\frac{1}{2}&-\frac{1}{2}&\frac{1}{2}\end{pmatrix}.$$

例 3.1.2 已知 $\boldsymbol{A}=\begin{pmatrix}1&2\\-1&-1\end{pmatrix}$,$\boldsymbol{B}=\begin{pmatrix}1&2&3\\2&-1&0\end{pmatrix}$,且 $\boldsymbol{AX}=\boldsymbol{B}$,求 $\boldsymbol{X}$.

解:因为

$$\begin{vmatrix}1&2\\-1&-1\end{vmatrix}=1\neq 0,$$

可知 $\boldsymbol{A}$ 可逆,于是

$$(\boldsymbol{A},\boldsymbol{B})=\begin{pmatrix}1&2&1&2&3\\-1&-1&2&-1&0\end{pmatrix}$$

$$\xrightarrow{r_2+r_1}\begin{pmatrix}1&2&1&2&3\\0&1&3&1&3\end{pmatrix}$$

$$\xrightarrow{r_1-2r_2}\begin{pmatrix}1&0&-5&0&-3\\0&1&3&1&3\end{pmatrix},$$

所以

$$\boldsymbol{X}=\boldsymbol{A}^{-1}\boldsymbol{B}=\begin{pmatrix}-5&0&-3\\3&1&3\end{pmatrix}.$$

第二节　矩阵的秩

在这一节中，我们将讨论矩阵中的一个重要概念——矩阵的秩，它在解线性方程组以及向量组的线性相关性的讨论中都起着至关重要的作用.

首先，我们来看如下三个定义.

定义 3.2.1　在 $m\times n$ 矩阵 $\boldsymbol{A}$ 中，任取 k 行，k 列（$k\leqslant\min\{m,n\}$），位于交叉处的 k^2 个元素，按照原来的顺序构成的 k 阶行列式，称为 $\boldsymbol{A}$ 的一个 k 阶子式.

显然，一个 $m\times n$ 矩阵 $\boldsymbol{A}$ 共有 $C_m^k\cdot C_n^k$ 个 k 阶子式.

定义 3.2.2　设 $m\times n$ 矩阵 $\boldsymbol{A}$ 至少有一个不全为零的 k 阶子式 D，且所有的 $k+1$ 阶子式（如果存在的话）全为零，那么 D 称为矩阵 $\boldsymbol{A}$ 的一个最高阶非零子式. D 的阶数 r 称为矩阵 $\boldsymbol{A}$ 的秩，记作秩($\boldsymbol{A}$)或 $R(\boldsymbol{A})$. 并规定零矩阵的秩为零.

简单地说，一个矩阵 $\boldsymbol{A}$ 的秩就是其最高阶非零子式的阶数. 由行列式按行（列）展开的定义可知，若 $\boldsymbol{A}$ 中所有 $r+1$ 阶子式均为 0，则所有 $r+1$ 阶以上的子式也全为 0. 因而，r 阶非零子式为最高阶非零子式.

正因为矩阵的秩为其最高阶非零子式的阶数，所以，若 $\boldsymbol{A}$ 中有某个 s 阶子式不为 0，则 $R(\boldsymbol{A})\geqslant s$；若 $\boldsymbol{A}$ 中所有 t 阶子式全为 0，则 $R(\boldsymbol{A})<t$.

不难验证，$m\times n$ 矩阵 $\boldsymbol{A}$ 的秩具有如下两个性质：

(1) $R(\boldsymbol{A})=R(\boldsymbol{A}^{\mathrm{T}})$；

(2) $0\leqslant R(\boldsymbol{A})\leqslant\min\{m,n\}$.

定义 3.2.3　若对 $m\times n$ 矩阵 $\boldsymbol{A}$ 有 $R(\boldsymbol{A})=\min\{m,n\}$，则称 $\boldsymbol{A}$ 为满秩矩阵.

对于 n 阶方阵 $\boldsymbol{A}_n$ 而言，若 $\boldsymbol{A}_n$ 为满秩矩阵（即 $R(\boldsymbol{A})=n$），则 $|\boldsymbol{A}|$ 为 $\boldsymbol{A}$ 的唯一的最高阶（n 阶）非零子式，从而 $\boldsymbol{A}$ 可逆. 因此，n 阶方阵 $\boldsymbol{A}$ 可逆的充分必要条件就是 $\boldsymbol{A}$ 为满秩矩阵，也即 $R(\boldsymbol{A})=n$.

例 3.2.1　已知

$$\boldsymbol{A}=\begin{pmatrix}2 & -3 & 8 & 2\\ 2 & 12 & -2 & 12\\ 1 & 3 & 1 & 4\end{pmatrix},$$

求 $R(\boldsymbol{A})$.

解：显然，$\begin{vmatrix}8 & 2\\ -2 & 12\end{vmatrix}\neq 0$.

于是，$R(\boldsymbol{A})\geqslant 2$，去求一个三阶行列式

$$\begin{vmatrix}2 & -3 & 8\\ 2 & 12 & -2\\ 1 & 3 & 1\end{vmatrix}\xlongequal[r_2-2r_3]{r_1-2r_3}\begin{vmatrix}0 & -9 & 6\\ 0 & 6 & -4\\ 1 & 3 & 1\end{vmatrix}=\begin{vmatrix}-9 & 6\\ 6 & -4\end{vmatrix}=0.$$

此时,并不能说明 $R(\boldsymbol{A})=2$,需接着算出另外 3 个 3 阶子式是否都为 0,即

$$\begin{vmatrix}2&-3&2\\2&12&12\\1&3&4\end{vmatrix}\xlongequal[r_2-2r_3]{r_1-2r_3}\begin{vmatrix}0&-9&-6\\0&6&4\\1&3&4\end{vmatrix}=\begin{vmatrix}-9&-6\\6&4\end{vmatrix}=0,$$

$$\begin{vmatrix}2&8&2\\2&-2&12\\1&1&4\end{vmatrix}\xlongequal[r_2-2r_3]{r_1-2r_3}\begin{vmatrix}0&6&-6\\0&-4&4\\1&1&4\end{vmatrix}=\begin{vmatrix}6&-6\\-4&4\end{vmatrix}=0,$$

$$\begin{vmatrix}-3&8&2\\12&-2&12\\3&1&4\end{vmatrix}\xlongequal[r_2-4r_3]{r_1+r_3}\begin{vmatrix}0&9&6\\0&-6&-4\\3&1&4\end{vmatrix}=3\begin{vmatrix}9&6\\-6&-4\end{vmatrix}=0.$$

所以

$$R(\boldsymbol{A})=2.$$

例 3.2.2 已知行阶梯形阵

$$\boldsymbol{A}=\begin{pmatrix}1&2&-3&0&5\\0&2&3&1&0\\0&0&0&3&7\\0&0&0&0&0\end{pmatrix},$$

求 $R(\boldsymbol{A})$.

解:$\boldsymbol{A}$ 的所有 4 阶子式一定包含一个全零行,从而其所有 4 阶子式均为 0. 因此,要找非零子式,只有选择非零行(即第 1,2,3 行),再选第 1,2,4 列(即每一阶梯中首个非零元素所在的列),可以得到 $\boldsymbol{A}$ 的一个 3 阶子式

$$\begin{vmatrix}1&2&0\\0&2&1\\0&0&3\end{vmatrix}=1\times2\times3=6\neq0,$$

从而 $R(\boldsymbol{A})=3$.

从上面两个例题中,我们发现,对于一个一般的 $m\times n$ 矩阵,用定义去求其秩是一件非常复杂的事情. 然而,针对于行阶梯形阵来说,它的秩就等于其非零行数. 从本章第一节的知识我们知道,任何一个矩阵 $\boldsymbol{A}$ 经过有限次初等行变换后,总可以化成一个行阶梯形阵 $\boldsymbol{B}$. 因此,如果我们找到两个矩阵 $\boldsymbol{A},\boldsymbol{B}$ 秩之间的关系,那么求 $\boldsymbol{A}$ 的秩就可以通过初等行变换把 $\boldsymbol{A}$ 化成 $\boldsymbol{B}$,再利用 $R(\boldsymbol{A}),R(\boldsymbol{B})$ 之间的关系,得出 $\boldsymbol{A}$ 的秩. 下面这个定理就告诉我们,若 $\boldsymbol{A}\sim\boldsymbol{B}$,则 $R(\boldsymbol{A})=R(\boldsymbol{B})$.

定理 3.2.1 有限次初等变换不改变矩阵的秩.

证明:先证明 $\boldsymbol{A}$ 经过一次初等行变换变为 $\boldsymbol{B}$,则 $R(\boldsymbol{A})\leqslant R(\boldsymbol{B})$.

设 $R(\boldsymbol{A})=r$,且 $\boldsymbol{A}$ 的某个 r 阶子式 $D\neq0$.

当 $\boldsymbol{A}\overset{r_i\leftrightarrow r_j}{\sim}\boldsymbol{B}$ 或 $\boldsymbol{A}\overset{r_i\times k}{\sim}\boldsymbol{B}$ 时,在 $\boldsymbol{B}$ 中总能找到一个与 D 相对应的 r 阶子式 D_1,由于

$D_1=D$ 或 $D_1=-D$ 或 $D_1=kD$，因此 $D_1\neq 0$，从而 $R(\boldsymbol{B})\geqslant r$.

当 $\boldsymbol{A}\overset{r_i+kr_j}{\sim}\boldsymbol{B}$ 时，因为作变换 $r_i\leftrightarrow r_j$ 时结论成立，所以只需考虑 $\boldsymbol{A}\overset{r_1+kr_2}{\sim}\boldsymbol{B}$ 这一特殊情况. 分以下两种情形讨论：

①$\boldsymbol{A}$ 的 r 阶非零子式 D 不包含 $\boldsymbol{A}$ 的第一行，这时 D 也是 $\boldsymbol{B}$ 的 r 阶非零子式，故 $R(\boldsymbol{B})\geqslant r$；

②D 包含 $\boldsymbol{A}$ 的第一行，这时把 $\boldsymbol{B}$ 中与 D 对应的 r 阶子式 D_1 记作

$$D_1=\begin{vmatrix} r_1+kr_2 \\ r_p \\ \vdots \\ r_q \end{vmatrix}=\begin{vmatrix} r_1 \\ r_p \\ \vdots \\ r_q \end{vmatrix}+k\begin{vmatrix} r_2 \\ r_p \\ \vdots \\ r_q \end{vmatrix}=D+kD_2.$$

若 $p=2$，则 $D_1=D\neq 0$，此时 $R(\boldsymbol{B})\geqslant r$；若 $p>2$，则 D_2 也为 D 的 r 阶子式，由于 $D_1-kD_2=D\neq 0$，故 D_1,D_2 不同时为 0，此时可选不为 0 的 D_1 或 D_2 作为 D 的最高阶非零子式，从而 $R(\boldsymbol{B})\geqslant r$.

以上证明了 $\boldsymbol{A}$ 经过一次初等行变换变为 $\boldsymbol{B}$，则 $R(\boldsymbol{A})\leqslant R(\boldsymbol{B})$. 由初等变换的可逆性知，$\boldsymbol{B}$ 亦可经过一次初等行变换变回 $\boldsymbol{A}$，故 $R(\boldsymbol{B})\leqslant R(\boldsymbol{A})$. 因此，$R(\boldsymbol{A})=R(\boldsymbol{B})$.

经过一次初等行变换不改变矩阵的秩，经过有限次初等行变换也不会改变矩阵的秩. 同理可得，经过有限次初等列变换也不会改变矩阵的秩，从而定理 3.2.1 得证.

由于 $\boldsymbol{A}$ 经过有限次初等变换变为 $\boldsymbol{B}$，即 $\boldsymbol{A}\sim\boldsymbol{B}$，所以上述定理亦可简单地用“等价等秩”来概括，即：若 $\boldsymbol{A}\sim\boldsymbol{B}$，则 $R(\boldsymbol{A})=R(\boldsymbol{B})$.

由于 $\boldsymbol{A}\sim\boldsymbol{B}$ 的充要条件是存在可逆阵 $\boldsymbol{P},\boldsymbol{Q}$，使得 $\boldsymbol{B}=\boldsymbol{PAQ}$，因此可得下面的推论.

推论：若存在可逆矩阵 $\boldsymbol{P},\boldsymbol{Q}$，使得 $\boldsymbol{B}=\boldsymbol{PAQ}$，则 $R(\boldsymbol{A})=R(\boldsymbol{B})$.

由定理 3.2.1 可知，要求矩阵 $\boldsymbol{A}$ 的秩，只需先利用初等行变换将其化为行阶梯形阵，则行阶梯形阵的非零行数即为该矩阵的秩.

例 3.2.3　已知

$$\boldsymbol{A}=\begin{pmatrix} 1 & 1 & 2 & 3 & 1 \\ 1 & 3 & 6 & 1 & 3 \\ 1 & -5 & -10 & 12 & 1 \\ 3 & -1 & -2 & 15 & 3 \end{pmatrix},$$

求 $\boldsymbol{A}$ 的秩，并求出 $\boldsymbol{A}$ 的一个最高阶非零子式.

解：$\boldsymbol{A}=\begin{pmatrix} 1 & 1 & 2 & 3 & 1 \\ 1 & 3 & 6 & 1 & 3 \\ 1 & -5 & -10 & 12 & 1 \\ 3 & -1 & -2 & 15 & 3 \end{pmatrix}$

$$\xrightarrow[\substack{r_3-r_1\\r_4-3r_1}]{r_2-r_1}\begin{pmatrix}1&1&2&3&1\\0&2&4&-2&2\\0&-6&-12&9&0\\0&-4&-8&6&0\end{pmatrix}$$

$$\xrightarrow[\substack{r_3+6r_2\\r_4+4r_2}]{r_2\div 2}\begin{pmatrix}1&1&2&3&1\\0&1&2&-1&1\\0&0&0&3&6\\0&0&0&2&4\end{pmatrix}$$

$$\xrightarrow[r_4-2r_3]{r_3\div 3}\begin{pmatrix}1&1&2&3&1\\0&1&2&-1&1\\0&0&0&1&2\\0&0&0&0&0\end{pmatrix},$$

所以

$$R(\boldsymbol{A})=3.$$

再求一个 3 阶非零子式. $\boldsymbol{A}$ 所有 3 阶子式共 $C_5^3\cdot C_4^3=40$(个),其中很多子式为零,要从 40 个中选出一个非零子式比较困难. 若记 $\boldsymbol{A}=(\boldsymbol{\alpha}_1,\boldsymbol{\alpha}_2,\boldsymbol{\alpha}_3,\boldsymbol{\alpha}_4,\boldsymbol{\alpha}_5)$,注意到矩阵 $\boldsymbol{A}_0=(\boldsymbol{\alpha}_1,\boldsymbol{\alpha}_2,\boldsymbol{\alpha}_4)$的行阶梯形阵为

$$\begin{pmatrix}1&1&3\\0&1&-1\\0&0&1\\0&0&0\end{pmatrix},$$

$R(\boldsymbol{A}_0)=3$,故 $\boldsymbol{A}_0$ 的 4 个 3 阶子式中必有一个非零,故在 $\boldsymbol{A}_0$ 选取 $\boldsymbol{A}$ 的最高阶非零子式就简便多了.

计算

$$\begin{vmatrix}1&1&3\\1&3&1\\1&-5&12\end{vmatrix}\overset{\substack{r_2-r_1\\r_3-r_1}}{=\!=\!=}\begin{vmatrix}1&1&3\\0&2&-2\\0&-6&9\end{vmatrix}=\begin{vmatrix}2&-2\\-6&9\end{vmatrix}=6\neq 0,$$

故 $\begin{vmatrix}1&1&3\\1&3&1\\1&-5&12\end{vmatrix}$ 即为 $\boldsymbol{A}$ 的一个最高阶子式.

例 3.2.4 求方程组(3.1.1)的系数矩阵 $\boldsymbol{A}$ 和增广矩阵 $\boldsymbol{B}=(\boldsymbol{A},\boldsymbol{b})$的秩.

解:由第一节对(3.1.1)的消元过程知

$$\boldsymbol{B}=(\boldsymbol{A},\boldsymbol{b})\overset{r}{\sim}\begin{pmatrix}1&1&1&1&3\\0&1&1&1&2\\0&0&1&1&1\\0&0&0&0&0\end{pmatrix}=\boldsymbol{B}_4,\quad \boldsymbol{A}\overset{r}{\sim}\begin{pmatrix}1&1&1&1\\0&1&1&1\\0&0&1&1\\0&0&0&0\end{pmatrix},$$

所以

$$R(\boldsymbol{A})=R(\boldsymbol{B})=3.$$

由例 3.2.4 可知，方程组 $\boldsymbol{Ax}=\boldsymbol{b}$ 的系数矩阵的增广阵$(\boldsymbol{A},\boldsymbol{b})$的秩 $R(\boldsymbol{A},\boldsymbol{b})$即为方程组的有效方程个数.

例 3.2.5　若将方程组(3.1.1)的第 4 个方程改为

$$x_2+x_3+x_4=3,$$

其余方程不变，求系数矩阵 $\boldsymbol{A}$ 与系数矩阵的增广阵$(\boldsymbol{A},\boldsymbol{b})$的秩.

解：$$(\boldsymbol{A},\boldsymbol{b})=\begin{pmatrix}2&3&3&3&8\\1&1&1&1&3\\2&2&4&4&8\\0&1&1&1&3\end{pmatrix}\overset{r}{\sim}\begin{pmatrix}1&1&1&1&3\\0&1&1&1&2\\0&0&1&1&1\\0&0&0&0&1\end{pmatrix},$$

所以

$$R(\boldsymbol{A})=3,R(\boldsymbol{A},\boldsymbol{b})=4.$$

由本章第一节引例可知，$\boldsymbol{Ax}=\boldsymbol{b}$ 在经过同解变换后，出现了一个方程

$$0=1.$$

我们知道，无论选择什么样的 x_1,x_2,x_3,x_4 的值，均不能满足上述方程，因此，我们把上述方程称为矛盾方程. 矛盾方程的出现预示着方程组 $\boldsymbol{Ax}=\boldsymbol{b}$ 无解，而当$R(\boldsymbol{A})\neq R(\boldsymbol{A},\boldsymbol{b})$(显然 $R(\boldsymbol{A})<R(\boldsymbol{A},\boldsymbol{b})$)时，就出现矛盾方程. 故在方程组 $\boldsymbol{Ax}=\boldsymbol{b}$ 中，若 $R(\boldsymbol{A})\neq R(\boldsymbol{A},\boldsymbol{b})$，则方程组无解；反之，方程组 $\boldsymbol{Ax}=\boldsymbol{b}$ 必有解.

例 3.2.6　已知

$$\boldsymbol{A}=\begin{pmatrix}1&2\\2&4\end{pmatrix},\boldsymbol{B}=\begin{pmatrix}2&4\\-1&-2\end{pmatrix},$$

求 $R(\boldsymbol{A}),R(\boldsymbol{B}),R(\boldsymbol{AB})$.

解：因为

$$\boldsymbol{A}=\begin{pmatrix}1&2\\2&4\end{pmatrix}\xrightarrow{r_2-2r_1}\begin{pmatrix}1&2\\0&0\end{pmatrix},$$

$$\boldsymbol{B}=\begin{pmatrix}2&4\\-1&-2\end{pmatrix}\xrightarrow{r_2+\frac{1}{2}r_1}\begin{pmatrix}2&4\\0&0\end{pmatrix},$$

$$\boldsymbol{AB}=\begin{pmatrix}1&2\\2&4\end{pmatrix}\begin{pmatrix}2&4\\-1&-2\end{pmatrix}=\begin{pmatrix}0&0\\0&0\end{pmatrix},$$

所以

$$R(\boldsymbol{A})=R(\boldsymbol{B})=1,R(\boldsymbol{AB})=0.$$

综上所述，我们可将矩阵秩的一些常见性质罗列如下(省去证明)：

(1)$0\leqslant R(\boldsymbol{A}_{mn})\leqslant\min\{m,n\}$；

(2)$R(\boldsymbol{A}^{\mathrm{T}})=R(\boldsymbol{A})$；

(3)若 $\boldsymbol{A}\sim\boldsymbol{B}$，则 $R(\boldsymbol{A})=R(\boldsymbol{B})$；

(4)$\max\{R(\boldsymbol{A}),R(\boldsymbol{B})\}\leqslant R(\boldsymbol{A},\boldsymbol{B})\leqslant R(\boldsymbol{A})+R(\boldsymbol{B})$；

(5)$R(\boldsymbol{A}+\boldsymbol{B})\leqslant R(\boldsymbol{A})+R(\boldsymbol{B})$；

(6)$R(\boldsymbol{AB})\leqslant\min\{R(\boldsymbol{A}),R(\boldsymbol{B})\}$.

其中，在性质(6)中，若 $\boldsymbol{A}$ 或 $\boldsymbol{B}$ 为可逆阵时，由性质(3)知道其等号成立.

第三节　线性方程组的解

在本章的第一节，我们知道，用消元法解线性方程组 $\boldsymbol{Ax}=\boldsymbol{b}$，其实就对应着增广阵的初等行变换. 在这一节中，我们将利用矩阵的秩来讨论线性方程组解的情况.

令 $m\times n$ 的矩阵

$$\boldsymbol{A}=(a_{ij})_{mn},\boldsymbol{x}=\begin{pmatrix}x_1\\ \vdots\\ x_n\end{pmatrix},\boldsymbol{b}=\begin{pmatrix}b_1\\ \vdots\\ b_m\end{pmatrix},$$

则线性方程组

$$\begin{cases}a_{11}x_1+a_{12}x_2+\cdots+a_{1n}x_n=b_1,\\ a_{21}x_1+a_{22}x_2+\cdots+a_{2n}x_n=b_2,\\ \qquad\qquad\vdots\qquad\qquad\qquad\vdots\\ a_{m1}x_1+a_{m2}x_2+\cdots+a_{mn}x_n=b_m,\end{cases}$$

可简记为

$$\boldsymbol{Ax}=\boldsymbol{b}.$$

对于线性方程组 $\boldsymbol{Ax}=\boldsymbol{b}$，其系数矩阵 $\boldsymbol{A}$ 与增广阵 $(\boldsymbol{A},\boldsymbol{b})$ 的秩之间，由矩阵的性质(4)，显然有

$$R(\boldsymbol{A})\leqslant R(\boldsymbol{A},\boldsymbol{b}),$$

且若

$$R(\boldsymbol{A})<R(\boldsymbol{A},\boldsymbol{b}),$$

则必有

$$R(\boldsymbol{A},\boldsymbol{b})=R(\boldsymbol{A})+1.$$

利用 $R(\boldsymbol{A})$ 与 $R(\boldsymbol{A},\boldsymbol{b})$ 间的关系，可以方便地讨论线性方程组 $\boldsymbol{Ax}=\boldsymbol{b}$ 是否有解，若有解，解是否唯一. 下面这个定理就揭示了它们之间的关系.

定理 3.3.1　在 n 元线性方程组 $\boldsymbol{Ax}=\boldsymbol{b}$ 中，方程组

(1)无解的充要条件是 $R(\boldsymbol{A})\neq R(\boldsymbol{A},\boldsymbol{b})$；

(2)有唯一解的充要条件是 $R(\boldsymbol{A})=R(\boldsymbol{A},\boldsymbol{b})=n$；

(3)有无穷解的充要条件是 $R(\boldsymbol{A})=R(\boldsymbol{A},\boldsymbol{b})<n$.

证明:先证明充分性.

设 $R(\boldsymbol{A})=r$. 我们知道,$(\boldsymbol{A},\boldsymbol{b})$经过初等行变换总可以化为行最简形阵,因此,不妨令

$$(\boldsymbol{A},\boldsymbol{b})\overset{r}{\sim}\boldsymbol{B}_1=\begin{pmatrix}1&0&\cdots&0&b_{11}&\cdots&b_{1,n-r}&d_1\\0&1&\cdots&0&b_{21}&\cdots&b_{2,n-r}&d_2\\\vdots&\vdots&&\vdots&\vdots&&\vdots&\vdots\\0&0&\cdots&1&b_{r1}&\cdots&b_{r,n-r}&d_r\\0&0&\cdots&0&0&\cdots&0&d_{r+1}\\0&0&\cdots&0&0&\cdots&0&0\\\vdots&\vdots&&\vdots&\vdots&&\vdots&\vdots\\0&0&\cdots&0&0&\cdots&0&0\end{pmatrix}.$$

(1)若 $R(\boldsymbol{A})<R(\boldsymbol{B})$,则 $\boldsymbol{B}_1$ 中 $d_{r+1}\neq0$,于是 $\boldsymbol{B}_1$ 中的第 $r+1$ 个方程为矛盾方程,故方程组 $\boldsymbol{Ax}=\boldsymbol{b}$ 无解.

(2)若 $R(\boldsymbol{A})=R(\boldsymbol{A},\boldsymbol{b})=r=n$,则 $\boldsymbol{B}_1$ 中 $d_{r+1}=0$(或没有全零行出现),且 b_{ij} 均不会出现,于是 $\boldsymbol{Ax}=\boldsymbol{b}$ 同解于

$$\begin{cases}x_1=d_1,\\x_2=d_2,\\\vdots\\x_n=d_n.\end{cases}$$

故 $\boldsymbol{Ax}=\boldsymbol{b}$ 只有唯一解.

(3)若 $R(\boldsymbol{A})=R(\boldsymbol{A},\boldsymbol{b})=r<n$,则 $\boldsymbol{B}_1$ 中 $d_{r+1}=0$(或没有全零行出现),此时可将 $\boldsymbol{B}_1$ 中 b_{ij} 对应的未知数 $x_{r+1},\cdots,x_n$ 移到方程的右边,于是 $\boldsymbol{Ax}=\boldsymbol{b}$ 同解于

$$\begin{cases}x_1=-b_{11}x_{r+1}-\cdots-b_{1,n-r}x_n+d_1,\\x_2=-b_{21}x_{r+1}-\cdots-b_{2,n-r}x_n+d_2,\\\quad\vdots\qquad\qquad\qquad\vdots\\x_r=-b_{r1}x_{r+1}-\cdots-b_{r,n-r}x_n+d_r.\end{cases}$$

分别令自由未知数

$$x_{r+1}=c_1,x_{r+2}=c_2,\cdots,x_n=c_{n-r},$$

则可得 $\boldsymbol{Ax}=\boldsymbol{b}$ 的含 $n-r$ 个参数的解

$$\begin{pmatrix}x_1\\x_2\\\vdots\\x_n\end{pmatrix}=\begin{pmatrix}-b_{11}c_1-\cdots-b_{1,n-r}c_{n-r}+d_1\\-b_{21}c_1-\cdots-b_{1,n-r}c_{n-r}+d_2\\\vdots\\-b_{r1}c_1-\cdots-b_{r,n-r}c_{n-r}+d_r\end{pmatrix},$$

即

$$\begin{pmatrix} x_1 \\ x_2 \\ \vdots \\ x_n \end{pmatrix} = c_1 \begin{pmatrix} -b_{11} \\ \vdots \\ -b_{r1} \\ 1 \\ \vdots \\ 0 \end{pmatrix} + \cdots + c_{n-r} \begin{pmatrix} -b_{1,n-r} \\ \vdots \\ -b_{r,n-r} \\ 0 \\ \vdots \\ 1 \end{pmatrix} + \begin{pmatrix} d_1 \\ \vdots \\ d_r \\ 0 \\ \vdots \\ 0 \end{pmatrix}. \tag{3.2.1}$$

其中，$c_1, c_2, \cdots, c_{n-r}$ 为任意常数.

式(3.2.1)表示方程组 $\boldsymbol{Ax}=\boldsymbol{b}$ 的任一解，故称式(3.2.1)为线性方程组 $\boldsymbol{Ax}=\boldsymbol{b}$ 的通解.

下面证明必要性.

由于(1)，(2)，(3)的必要条件分别为(2)(3)，(1)(3)，(1)(2)的逆否命题，故成立.

齐次线性方程组 $\boldsymbol{Ax}=\boldsymbol{0}$ 为 $\boldsymbol{Ax}=\boldsymbol{b}$ 的特殊类型(即 $\boldsymbol{b}=0$)，故其增广阵 $\boldsymbol{B}=(\boldsymbol{A},\boldsymbol{0})$，从而 $R(\boldsymbol{A})=R(\boldsymbol{A},\boldsymbol{0})$. 于是齐次线性方程组 $\boldsymbol{Ax}=\boldsymbol{0}$ 不存在无解情况(很显然可以知道 $\boldsymbol{x}=\boldsymbol{0}$ 即为其一个解)，故对于 $\boldsymbol{Ax}=\boldsymbol{0}$，定理 3.3.1 可改写为下面的定理.

定理 3.3.2　n 元齐次线性方程组 $\boldsymbol{Ax}=\boldsymbol{0}$，

(1)只有零解的充要条件为 $R(\boldsymbol{A})=n$；

(2)有非零解的充要条件为 $R(\boldsymbol{A})<n$.

例 3.3.1　已知

$$\begin{cases} (1+\lambda)x_1 + x_2 + x_3 = 0, \\ x_1 + (1+\lambda)x_2 + x_3 = 3, \\ x_1 + x_2 + (1+\lambda)x_3 = \lambda, \end{cases}$$

问 λ 为何值时，方程组(1)无解；(2)有唯一解；(3)有无穷解.

解法一：

$$\boldsymbol{B}=(\boldsymbol{A},\boldsymbol{b})=\begin{pmatrix} 1+\lambda & 1 & 1 & 0 \\ 1 & 1+\lambda & 1 & 3 \\ 1 & 1 & 1+\lambda & \lambda \end{pmatrix}$$

$$\xrightarrow{r_1 \leftrightarrow r_3} \begin{pmatrix} 1 & 1 & 1+\lambda & \lambda \\ 1 & 1+\lambda & 1 & 3 \\ 1+\lambda & 1 & 1 & 0 \end{pmatrix}$$

$$\xrightarrow[r_3-(1+\lambda)r_1]{r_2-r_1} \begin{pmatrix} 1 & 1 & 1+\lambda & \lambda \\ 0 & \lambda & -\lambda & 3-\lambda \\ 0 & -\lambda & -\lambda^2-2\lambda & -\lambda^2-\lambda \end{pmatrix}$$

$$\xrightarrow{r_3+r_2} \begin{pmatrix} 1 & 1 & 1+\lambda & \lambda \\ 0 & \lambda & -\lambda & 3-\lambda \\ 0 & 0 & -\lambda(\lambda+3) & -(\lambda+3)(\lambda-1) \end{pmatrix}.$$

讨论：

(1)当$-\lambda(\lambda+3)=0$，$-(\lambda+3)(\lambda-1)\neq 0$，即$\lambda=0$时，

$$R(\boldsymbol{A})=1, R(\boldsymbol{B})=2,$$

所以原方程组无解.

(2)当$-\lambda(\lambda+3)\neq 0$，即$\lambda\neq 0$或$\lambda\neq -3$时，

$$R(\boldsymbol{A})=R(\boldsymbol{B})=3,$$

由于正好三个未知数，故此时原方程组有唯一解.

(3)当$-\lambda(\lambda+3)=-(\lambda+3)(\lambda-1)=0$，即$\lambda=-3$时，

$$R(\boldsymbol{A})=R(\boldsymbol{B})=2<3,$$

此时，原方程组有无穷解.

另外，注意到该方程组刚好三个未知数，三个方程，所以，亦可利用克莱姆法则来对该问题进行处理. 其解题过程如下：

解法二：

因为其系数行列式

$$D=\begin{vmatrix}1+\lambda & 1 & 1\\ 1 & 1+\lambda & 1\\ 1 & 1 & 1+\lambda\end{vmatrix}\xlongequal{c_1+c_2+c_3}\begin{vmatrix}3+\lambda & 1 & 1\\ 3+\lambda & 1+\lambda & 1\\ 3+\lambda & 1 & 1+\lambda\end{vmatrix}\xlongequal[r_3-r_1]{r_2-r_1}\begin{vmatrix}3+\lambda & 1 & 1\\ 0 & \lambda & 0\\ 0 & 0 & \lambda\end{vmatrix}=\lambda^2(\lambda+3),$$

故由克莱姆法则知，当$D\neq 0$，即$\lambda\neq 0$或$\lambda\neq -3$时，原方程组有唯一解.

讨论：

(1)当$\lambda=0$时，代入原方程，可得

$$\boldsymbol{B}=(\boldsymbol{A},\boldsymbol{b})=\begin{pmatrix}1 & 1 & 1 & 0\\ 1 & 1 & 1 & 3\\ 1 & 1 & 1 & 0\end{pmatrix}\xrightarrow[r_3-r_1]{r_2-r_1}\begin{pmatrix}1 & 1 & 1 & 0\\ 0 & 0 & 0 & 3\\ 0 & 0 & 0 & 0\end{pmatrix}\xrightarrow{r_2\div 3}\begin{pmatrix}1 & 1 & 1 & 0\\ 0 & 0 & 0 & 1\\ 0 & 0 & 0 & 0\end{pmatrix}.$$

此时 $R(\boldsymbol{A})\neq R(\boldsymbol{B})$，出现矛盾方程 $0=1$，故此时原方程组无解.

(2)当 $\lambda=-3$ 时，

$$\boldsymbol{B}=(\boldsymbol{A},\boldsymbol{b})=\begin{pmatrix}-2&1&1&0\\1&-2&1&3\\1&1&-2&-3\end{pmatrix}$$

$$\xrightarrow{r_1\leftrightarrow r_3}\begin{pmatrix}1&1&-2&-3\\1&-2&1&3\\-2&1&1&0\end{pmatrix}$$

$$\xrightarrow[r_3+2r_1]{r_2-r_1}\begin{pmatrix}1&1&-2&-3\\0&-3&3&6\\0&3&-3&-6\end{pmatrix}$$

$$\xrightarrow{r_3+r_2}\begin{pmatrix}1&1&-2&-3\\0&-3&3&6\\0&0&0&0\end{pmatrix}.$$

此时 $R(\boldsymbol{A})=R(\boldsymbol{B})=2<3$，故此时原方程组有无穷解.

综上所述，有如下结论：

(1)当 $\lambda=0$ 时，原方程组无解；

(2)当 $\lambda\neq0$ 或 $\lambda\neq-3$ 时，原方程组有唯一解；

(3)当 $\lambda=-3$ 时，原方程组有无穷解.

例 3.3.2 解非齐次线性方程组

$$\begin{cases}x_1+\ x_2-3x_3-\ x_4=1,\\3x_1+4x_2-3x_3+4x_4=-1,\\x_1\qquad\ \ -9x_3-8x_4=5.\end{cases}$$

解：$\boldsymbol{B}=(\boldsymbol{A},\boldsymbol{b})=\begin{pmatrix}1&1&-3&-1&1\\3&4&-3&4&-1\\1&0&-9&-8&5\end{pmatrix}$

$$\xrightarrow[r_3-r_1]{r_2-3r_1}\begin{pmatrix}1&1&-3&-1&1\\0&1&6&7&-4\\0&-1&-6&-7&4\end{pmatrix}$$

$$\xrightarrow{r_3+r_2}\begin{pmatrix}1&1&-3&-1&1\\0&1&6&7&-4\\0&0&0&0&0\end{pmatrix}$$

$$\xrightarrow{r_1-r_2}\begin{pmatrix}1&0&-9&-8&5\\0&1&6&7&-4\\0&0&0&0&0\end{pmatrix},$$

所以，原方程组同解于

$$\begin{cases}x_1=9x_3+8x_4+5,\\ x_2=-6x_3-7x_4-4.\end{cases}$$

令 $x_3=c_1, x_4=c_2$，可得原方程组的通解为

$$\begin{pmatrix}x_1\\x_2\\x_3\\x_4\end{pmatrix}=\begin{pmatrix}9c_1+8c_2+5\\-6c_1-7c_2-4\\c_1\\c_2\end{pmatrix}=c_1\begin{pmatrix}9\\-6\\1\\0\end{pmatrix}+c_2\begin{pmatrix}8\\-7\\0\\1\end{pmatrix}+\begin{pmatrix}5\\-4\\0\\0\end{pmatrix}.$$

其中，c_1, c_2 为任意实数.

例 3.3.3　解齐次线性方程组

$$\begin{cases}2x_1+3x_2+3x_3+3x_4+8x_5=0,\\ x_1+x_2+x_3+x_4+3x_5=0,\\ 2x_1+2x_2+4x_3+4x_4+8x_5=0,\\ x_2+x_3+x_4+2x_5=0.\end{cases}$$

解：$$\boldsymbol{A}=\begin{pmatrix}2&3&3&3&8\\1&1&1&1&3\\2&2&4&4&8\\0&1&1&1&2\end{pmatrix}$$

$$\xrightarrow{r_1\leftrightarrow r_2}\begin{pmatrix}1&1&1&1&3\\2&3&3&3&8\\2&2&4&4&8\\0&1&1&1&2\end{pmatrix}$$

$$\xrightarrow[r_3-2r_1]{r_2-2r_1}\begin{pmatrix}1&1&1&1&3\\0&1&1&1&2\\0&0&2&2&2\\0&1&1&1&2\end{pmatrix}$$

$$\xrightarrow{\substack{r_3\div 2\\ r_4-r_2}}\begin{pmatrix}1&1&1&1&3\\0&1&1&1&2\\0&0&1&1&1\\0&0&0&0&0\end{pmatrix}$$

$$\xrightarrow[r_2-r_3]{r_1-r_2}\begin{pmatrix}1&0&0&0&1\\0&1&0&0&1\\0&0&1&1&1\\0&0&0&0&0\end{pmatrix},$$

所以，原方程组等价于

$$\begin{cases} x_1 = -x_5, \\ x_2 = -x_5, \\ x_3 = -x_4 - x_5. \end{cases}$$

令 $x_4 = c_1, x_5 = c_2$，则原方程组的通解为

$$\begin{pmatrix} x_1 \\ x_2 \\ x_3 \\ x_4 \\ x_5 \end{pmatrix} = \begin{pmatrix} -c_2 \\ -c_2 \\ -c_1 - c_2 \\ c_1 \\ c_2 \end{pmatrix} = c_1 \begin{pmatrix} 0 \\ 0 \\ -1 \\ 1 \\ 0 \end{pmatrix} + c_2 \begin{pmatrix} -1 \\ -1 \\ -1 \\ 0 \\ 1 \end{pmatrix}.$$

其中，c_1, c_2 为任意实数.

注意到，对于齐次方程组 $\boldsymbol{Ax} = \boldsymbol{0}$ 来说，在对其增广阵 $\boldsymbol{B} = (\boldsymbol{A}, \boldsymbol{0})$ 进行初等行变换时，最后一列的零列没有进行任何变化. 故在解 $\boldsymbol{Ax} = \boldsymbol{0}$ 时，只需对其系数矩阵 $\boldsymbol{A}$ 进行初等行变换即可.

例 3.3.4 解齐次线性方程组

$$\begin{cases} 7x_1 - 6x_2 - x_3 - 8x_4 = 0, \\ 13x_1 - 11x_2 - 2x_3 - 15x_4 = 0, \\ 25x_1 - 23x_2 - 2x_3 - 27x_4 = 0. \end{cases}$$

解：$\boldsymbol{A} = \begin{pmatrix} 7 & -6 & -1 & -8 \\ 13 & -11 & -2 & -15 \\ 25 & -23 & -2 & -27 \end{pmatrix}$

$$\xrightarrow[r_2 - 2r_1]{r_3 - 2r_2} \begin{pmatrix} 7 & -6 & -1 & -8 \\ -1 & 1 & 0 & 1 \\ -1 & -1 & 2 & 3 \end{pmatrix}$$

$$\xrightarrow[r_2 \leftrightarrow r_1]{r_2 \div (1)} \begin{pmatrix} 1 & -1 & 0 & -1 \\ 7 & -6 & -1 & -8 \\ -1 & -1 & 2 & 3 \end{pmatrix}$$

$$\xrightarrow[r_3 + r_1]{r_2 - 7r_1} \begin{pmatrix} 1 & -1 & 0 & -1 \\ 0 & 1 & -1 & -1 \\ 0 & -2 & 2 & 2 \end{pmatrix}$$

$$\xrightarrow[r_1 + r_2]{r_3 + 2r_2} \begin{pmatrix} 1 & 0 & -1 & -2 \\ 0 & 1 & -1 & -1 \\ 0 & 0 & 0 & 0 \end{pmatrix},$$

所以，原方程组等价于

$$\begin{cases} x_1 = x_3 + 2x_4, \\ x_2 = x_3 + x_4. \end{cases}$$

令 $x_3=c_1, x_4=c_2$，则原方程组的通解为

$$\begin{pmatrix}x_1\\x_2\\x_3\\x_4\end{pmatrix}=\begin{pmatrix}c_1+2c_2\\c_1+c_2\\c_1\\c_2\end{pmatrix}=c_1\begin{pmatrix}1\\1\\1\\0\end{pmatrix}+c_2\begin{pmatrix}2\\1\\0\\1\end{pmatrix}.$$

习题三

A

1. 用初等行变换把下列矩阵化为行最简形阵.

(1) $\begin{pmatrix}1&0&0\\-1&1&0\\-1&-1&1\end{pmatrix}$；

(2) $\begin{pmatrix}1&-1&2\\0&2&3\\0&0&3\end{pmatrix}$；

(3) $\begin{pmatrix}1&0&2&-1\\2&0&3&1\\3&0&4&3\end{pmatrix}$；

(4) $\begin{pmatrix}2&3&1&-3&-7\\1&2&0&-2&-4\\3&-2&8&3&0\\2&-3&7&4&3\end{pmatrix}$.

2. 利用初等变换求下列矩阵的逆矩阵.

(1) $\begin{pmatrix}3&2&1\\3&1&5\\3&2&3\end{pmatrix}$；

(2) $\begin{pmatrix}2&1\\5&3\end{pmatrix}$；

(3) $\begin{pmatrix}1&1&1&1\\-1&1&1&1\\-1&-1&1&1\\-1&-1&-1&1\end{pmatrix}$；

(4) $\begin{pmatrix} 1 & 3 & -5 & 7 \\ 0 & 1 & 2 & 3 \\ 0 & 0 & 1 & 2 \\ 0 & 0 & 0 & 1 \end{pmatrix}$.

3. 利用初等变换解矩阵方程 $\boldsymbol{AX}=\boldsymbol{B}$.

(1) $\boldsymbol{A}=\begin{pmatrix} 4 & 1 \\ 6 & 1 \end{pmatrix}, \boldsymbol{B}=\begin{pmatrix} 5 & 4 \\ 5 & 8 \end{pmatrix}$;

(2) $\boldsymbol{A}=\begin{pmatrix} 4 & 1 & 2 \\ 2 & 2 & 1 \\ 3 & 1 & -1 \end{pmatrix}, \boldsymbol{B}=\begin{pmatrix} 1 & -3 \\ 2 & 2 \\ 3 & -1 \end{pmatrix}$.

4. 已知矩阵

$$\boldsymbol{A}=\begin{pmatrix} 0 & 2 & 1 \\ 2 & -1 & 3 \\ -3 & 3 & -4 \end{pmatrix}$$

满足 $\boldsymbol{AX}=2\boldsymbol{X}+\boldsymbol{A}$,求 $\boldsymbol{X}$.

5. 求下列矩阵的秩,并求出一个最高阶非零子式.

(1) $\begin{pmatrix} 1 & 2 & 3 & 4 \\ 1 & -2 & 4 & 5 \\ 1 & 10 & 1 & 2 \end{pmatrix}$;

(2) $\begin{pmatrix} 0 & 1 & 1 & -1 & 2 \\ 0 & 2 & 2 & 2 & 0 \\ 0 & -1 & -1 & 1 & 1 \\ 1 & 1 & 0 & 0 & -1 \end{pmatrix}$;

(3) $\begin{pmatrix} 2 & 1 & 8 & 3 & 7 \\ 2 & -3 & 0 & 7 & -5 \\ 3 & -2 & 5 & 8 & 0 \\ 1 & 0 & 3 & 2 & 0 \end{pmatrix}$;

(4) $\begin{pmatrix} 1 & 1 & -1 \\ 1 & -1 & 1 \\ -1 & 1 & 1 \end{pmatrix}$.

6. 设 $\boldsymbol{A},\boldsymbol{B}$ 均为 $m\times n$ 矩阵,证明 $\boldsymbol{A}\sim\boldsymbol{B}$ 的充要条件是 $R(\boldsymbol{A})=R(\boldsymbol{B})$.

7. 已知方程组

$$\begin{cases} ax_1+x_2+x_3=1, \\ x_1+ax_2+x_3=1, \\ x_1+x_2+ax_3=-2, \end{cases}$$

有无穷解，求 a.

8. 求解下列齐次线性方程组.

(1) $\begin{cases} x_1+x_2+2x_3-x_4=0, \\ 3x_1+2x_2+3x_3-2x_4=0, \\ 2x_1+2x_2+x_3+2x_4=0; \end{cases}$

(2) $\begin{cases} 3x_1+6x_2-x_3-3x_4=0, \\ 2x_1+4x_2+2x_3-2x_4=0, \\ x_1+2x_2+x_3-x_4=0; \end{cases}$

(3) $\begin{cases} x_1-2x_2+5x_3-5x_4=0, \\ 2x_1+3x_2-x_3-7x_4=0, \\ 3x_1+x_2+2x_3-7x_4=0, \\ 4x_1+x_2-3x_3+6x_4=0; \end{cases}$

(4) $\begin{cases} x_1+7x_2-8x_3+9x_4=0, \\ 2x_1-3x_2+3x_3-2x_4=0, \\ 4x_1+11x_2-13x_3+16x_4=0, \\ 7x_1-2x_2+x_3+3x_4=0. \end{cases}$

9. 求解下列非齐次线性方程组.

(1) $\begin{cases} x_1+x_2+x_3=3, \\ 3x_1+x_2-5x_3=2, \\ 4x_1+2x_2-4x_3=6; \end{cases}$

(2) $\begin{cases} 2x_1-x_2+3x_3=3, \\ 3x_1+x_2-5x_3=0, \\ 4x_1-x_2+x_3=3, \\ x_1+3x_2-13x_3=-6; \end{cases}$

(3) $\begin{cases} 2x_1+3x_2+x_3=4, \\ x_1-2x_2+4x_3=-5, \\ 3x_1+8x_2-2x_3=13, \\ 4x_1-x_2+9x_3=-6; \end{cases}$

(4) $\begin{cases} 2x_1+x_2-x_3+x_4=1, \\ 4x_1+2x_2-2x_3+x_4=2, \\ 2x_1+x_2-x_3-x_4=1. \end{cases}$

10. 设 $\boldsymbol{A}$ 为 $m\times n$ 矩阵，$\boldsymbol{Ax}=\boldsymbol{0}$ 为齐次线性方程组，其中 $R(\boldsymbol{A})=r<n$，问方程组 $\boldsymbol{Ax}=\boldsymbol{0}$ 中自由未知数有多少个？并由此写出一个以

$$\begin{pmatrix}x_1\\x_2\\x_3\\x_4\end{pmatrix}=c_1\begin{pmatrix}2\\-3\\1\\0\end{pmatrix}+c_2\begin{pmatrix}-2\\4\\0\\1\end{pmatrix}(c_1,c_2\text{ 为任意常数})$$

为通解的齐次线性方程组.

11. 问 λ 为何值时，非齐次线性方程组

$$\begin{cases}x_1+x_2+\lambda x_3=\lambda^2,\\x_1+\lambda x_2+x_3=\lambda,\\\lambda x_1+x_2+x_3=1,\end{cases}$$

(1)有唯一解；(2)无解；(3)有无穷解，并在有无穷解时求其通解.

12. 问 λ 为何值时，非齐次线性方程组

$$\begin{cases}\lambda x_1+x_2+x_3=\lambda-3,\\x_1+\lambda x_2+x_3=-2,\\x_1+x_2+\lambda x_3=-2,\end{cases}$$

(1)有唯一解；(2)无解；(3)有无穷解，并在有无穷解时求其通解.

B

1. 选择题.

(1)设 $\boldsymbol{A}$ 是 3 阶方阵，将 $\boldsymbol{A}$ 的第 1 列与第 2 列交换得 $\boldsymbol{B}$，再把 $\boldsymbol{B}$ 的第 2 列加到第 3 列得 $\boldsymbol{C}$，则满足 $\boldsymbol{AQ}=\boldsymbol{C}$ 的可逆矩阵 $\boldsymbol{Q}$ 为(　　)；

(A) $\begin{pmatrix}0&1&0\\1&0&0\\1&0&1\end{pmatrix}$　(B) $\begin{pmatrix}0&1&0\\1&0&1\\0&0&1\end{pmatrix}$　(C) $\begin{pmatrix}0&1&0\\1&0&0\\0&1&1\end{pmatrix}$　(D) $\begin{pmatrix}0&1&1\\1&0&0\\0&0&1\end{pmatrix}$

(2)设 $\boldsymbol{A}$ 为 3 阶矩阵，将 $\boldsymbol{A}$ 的第 2 列加到第 1 列得矩阵 $\boldsymbol{B}$，再交换 $\boldsymbol{B}$ 的第 2 行与第 3 行得单位矩阵，记 $\boldsymbol{P}_1=\begin{pmatrix}1&0&0\\1&1&0\\0&0&1\end{pmatrix}$，$\boldsymbol{P}_2=\begin{pmatrix}1&0&0\\0&0&1\\0&1&0\end{pmatrix}$，则 $\boldsymbol{A}=$(　　)；

(A)$\boldsymbol{P}_1\boldsymbol{P}_2$　(B) $\boldsymbol{P}_1^{-1}\boldsymbol{P}_2$　(C)$\boldsymbol{P}_2\boldsymbol{P}_1$　(D)$\boldsymbol{P}_2\boldsymbol{P}_1^{-1}$

(3)设 $\boldsymbol{A}$ 为 $n(n\geqslant 2)$ 阶可逆矩阵，交换 $\boldsymbol{A}$ 的第 1 行与第 2 行得矩阵 $\boldsymbol{B}$，$\boldsymbol{A}^*$，$\boldsymbol{B}^*$ 分别为 $\boldsymbol{A}$，$\boldsymbol{B}$ 的伴随矩阵，则(　　)；

(A)交换 $\boldsymbol{A}^*$ 的第 1 列与第 2 列得 $\boldsymbol{B}^*$　(B)交换 $\boldsymbol{A}^*$ 的第 1 行与第 2 行得 $\boldsymbol{B}^*$

(C)交换 $\boldsymbol{A}^*$ 的第 1 列与第 2 列得 $-\boldsymbol{B}^*$　(D)交换 $\boldsymbol{A}^*$ 的第 1 行与第 2 行得 $-\boldsymbol{B}^*$

(4)设矩阵 $\boldsymbol{A}=\begin{pmatrix}1&1&1\\1&2&a\\1&4&a^2\end{pmatrix}$，$\boldsymbol{b}=\begin{pmatrix}1\\d\\d^2\end{pmatrix}$. 若集合 $\Omega=\{1,2\}$，则线性方程组 $\boldsymbol{Ax}=\boldsymbol{b}$ 有无穷多解的充分必要条件为(　　).

(A)$a\notin\Omega,d\notin\Omega$　　(B)$a\notin\Omega,d\in\Omega$

(C)$a\in\Omega,d\notin\Omega$　　(D)$a\in\Omega,d\in\Omega$

2. 设线性方程组

$$\begin{cases}x_1+x_2+x_3=0,\\x_1+2x_2+ax_3=0,\\x_1+4x_2+a^2x_3=0\end{cases}\quad ①$$

与方程

$$x_1+2x_2+x_3=a-1\quad ②$$

有公共解，求 a 的值及所有公共解.

3. 设 $\boldsymbol{A}=\begin{pmatrix}1&a\\1&0\end{pmatrix}$，$\boldsymbol{B}=\begin{pmatrix}0&1\\1&b\end{pmatrix}$，当 a,b 为何值时，存在矩阵 $\boldsymbol{C}$，使得 $\boldsymbol{AC}-\boldsymbol{CA}=\boldsymbol{B}$，并求所有的矩阵 $\boldsymbol{C}$.

4. 设 $\boldsymbol{A}=\begin{pmatrix}1&-2&3&-4\\0&1&-1&1\\1&2&0&3\end{pmatrix}$，$\boldsymbol{E}$ 为三阶单位矩阵.

(1)求方程组 $\boldsymbol{AX}=\boldsymbol{0}$ 的一个基础解系；

(2)求满足 $\boldsymbol{AB}=\boldsymbol{E}$ 的所有矩阵.

5. 设矩阵 $\boldsymbol{A}=\begin{pmatrix}1&1&1-a\\1&0&a\\a+1&1&a+1\end{pmatrix}$，$\boldsymbol{\beta}=\begin{pmatrix}0\\1\\2a-2\end{pmatrix}$，且方程组 $\boldsymbol{Ax}=\boldsymbol{\beta}$ 无解.

(1)求 a 的值；

(2)求方程组 $\boldsymbol{A}^{\mathrm{T}}\boldsymbol{Ax}=\boldsymbol{A}^{\mathrm{T}}\boldsymbol{\beta}$ 的通解.

第四章　向量组的线性相关性

在第三章中,我们用初等行变换的方法给出了线性方程组 $\boldsymbol{Ax}=\boldsymbol{b}$ 的一般解法. 我们发现,其通解可以写成

$$\boldsymbol{x}=c_1\boldsymbol{\xi}_1+c_2\boldsymbol{\xi}_2+\boldsymbol{\eta}\text{(其中 }\boldsymbol{x},\boldsymbol{\xi}_1,\boldsymbol{\xi}_2,\boldsymbol{\eta}\text{ 均为列矩阵)}$$

的形式. 那么,通解形式为什么要这样写呢?$\boldsymbol{\xi}_1,\boldsymbol{\xi}_2,\boldsymbol{\eta}$ 分别代表什么意义呢?它们是唯一的吗?如果不唯一,不同的结果又说明了什么问题呢?本章引入向量的概念,从理论上对上述问题进行了回答,并给出了线性方程组解的结构问题.

第一节　向量组及其线性组合

在中学中,我们已经了解了二维和三维向量的概念,现在我们引入一般维数——n 维向量的定义.

定义 4.1.1　n 个有序的数 $a_1,a_2,\cdots,a_n$ 所组成的数组称为n 维向量. 这 n 个数称为该向量的 n 个分量,第 i 个数称为第 i 个分量. 如果我们把 n 个数写成一列

$$\boldsymbol{a}=\begin{pmatrix}a_1\\a_2\\\vdots\\a_n\end{pmatrix}$$

的形式,则称这个 n 维向量为 n 维列向量. 同理,称

$$\boldsymbol{a}^{\mathrm{T}}=(a_1,a_2,\cdots,a_n)$$

为 n 维行向量. 我们把 n 维行向量和 n 维列向量看成不同的向量.

本书中,列向量我们一般用黑体字母 $\boldsymbol{a},\boldsymbol{b},\boldsymbol{\alpha},\boldsymbol{\beta}$ 等来表示,而行向量则用 $\boldsymbol{a}^{\mathrm{T}},\boldsymbol{b}^{\mathrm{T}},\boldsymbol{\alpha}^{\mathrm{T}},\boldsymbol{\beta}^{\mathrm{T}}$ 等来表示. 所讨论的向量在没有指明维数时,就认为是 n 维向量;在没有指明是行向量还是列向量时,就当作列向量. 关于向量间的运算,我们把行、列向量分别当作行、列矩阵,利用矩阵的运算来处理向量间的运算.

若干个同维的列向量(或同维的行向量)所组成的集合叫做向量组. 例如,一个 $m \times n$ 的矩阵,既可以看作是由 n 个 m 维列向量构成的列向量组,也可以看成是 m 个 n 维行向量构成的一个行向量组. 又如,全体三维列向量构成的集合

$$\boldsymbol{R}^3 = \{\boldsymbol{\alpha} = (x, y, z)^{\mathrm{T}} \mid x, y, z \in \mathbf{R}\}$$

是无限个三维列向量构成的列向量组.

本章中,我们只讨论有限个向量构成的向量组的性质.

矩阵的列向量组和行向量组都是只含有限个向量的向量组;反之,一个含有限个向量的列向量组总可以构成一个矩阵. 例如:

m 个 n 维列向量构成的向量组 $\boldsymbol{A}: \boldsymbol{\alpha}_1, \boldsymbol{\alpha}_2, \cdots, \boldsymbol{\alpha}_m$ 构成一个 $n \times m$ 的矩阵

$$\boldsymbol{A} = (\boldsymbol{\alpha}_1, \boldsymbol{\alpha}_2, \cdots, \boldsymbol{\alpha}_m);$$

m 个 n 维行向量构成的向量组 $\boldsymbol{B}: \boldsymbol{\beta}_1^{\mathrm{T}}, \boldsymbol{\beta}_2^{\mathrm{T}}, \cdots, \boldsymbol{\beta}_m^{\mathrm{T}}$ 构成一个 $m \times n$ 的矩阵

$$\boldsymbol{B} = \begin{pmatrix} \boldsymbol{\beta}_1^{\mathrm{T}} \\ \boldsymbol{\beta}_2^{\mathrm{T}} \\ \vdots \\ \boldsymbol{\beta}_m^{\mathrm{T}} \end{pmatrix}.$$

总之,含有限个向量的向量组可以和矩阵一一对应.

定义 4.1.2　对应于向量组 $\boldsymbol{A}: \boldsymbol{\alpha}_1, \boldsymbol{\alpha}_2, \cdots, \boldsymbol{\alpha}_m$,对于任何一组实数 $k_1, k_2, \cdots, k_m$,其表达式

$$k_1\boldsymbol{\alpha}_1 + k_2\boldsymbol{\alpha}_2 + \cdots + k_m\boldsymbol{\alpha}_m$$

称为向量组 $\boldsymbol{A}$ 的一个线性组合,$k_1, k_2, \cdots, k_m$ 称为这个线性组合的系数.

定义 4.1.3　若向量 $\boldsymbol{b}$ 可以写成 $\boldsymbol{A}: \boldsymbol{\alpha}_1, \boldsymbol{\alpha}_2, \cdots, \boldsymbol{\alpha}_m$ 的一个线性组合,则称向量 $\boldsymbol{b}$ 可由向量组 $\boldsymbol{A}$ 线性表示.

若存在 m 个实数 $k_1, k_2, \cdots, k_m$,满足

$$\boldsymbol{b} = k_1\boldsymbol{\alpha}_1 + k_2\boldsymbol{\alpha}_2 + \cdots + k_m\boldsymbol{\alpha}_m, \tag{4.1.1}$$

则称向量 $\boldsymbol{b}$ 可由向量组 $\boldsymbol{A}: \boldsymbol{\alpha}_1, \boldsymbol{\alpha}_2, \cdots, \boldsymbol{\alpha}_m$ 线性表示.

定义 4.1.4　若向量组 $\boldsymbol{B}: \boldsymbol{\beta}_1, \boldsymbol{\beta}_2, \cdots, \boldsymbol{\beta}_s$ 中每一个向量均可由向量组 $\boldsymbol{A}: \boldsymbol{\alpha}_1, \boldsymbol{\alpha}_2, \cdots, \boldsymbol{\alpha}_m$ 线性表示,则称向量组 $\boldsymbol{B}$ 可由向量组 $\boldsymbol{A}$ 线性表示. 若向量组 $\boldsymbol{A}$ 与向量组 $\boldsymbol{B}$ 可以相互线性表示,则称向量组 $\boldsymbol{A}$ 与向量组 $\boldsymbol{B}$ 等价.

在定义 4.1.3 中,若我们记矩阵 $\boldsymbol{A} = (\boldsymbol{\alpha}_1, \boldsymbol{\alpha}_2, \cdots, \boldsymbol{\alpha}_m)$,$\boldsymbol{x} = \begin{pmatrix} k_1 \\ k_2 \\ \vdots \\ k_m \end{pmatrix}$,则(4.1.1)式可写成

$$\boldsymbol{Ax} = \boldsymbol{b}.$$

因此,向量 $\boldsymbol{b}$ 可由向量组 $\boldsymbol{A}: \boldsymbol{\alpha}_1, \boldsymbol{\alpha}_2, \cdots, \boldsymbol{\alpha}_m$ 线性表示,也就是说,线性方程组 $\boldsymbol{Ax} = \boldsymbol{b}$

有解. 再结合定理 3.3.1,我们可得到如下一组等价命题.

定理 4.1.1 记 $\boldsymbol{A}=(\boldsymbol{\alpha}_1,\boldsymbol{\alpha}_2,\cdots,\boldsymbol{\alpha}_m)$,则下列三个命题等价:

向量 $\boldsymbol{b}$ 可由向量组 $\boldsymbol{A}:\boldsymbol{\alpha}_1,\boldsymbol{\alpha}_2,\cdots,\boldsymbol{\alpha}_m$ 线性表示

$\Leftrightarrow$ 线性方程组 $\boldsymbol{Ax}=\boldsymbol{b}$ 有解

$\Leftrightarrow R(\boldsymbol{A})=R(\boldsymbol{A},\boldsymbol{b})$.

特别的,由于齐次线性方程组 $\boldsymbol{Ax}=\boldsymbol{0}$ 总有零解 $\boldsymbol{x}=\boldsymbol{0}$,故零向量可由任何向量组线性表示.

在定义 4.1.4 中,若记 $\boldsymbol{A}=(\boldsymbol{\alpha}_1,\boldsymbol{\alpha}_2,\cdots,\boldsymbol{\alpha}_m)$,$\boldsymbol{B}=(\boldsymbol{\beta}_1,\boldsymbol{\beta}_2,\cdots,\boldsymbol{\beta}_s)$,

$$\boldsymbol{\beta}_i=k_{1i}\boldsymbol{\alpha}_1+\cdots+k_{mi}\boldsymbol{\alpha}_m=(\boldsymbol{\alpha}_1,\boldsymbol{\alpha}_2,\cdots,\boldsymbol{\alpha}_m)\begin{pmatrix}k_{1i}\\k_{2i}\\\vdots\\k_{mi}\end{pmatrix},(i=1,2,\cdots,s)$$

则

$$(\boldsymbol{\beta}_1,\boldsymbol{\beta}_2,\cdots,\boldsymbol{\beta}_s)=(\boldsymbol{\alpha}_1,\boldsymbol{\alpha}_2,\cdots,\boldsymbol{\alpha}_m)\begin{pmatrix}k_{11}&k_{12}&\cdots&k_{1s}\\k_{21}&k_{22}&\cdots&k_{2s}\\\vdots&\vdots&&\vdots\\k_{m1}&k_{m2}&\cdots&k_{ms}\end{pmatrix}.$$

由此可知,若 $\boldsymbol{C}_{mn}=\boldsymbol{A}_{ms}\boldsymbol{B}_{sn}$,则矩阵 $\boldsymbol{C}$ 的列向量组 $\boldsymbol{C}:\boldsymbol{c}_1,\boldsymbol{c}_2,\cdots,\boldsymbol{c}_n$ 可由矩阵 $\boldsymbol{A}$ 的列向量组 $\boldsymbol{A}:\boldsymbol{a}_1,\boldsymbol{a}_2,\cdots,\boldsymbol{a}_s$ 线性表示,矩阵 $\boldsymbol{B}$ 为这一线性表示的系数矩阵,即

$$(\boldsymbol{c}_1,\boldsymbol{c}_2,\cdots,\boldsymbol{c}_n)=(\boldsymbol{a}_1,\boldsymbol{a}_2,\cdots,\boldsymbol{a}_s)\begin{pmatrix}b_{11}&b_{12}&\cdots&b_{1n}\\b_{21}&b_{22}&\cdots&b_{2n}\\\vdots&\vdots&&\vdots\\b_{s1}&b_{s2}&\cdots&b_{sn}\end{pmatrix}.$$

同理,$\boldsymbol{C}$ 的行向量组 $\boldsymbol{C}:\boldsymbol{\gamma}_1^{\mathrm{T}},\boldsymbol{\gamma}_2^{\mathrm{T}},\cdots,\boldsymbol{\gamma}_m^{\mathrm{T}}$ 可由 $\boldsymbol{B}$ 的行向量组 $\boldsymbol{B}:\boldsymbol{\beta}_1^{\mathrm{T}},\boldsymbol{\beta}_2^{\mathrm{T}},\cdots,\boldsymbol{\beta}_s^{\mathrm{T}}$ 线性表示,$\boldsymbol{A}$ 为这一线性表示的系数矩阵,即

$$\begin{pmatrix}\boldsymbol{\gamma}_1^{\mathrm{T}}\\\boldsymbol{\gamma}_2^{\mathrm{T}}\\\vdots\\\boldsymbol{\gamma}_m^{\mathrm{T}}\end{pmatrix}=\begin{pmatrix}a_{11}&a_{12}&\cdots&a_{1s}\\a_{21}&a_{22}&\cdots&a_{2s}\\\vdots&\vdots&&\vdots\\a_{m1}&a_{m2}&\cdots&a_{ms}\end{pmatrix}\begin{pmatrix}\boldsymbol{\beta}_1^{\mathrm{T}}\\\boldsymbol{\beta}_2^{\mathrm{T}}\\\vdots\\\boldsymbol{\beta}_s^{\mathrm{T}}\end{pmatrix}.$$

由定义 4.1.4,向量组 $\boldsymbol{B}:\boldsymbol{\beta}_1,\boldsymbol{\beta}_2,\cdots,\boldsymbol{\beta}_s$ 可由向量组 $\boldsymbol{A}:\boldsymbol{\alpha}_1,\boldsymbol{\alpha}_2,\cdots,\boldsymbol{\alpha}_m$ 线性表示,也就是说,存在一个 $m\times s$ 的矩阵 $\boldsymbol{K}$,使得 $\boldsymbol{B}=\boldsymbol{AK}$. 于是,我们可将定理 4.1.1 做如下推广.

定理 4.1.2 记 $\boldsymbol{A}=(\boldsymbol{\alpha}_1,\boldsymbol{\alpha}_2,\cdots,\boldsymbol{\alpha}_m)$,$\boldsymbol{B}=(\boldsymbol{\beta}_1,\boldsymbol{\beta}_2,\cdots,\boldsymbol{\beta}_s)$,则下列三个命题等价:

(1) 向量组 $\boldsymbol{B}:\boldsymbol{\beta}_1,\boldsymbol{\beta}_2,\cdots,\boldsymbol{\beta}_s$ 可由向量组 $\boldsymbol{A}:\boldsymbol{\alpha}_1,\boldsymbol{\alpha}_2,\cdots,\boldsymbol{\alpha}_m$ 线性表示;

(2) 矩阵方程 $\boldsymbol{AX}=\boldsymbol{B}$ 有解；

(3) $R(\boldsymbol{A})=R(\boldsymbol{A},\boldsymbol{B})$.

推论：向量组 $\boldsymbol{A}:\boldsymbol{\alpha}_1,\boldsymbol{\alpha}_2,\cdots,\boldsymbol{\alpha}_m$ 与向量组 $\boldsymbol{B}:\boldsymbol{\beta}_1,\boldsymbol{\beta}_2,\cdots,\boldsymbol{\beta}_s$ 等价的充要条件是

$$R(\boldsymbol{A})=R(\boldsymbol{B})=R(\boldsymbol{A},\boldsymbol{B}).$$

证明：由于向量组 $\boldsymbol{A},\boldsymbol{B}$ 可相互线性表示，于是，由定理 4.1.2 可知

$$R(\boldsymbol{A})=R(\boldsymbol{A},\boldsymbol{B}),$$

且

$$R(\boldsymbol{B})=R(\boldsymbol{B},\boldsymbol{A}).$$

另一方面，矩阵 $(\boldsymbol{A},\boldsymbol{B})$ 可通过交换列变为 $(\boldsymbol{B},\boldsymbol{A})$，故 $(\boldsymbol{A},\boldsymbol{B})\overset{c}{\sim}(\boldsymbol{B},\boldsymbol{A})$，从而 $R(\boldsymbol{A},\boldsymbol{B})=R(\boldsymbol{B},\boldsymbol{A})$，结合起来即得充要条件为

$$R(\boldsymbol{A})=R(\boldsymbol{B})=R(\boldsymbol{A},\boldsymbol{B}).$$

例 4.1.1　已知 $\boldsymbol{\alpha}_1=\begin{pmatrix}1\\1\\2\\2\end{pmatrix},\boldsymbol{\alpha}_2=\begin{pmatrix}1\\2\\1\\3\end{pmatrix},\boldsymbol{\alpha}_3=\begin{pmatrix}1\\-1\\4\\0\end{pmatrix},\boldsymbol{b}=\begin{pmatrix}1\\0\\3\\1\end{pmatrix}$，证明：$\boldsymbol{b}$ 可由向量组 $\boldsymbol{A}:\boldsymbol{\alpha}_1,\boldsymbol{\alpha}_2,\boldsymbol{\alpha}_3$ 线性表示，并写出其中一个线性表示形式.

证明：令

$$\boldsymbol{A}=\begin{pmatrix}1&1&1\\1&2&-1\\2&1&4\\2&3&0\end{pmatrix},$$

则

$$(\boldsymbol{A},\boldsymbol{b})=\begin{pmatrix}1&1&1&1\\1&2&-1&0\\2&1&4&3\\2&3&0&1\end{pmatrix}$$

$$\xrightarrow[\substack{r_3-2r_1\\r_4-2r_1}]{r_2-r_1}\begin{pmatrix}1&1&1&1\\0&1&-2&-1\\0&-1&2&1\\0&1&-2&-1\end{pmatrix}$$

$$\xrightarrow[r_4-r_2]{r_3+r_2}\begin{pmatrix}1&1&1&1\\0&1&-2&-1\\0&0&0&0\\0&0&0&0\end{pmatrix}.$$

因为

$$R(\boldsymbol{A}) = R(\boldsymbol{A}, \boldsymbol{b}),$$

所以,方程组 $\boldsymbol{Ax} = \boldsymbol{b}$ 有解,且其同解方程为

$$\begin{cases} x_1 + x_2 + \ \ x_3 = 1, \\ \qquad x_2 - 2x_3 = -1. \end{cases}$$

令 $x_3 = 0$,代入可得方程组 $\boldsymbol{Ax} = \boldsymbol{b}$ 的一个特解为

$$\begin{cases} x_1 = 2, \\ x_2 = -1, \\ x_3 = 0. \end{cases}$$

所以有

$$\boldsymbol{b} = 2\boldsymbol{\alpha}_1 - \boldsymbol{\alpha}_2 + 0\boldsymbol{\alpha}_3.$$

例 4.1.2 已知 $\boldsymbol{\alpha}_1 = (2,4,2), \boldsymbol{\alpha}_2 = (1,1,0), \boldsymbol{\beta}_1 = (2,3,1), \boldsymbol{\beta}_2 = (3,5,2)$,证明向量组 $\boldsymbol{A}: \boldsymbol{\alpha}_1, \boldsymbol{\alpha}_2$ 与向量组 $\boldsymbol{B}: \boldsymbol{\beta}_1, \boldsymbol{\beta}_2$ 等价.

证明:令

$$\boldsymbol{A} = (\boldsymbol{\alpha}_1^{\mathrm{T}}, \boldsymbol{\alpha}_2^{\mathrm{T}}), \boldsymbol{B} = (\boldsymbol{\beta}_1^{\mathrm{T}}, \boldsymbol{\beta}_2^{\mathrm{T}}),$$

则

$$(\boldsymbol{A}, \boldsymbol{B}) = (\boldsymbol{\alpha}_1^{\mathrm{T}}, \boldsymbol{\alpha}_2^{\mathrm{T}}, \boldsymbol{\beta}_1^{\mathrm{T}}, \boldsymbol{\beta}_2^{\mathrm{T}}) = \begin{pmatrix} 2 & 1 & 2 & 3 \\ 4 & 1 & 3 & 5 \\ 2 & 0 & 1 & 2 \end{pmatrix}$$

$$\xrightarrow[r_3 - r_1]{r_2 - 2r_1} \begin{pmatrix} 2 & 1 & 2 & 3 \\ 0 & -1 & -1 & -1 \\ 0 & -1 & -1 & -1 \end{pmatrix}$$

$$\xrightarrow[r_2 \div (-1)]{r_3 - r_2} \begin{pmatrix} 2 & 1 & 2 & 3 \\ 0 & 1 & 1 & 1 \\ 0 & 0 & 0 & 0 \end{pmatrix},$$

可见

$$R(\boldsymbol{A}) = R(\boldsymbol{A}, \boldsymbol{B}) = 2.$$

另外,由于 $\boldsymbol{B} \sim \begin{pmatrix} 2 & 3 \\ 1 & 1 \\ 0 & 0 \end{pmatrix}$,不难看出,$\boldsymbol{B}$ 中有 2 阶非零子式,于是

$$R(\boldsymbol{B}) = 2,$$

从而

$$R(\boldsymbol{A}) = R(\boldsymbol{B}) = R(\boldsymbol{A}, \boldsymbol{B}) = 2.$$

由定理 4.1.2 可知,向量组 $\boldsymbol{A}$ 与向量组 $\boldsymbol{B}$ 等价.

定理 4.1.3 记 $\boldsymbol{A} = (\boldsymbol{\alpha}_1, \boldsymbol{\alpha}_2, \cdots, \boldsymbol{\alpha}_m), \boldsymbol{B} = (\boldsymbol{\beta}_1, \boldsymbol{\beta}_2, \cdots, \boldsymbol{\beta}_s)$,若向量组 $\boldsymbol{B}: \boldsymbol{\beta}_1, \boldsymbol{\beta}_2, \cdots, \boldsymbol{\beta}_s$ 可由向量组 $\boldsymbol{A}: \boldsymbol{\alpha}_1, \boldsymbol{\alpha}_2, \cdots, \boldsymbol{\alpha}_m$ 线性表示,则

$$R(\boldsymbol{B}) \leqslant R(\boldsymbol{A}).$$

证明：一方面，由定理 4.1.2 可知

$$R(\boldsymbol{A}) = R(\boldsymbol{A},\boldsymbol{B});$$

另一方面，由于矩阵 $\boldsymbol{B}$ 的子式一定为矩阵 $(\boldsymbol{A},\boldsymbol{B})$ 的子式，故 $\boldsymbol{B}$ 的最高阶非零子式一定是矩阵 $(\boldsymbol{A},\boldsymbol{B})$ 的一个非零子式，从而

$$R(\boldsymbol{B}) \leqslant R(\boldsymbol{A},\boldsymbol{B}).$$

于是有

$$R(\boldsymbol{B}) \leqslant R(\boldsymbol{A}).$$

由定理 4.1.3，不难得到如下推论：

推论：记 $\boldsymbol{A} = (\boldsymbol{\alpha}_1,\boldsymbol{\alpha}_2,\cdots,\boldsymbol{\alpha}_m)$，$\boldsymbol{B} = (\boldsymbol{\beta}_1,\boldsymbol{\beta}_2,\cdots,\boldsymbol{\beta}_s)$，若向量组 $\boldsymbol{A}$ 与向量组 $\boldsymbol{B}$ 等价，则一定有

$$R(\boldsymbol{A}) = R(\boldsymbol{B}).$$

下面，我们利用定理 4.1.3 来证明矩阵秩的性质

$$R(\boldsymbol{AB}) \leqslant \min\{R(\boldsymbol{A}),R(\boldsymbol{B})\}.$$

证明：记 $\boldsymbol{C} = \boldsymbol{AB}$，则由前面分析知，$\boldsymbol{C}$ 的列向量组可由 $\boldsymbol{A}$ 的列向量组线性表示，由定理 4.1.3 知

$$R(\boldsymbol{C}) \leqslant R(\boldsymbol{A}).$$

对 $\boldsymbol{C} = \boldsymbol{AB}$ 两边同时转置，可得 $\boldsymbol{C}^{\mathrm{T}} = \boldsymbol{B}^{\mathrm{T}}\boldsymbol{A}^{\mathrm{T}}$，利用同样的分析方法知

$$R(\boldsymbol{C}^{\mathrm{T}}) \leqslant R(\boldsymbol{B}^{\mathrm{T}}).$$

由于

$$R(\boldsymbol{C}^{\mathrm{T}}) = R(\boldsymbol{C}),R(\boldsymbol{B}^{\mathrm{T}}) = R(\boldsymbol{B}),$$

于是

$$R(\boldsymbol{C}) \leqslant R(\boldsymbol{B}).$$

从而

$$R(\boldsymbol{C}) \leqslant \min\{R(\boldsymbol{A}),R(\boldsymbol{B})\}$$

成立.

第二节　向量组的线性相关性

定义 4.2.1　对于给定的向量组 $\boldsymbol{A}:\boldsymbol{\alpha}_1,\boldsymbol{\alpha}_2,\cdots,\boldsymbol{\alpha}_m$，如果存在不全为零的 m 个数 $k_1,k_2,\cdots,k_m$，使得

$$k_1\boldsymbol{\alpha}_1 + k_2\boldsymbol{\alpha}_2 + \cdots + k_m\boldsymbol{\alpha}_m = \boldsymbol{0},$$

则称向量组 $\boldsymbol{A}$ 线性相关，否则称它线性无关.

一般来说，我们讨论向量组的线性相关性时，都是针对两个或两个以上向量构成的

向量组,但定义 4.2.1 也适用于单个向量构成的向量组. 当向量组 $\boldsymbol{A}$ 只含一个向量 $\boldsymbol{\alpha}$ 时,若 $\boldsymbol{\alpha}=\boldsymbol{0}$,则称向量组 $\boldsymbol{A}:\boldsymbol{\alpha}$ 线性相关;否则,称为线性无关. 对于包含两个向量的向量组 $\boldsymbol{A}:\boldsymbol{\alpha}_1,\boldsymbol{\alpha}_2$,不难验证 $\boldsymbol{A}:\boldsymbol{\alpha}_1,\boldsymbol{\alpha}_2$ 线性相关的充要条件是 $\boldsymbol{\alpha}_1,\boldsymbol{\alpha}_2$ 成比例,其几何意义是两向量共线. 三个向量线性相关的几何意义是三个向量共面. 另外,当一个向量组 $\boldsymbol{A}:\boldsymbol{\alpha}_1,\boldsymbol{\alpha}_2,\cdots,\boldsymbol{\alpha}_m$ 包含零向量时,向量组 $\boldsymbol{A}:\boldsymbol{\alpha}_1,\boldsymbol{\alpha}_2,\cdots,\boldsymbol{\alpha}_m$ 必定线性相关,原因是,可令零向量系数为 1,其余向量系数均为 0,则有 $\boldsymbol{\alpha}_1,\boldsymbol{\alpha}_2,\cdots,\boldsymbol{\alpha}_m$ 的一组线性组合为零向量.

向量组的线性相关概念也可以用于线性方程组. 当方程组中有某一个方程可以写成其余方程的线性组合时,这个方程就是多余的,这时称方程组是线性相关的;当方程组中没有多余方程时,就称该方程组线性无关.

若令 $\boldsymbol{A}=(\boldsymbol{\alpha}_1,\boldsymbol{\alpha}_2,\cdots,\boldsymbol{\alpha}_m)$,则向量组线性相关,也就是齐次线性方程组

$$\boldsymbol{A}\boldsymbol{x}=x_1\boldsymbol{\alpha}_1+x_2\boldsymbol{\alpha}_2+\cdots+x_m\boldsymbol{\alpha}_m=\boldsymbol{0}$$

有非零解. 再结合以前知识,我们可得下面五个命题等价.

定理 4.2.1 (1) 向量组 $\boldsymbol{A}:\boldsymbol{\alpha}_1,\boldsymbol{\alpha}_2,\cdots,\boldsymbol{\alpha}_m$ 线性相关;

$\Leftrightarrow$(2) 存在不全为零的数 $k_1,k_2,\cdots,k_m$,使得 $k_1\boldsymbol{\alpha}_1+k_2\boldsymbol{\alpha}_2+\cdots+k_m\boldsymbol{\alpha}_m=\boldsymbol{0}$;

$\Leftrightarrow$(3) 齐次线性方程组 $\boldsymbol{A}\boldsymbol{x}=\boldsymbol{0}$ 有非零解;

$\Leftrightarrow$(4)$R(\boldsymbol{A})<m$;

特别的,在 $\boldsymbol{A}\boldsymbol{x}=\boldsymbol{0}$ 中,未知数个数 m 与方程个数(即 $\boldsymbol{A}$ 中向量的维数)n 相等时,上述四个命题等价于

$\overset{m=n}{\Leftrightarrow}$(5) $|\boldsymbol{A}|=0$.

推论:m 个 n 维向量构成的向量组 $\boldsymbol{A}:\boldsymbol{\alpha}_1,\cdots,\boldsymbol{\alpha}_m$,当 $m>n$ 时,一定线性相关. 特别的,$n+1$ 个 n 维向量构成的向量组一定线性相关.

证明:令 $\boldsymbol{A}=(\boldsymbol{\alpha}_1,\cdots,\boldsymbol{\alpha}_m)$,则 $\boldsymbol{A}$ 为 $n\times m$ 矩阵,于是,由矩阵性质 $R(\boldsymbol{A})<\min\{m,n\}$,知 $R(\boldsymbol{A})<m$.

同理,对应于向量组 $\boldsymbol{A}:\boldsymbol{\alpha}_1,\boldsymbol{\alpha}_2,\cdots,\boldsymbol{\alpha}_m$ 线性无关,我们有如下定理:

定理 4.2.2 (1) 向量组 $\boldsymbol{A}:\boldsymbol{\alpha}_1,\boldsymbol{\alpha}_2,\cdots,\boldsymbol{\alpha}_m$ 线性无关;

$\Leftrightarrow$(2) 当且仅当 $k_1=k_2=\cdots=k_m=0$ 时,才有 $k_1\boldsymbol{\alpha}_1+k_2\boldsymbol{\alpha}_2+\cdots+k_m\boldsymbol{\alpha}_m=\boldsymbol{0}$;

$\Leftrightarrow$(3) 齐次线性方程组 $\boldsymbol{A}\boldsymbol{x}=\boldsymbol{0}$ 只有零解;

$\Leftrightarrow$(4)$R(\boldsymbol{A})=m$;

$\overset{m=n}{\Leftrightarrow}$(5) $|\boldsymbol{A}|\neq 0$.

例 4.2.1 讨论 n 维单位坐标向量 $\boldsymbol{e}_1=\begin{pmatrix}1\\0\\\vdots\\0\end{pmatrix},\boldsymbol{e}_2=\begin{pmatrix}0\\1\\\vdots\\0\end{pmatrix},\cdots,\boldsymbol{e}_n=\begin{pmatrix}0\\0\\\vdots\\1\end{pmatrix}$ 的线性相关性.

解:由于 n 维单位坐标向量构成的矩阵

$$(\boldsymbol{e}_1,\boldsymbol{e}_2,\cdots,\boldsymbol{e}_n)=\boldsymbol{E}$$

是 n 阶单位阵，而 $|\boldsymbol{E}|=1\neq 0$，故由定理 4.2.2 知其线性无关.

例 4.2.2　已知

$$\boldsymbol{\alpha}_1=\begin{pmatrix}1\\1\\1\end{pmatrix},\boldsymbol{\alpha}_2=\begin{pmatrix}0\\2\\5\end{pmatrix},\boldsymbol{\alpha}_3=\begin{pmatrix}2\\4\\7\end{pmatrix},\boldsymbol{\alpha}_4=\begin{pmatrix}1\\3\\6\end{pmatrix}.$$

讨论向量组 $\boldsymbol{A}_1:\boldsymbol{\alpha}_1,\boldsymbol{\alpha}_2$，向量组 $\boldsymbol{A}_2:\boldsymbol{\alpha}_1,\boldsymbol{\alpha}_2,\boldsymbol{\alpha}_3$，向量组 $\boldsymbol{A}_3:\boldsymbol{\alpha}_1,\boldsymbol{\alpha}_2,\boldsymbol{\alpha}_3,\boldsymbol{\alpha}_4$ 的线性相关性.

解：令

$$\boldsymbol{A}_1=(\boldsymbol{\alpha}_1,\boldsymbol{\alpha}_2),\boldsymbol{A}_2=(\boldsymbol{\alpha}_1,\boldsymbol{\alpha}_2,\boldsymbol{\alpha}_3),\boldsymbol{A}_3=(\boldsymbol{\alpha}_1,\boldsymbol{\alpha}_2,\boldsymbol{\alpha}_3,\boldsymbol{\alpha}_4),$$

则

$$\boldsymbol{A}_3=(\boldsymbol{\alpha}_1,\boldsymbol{\alpha}_2,\boldsymbol{\alpha}_3,\boldsymbol{\alpha}_4)=\begin{pmatrix}1&0&2&1\\1&2&4&3\\1&5&7&6\end{pmatrix}$$

$$\xrightarrow[r_3-r_1]{r_2-r_1}\begin{pmatrix}1&0&2&1\\0&2&2&2\\0&5&5&5\end{pmatrix}$$

$$\xrightarrow[r_3-5r_2]{r_2\div 2}\begin{pmatrix}1&0&2&1\\0&1&1&1\\0&0&0&0\end{pmatrix}.$$

于是

$$\boldsymbol{A}_1\overset{r}{\sim}\begin{pmatrix}1&0\\0&1\\0&0\end{pmatrix},\boldsymbol{A}_2\overset{r}{\sim}\begin{pmatrix}1&0&2\\0&1&1\\0&0&0\end{pmatrix},\boldsymbol{A}_3\overset{r}{\sim}\begin{pmatrix}1&0&2&1\\0&1&1&1\\0&0&0&0\end{pmatrix},$$

所以

$$R(\boldsymbol{A}_1)=R(\boldsymbol{A})_2=R(\boldsymbol{A}_3)=2.$$

由定理 4.2.1 和定理 4.2.2 知向量组 $\boldsymbol{A}_1:\boldsymbol{\alpha}_1,\boldsymbol{\alpha}_2$ 线性无关；向量组 $\boldsymbol{A}_2:\boldsymbol{\alpha}_1,\boldsymbol{\alpha}_2,\boldsymbol{\alpha}_3$ 线性相关；向量组 $\boldsymbol{A}_3:\boldsymbol{\alpha}_1,\boldsymbol{\alpha}_2,\boldsymbol{\alpha}_3,\boldsymbol{\alpha}_4$ 线性相关.

在例 4.2.2 中，向量组 $\boldsymbol{A}_1$ 中向量只是向量组 $\boldsymbol{A}_2$ 中的一部分，于是我们称向量组 $\boldsymbol{A}_1$ 是向量组 $\boldsymbol{A}_2$ 的部分组，相对于向量组 $\boldsymbol{A}_1$，可称向量组 $\boldsymbol{A}_2$ 为全组. 同理，向量组 $\boldsymbol{A}_1$，$\boldsymbol{A}_2$ 均为向量组 $\boldsymbol{A}_3$ 的一个部分组. 关于部分组和全组间线性相关性的关系，我们有如下定理：

定理 4.2.3　假设向量组 $\boldsymbol{A}_0:\boldsymbol{\alpha}_1,\boldsymbol{\alpha}_2,\cdots,\boldsymbol{\alpha}_r$ 为向量组 $\boldsymbol{A}:\boldsymbol{\alpha}_1,\boldsymbol{\alpha}_2,\cdots,\boldsymbol{\alpha}_r,\cdots,\boldsymbol{\alpha}_m\,(r<m)$ 的一个部分组，

(1) 若向量组 $\boldsymbol{A}_0$ 线性相关，则向量组 $\boldsymbol{A}$ 也一定线性相关；

(2) 若向量组 $\boldsymbol{A}$ 线性无关，则向量组 $\boldsymbol{A}_0$ 也线性无关.

证明:命题(2) 为(1) 的逆否命题,故此处只需证明命题(1).

若向量组 $\boldsymbol{A}_0:\boldsymbol{\alpha}_1,\boldsymbol{\alpha}_2,\cdots,\boldsymbol{\alpha}_r$ 线性相关,则存在一组不全为零的数 $k_1,k_2,\cdots,k_r$,使得

$$k_1\boldsymbol{\alpha}_1+k_2\boldsymbol{\alpha}_2+\cdots+k_r\boldsymbol{\alpha}_r=\boldsymbol{0},$$

于是

$$k_1\boldsymbol{\alpha}_1+k_2\boldsymbol{\alpha}_2+\cdots+k_r\boldsymbol{\alpha}_r+0\boldsymbol{\alpha}_{r+1}+\cdots+0\boldsymbol{\alpha}_m=\boldsymbol{0}.$$

显然,$k_1,k_2,\cdots,k_r,0,\cdots,0$ 这 m 个数不全为零,所以,向量组 $\boldsymbol{A}:\boldsymbol{\alpha}_1,\cdots,\boldsymbol{\alpha}_r,\cdots,\boldsymbol{\alpha}_m$ 线性相关.

关于线性表示与线性相关性的关系,有如下定理:

定理 4.2.4 (1) 若向量 $\boldsymbol{b}$ 可由向量组 $\boldsymbol{A}:\boldsymbol{\alpha}_1,\cdots,\boldsymbol{\alpha}_m$ 线性表示,则向量组 $\boldsymbol{B}:\boldsymbol{\alpha}_1,\boldsymbol{\alpha}_2,\cdots,\boldsymbol{\alpha}_m,\boldsymbol{b}$ 线性相关;

(2) 若向量组 $\boldsymbol{A}:\boldsymbol{\alpha}_1,\boldsymbol{\alpha}_2,\cdots,\boldsymbol{\alpha}_m$ 线性相关,则 $\boldsymbol{A}$ 中至少有一个向量可由其余向量线性表示;

(3) 若向量组 $\boldsymbol{A}:\boldsymbol{\alpha}_1,\boldsymbol{\alpha}_2,\cdots,\boldsymbol{\alpha}_m$ 线性无关,向量组 $\boldsymbol{B}:\boldsymbol{\alpha}_1,\boldsymbol{\alpha}_2,\cdots,\boldsymbol{\alpha}_m,\boldsymbol{b}$ 线性相关,则向量 $\boldsymbol{b}$ 一定可由向量组 $\boldsymbol{A}$ 线性表示,且表示唯一.

证明:(1) 由线性表示的定义可知,存在 $k_1,k_2,\cdots,k_m$,使得

$$\boldsymbol{b}=k_1\boldsymbol{\alpha}_1+k_2\boldsymbol{\alpha}_2+\cdots+k_m\boldsymbol{\alpha}_m,$$

即

$$k_1\boldsymbol{\alpha}_1+k_2\boldsymbol{\alpha}_2+\cdots+k_m\boldsymbol{\alpha}_m-b=\boldsymbol{0}.$$

显然,$\boldsymbol{b}$ 的系数为 -1,不为 0,故向量组 $\boldsymbol{B}:\boldsymbol{\alpha}_1,\cdots,\boldsymbol{\alpha}_m,\boldsymbol{b}$ 线性相关.

(2) 由线性相关的定义可知,存在不全为零的一组数 $k_1,k_2,\cdots,k_m$,使得

$$k_1\boldsymbol{\alpha}_1+k_2\boldsymbol{\alpha}_2+\cdots+k_m\boldsymbol{\alpha}_m=\boldsymbol{0}.$$

不妨令 $k_i\neq 0(1\leqslant i\leqslant m)$,则

$$\boldsymbol{\alpha}_i=\left(-\frac{k_1}{k_i}\right)\boldsymbol{\alpha}_1+\cdots+\left(-\frac{k_{i-1}}{k_i}\right)\boldsymbol{\alpha}_{i-1}+\left(-\frac{k_{i+1}}{k_i}\right)\boldsymbol{\alpha}_{i+1}+\cdots+\left(-\frac{k_m}{k_i}\right)\boldsymbol{\alpha}_m,$$

即 $\boldsymbol{\alpha}_i$ 可由 $\boldsymbol{\alpha}_1,\cdots,\boldsymbol{\alpha}_{i-1},\boldsymbol{\alpha}_{i+1},\cdots,\boldsymbol{\alpha}_m$ 线性表示.

(3) 由线性相关定义知,存在不全为零的一组数 $k_1,k_2,\cdots,k_{m+1}$,使得

$$k_1\boldsymbol{\alpha}_1+\cdots+k_m\boldsymbol{\alpha}_m+k_{m+1}\boldsymbol{b}=\boldsymbol{0}.$$

由(2) 的证明知,只需证明 $k_{m+1}\neq 0$.

利用反证法,令 $k_{m+1}=0$,则有

$$k_1\boldsymbol{\alpha}_1+\cdots+k_m\boldsymbol{\alpha}_m=\boldsymbol{0}.$$

又由于向量组 $\boldsymbol{A}:\boldsymbol{\alpha}_1,\boldsymbol{\alpha}_2,\cdots,\boldsymbol{\alpha}_m$ 线性无关,则有

$$k_1=k_2=\cdots=k_m=0.$$

从而只有 $k_1=k_2=\cdots=k_m=k_{m+1}=0$ 时,才有

$$k_1\boldsymbol{\alpha}_1+\cdots+k_m\boldsymbol{\alpha}_m+k_{m+1}\boldsymbol{b}=\boldsymbol{0}.$$

即向量组 $\boldsymbol{B}:\boldsymbol{\alpha}_1,\boldsymbol{\alpha}_2,\cdots,\boldsymbol{\alpha}_m,\boldsymbol{b}$ 线性无关,得出矛盾. 于是

$$k_{m+1}\neq 0.$$

由(2)的证明知 $\boldsymbol{b}$ 可由向量组 $\boldsymbol{A}:\boldsymbol{\alpha}_1,\cdots,\boldsymbol{\alpha}_m$ 线性表示.

再证唯一性.

令矩阵 $\boldsymbol{A}=(\boldsymbol{\alpha}_1,\boldsymbol{\alpha}_2,\cdots,\boldsymbol{\alpha}_m)$, $\boldsymbol{B}=(\boldsymbol{\alpha}_1,\boldsymbol{\alpha}_2,\cdots,\boldsymbol{\alpha}_m,\boldsymbol{b})$,则显然有

$$R(\boldsymbol{A})\leqslant R(\boldsymbol{B}).$$

另一方面,由定理 4.2.1 与定理 4.2.2 知

$$R(\boldsymbol{A})=m,R(\boldsymbol{B})<m+1,$$

从而

$$R(\boldsymbol{B})=R(\boldsymbol{A})=m.$$

于是线性方程组 $\boldsymbol{Ax}=\boldsymbol{b}$ 有唯一解,即表示唯一.

例 4.2.3 已知 $\boldsymbol{\alpha}_1,\boldsymbol{\alpha}_2,\boldsymbol{\alpha}_3$ 线性无关,且

$$\boldsymbol{\beta}_1=\boldsymbol{\alpha}_1+\boldsymbol{\alpha}_2,\boldsymbol{\beta}_2=\boldsymbol{\alpha}_2+\boldsymbol{\alpha}_3,\boldsymbol{\beta}_3=\boldsymbol{\alpha}_3+\boldsymbol{\alpha}_1,$$

证明:$\boldsymbol{\beta}_1,\boldsymbol{\beta}_2,\boldsymbol{\beta}_3$ 线性无关.

证明:不妨假设存在三个数 k_1,k_2,k_3,使得

$$k_1\boldsymbol{\beta}_1+k_2\boldsymbol{\beta}_2+k_3\boldsymbol{\beta}_3=\boldsymbol{0},$$

即

$$k_1(\boldsymbol{\alpha}_1+\boldsymbol{\alpha}_2)+k_2(\boldsymbol{\alpha}_2+\boldsymbol{\alpha}_3)+k_3(\boldsymbol{\alpha}_3+\boldsymbol{\alpha}_1)=\boldsymbol{0}.$$

整理可得

$$(k_1+k_3)\boldsymbol{\alpha}_1+(k_1+k_2)\boldsymbol{\alpha}_2+(k_2+k_3)\boldsymbol{\alpha}_3=\boldsymbol{0}.$$

由 $\boldsymbol{\alpha}_1,\boldsymbol{\alpha}_2,\boldsymbol{\alpha}_3$ 的线性无关性,知

$$\begin{cases}k_1\quad +k_3=0,\\ k_1+k_2\quad =0,\\ \quad k_2+k_3=0.\end{cases}$$

因为上述方程组的系数行列式

$$\begin{vmatrix}1&0&1\\1&1&0\\0&1&1\end{vmatrix}=2\neq 0,$$

故其只有零解,即

$$k_1=k_2=k_3=0.$$

从而 $\boldsymbol{\beta}_1,\boldsymbol{\beta}_2,\boldsymbol{\beta}_3$ 线性无关.

第三节 向量组的秩

在上一节中,矩阵的秩在向量组的线性相关性讨论中起到了至关重要的作用. 为使

讨论深入,本节中,我们引入向量组的秩这一概念,并给出两者秩之间的关系.

定义 4.3.1 设向量组 $\boldsymbol{A}_0:\boldsymbol{\alpha}_1,\boldsymbol{\alpha}_2,\cdots,\boldsymbol{\alpha}_r$ 为向量组 $\boldsymbol{A}:\boldsymbol{\alpha}_1,\boldsymbol{\alpha}_2,\cdots,\boldsymbol{\alpha}_m$ 的一个部分组,且满足

(1) 向量组 $\boldsymbol{A}_0$ 线性无关;

(2) 将向量组 $\boldsymbol{A}$ 中任意一个向量 $\boldsymbol{\alpha}$ 放到 $\boldsymbol{A}_0$ 中,所得向量组 $\boldsymbol{A}_1:\boldsymbol{\alpha}_1,\cdots,\boldsymbol{\alpha}_r,\boldsymbol{\alpha}$ 线性相关;

则我们称向量组 $\boldsymbol{A}$ 的这个部分组 $\boldsymbol{A}_0$ 为 $\boldsymbol{A}$ 的一个极大线性无关向量组,简称极大无关组.

例如,向量组

$$\boldsymbol{\alpha}_1=\begin{pmatrix}1\\1\end{pmatrix},\boldsymbol{\alpha}_2=\begin{pmatrix}1\\0\end{pmatrix},\boldsymbol{\alpha}_3=\begin{pmatrix}0\\1\end{pmatrix}$$

中,$\boldsymbol{\alpha}_2,\boldsymbol{\alpha}_3$ 线性无关,且 $\boldsymbol{\alpha}_1,\boldsymbol{\alpha}_2,\boldsymbol{\alpha}_3$ 线性相关,所以 $\boldsymbol{\alpha}_2,\boldsymbol{\alpha}_3$ 为向量组 $\boldsymbol{\alpha}_1,\boldsymbol{\alpha}_2,\boldsymbol{\alpha}_3$ 的一个极大无关组. 同理,$\boldsymbol{\alpha}_1,\boldsymbol{\alpha}_2$ 和 $\boldsymbol{\alpha}_1,\boldsymbol{\alpha}_3$ 均可看作是向量组 $\boldsymbol{\alpha}_1,\boldsymbol{\alpha}_2,\boldsymbol{\alpha}_3$ 的一个极大无关组. 由此可知,一个向量组的极大无关组不一定唯一(很多情况下不唯一). 但是,极大无关组中向量的个数却是唯一的(证明略). 我们把极大无关组 $\boldsymbol{A}_0$ 中向量的个数 r 称作向量组的秩,记作秩$(\boldsymbol{\alpha}_1,\cdots,\boldsymbol{\alpha}_m)$,或 $R(\boldsymbol{\alpha}_1,\cdots,\boldsymbol{\alpha}_m)$.

特别的,只含有零向量的向量组没有极大无关组,规定其秩为 0. 另外,如果一个向量组本身就是线性无关的,则其秩为向量的个数.

对于只含有限个向量的向量组 $\boldsymbol{A}:\boldsymbol{\alpha}_1,\boldsymbol{\alpha}_2,\cdots,\boldsymbol{\alpha}_m$,可以把它构成一个矩阵 $\boldsymbol{A}=(\boldsymbol{\alpha}_1,\boldsymbol{\alpha}_2,\cdots,\boldsymbol{\alpha}_m)$. 而关于矩阵的秩 $R(\boldsymbol{A})$ 与向量组的秩 $R(\boldsymbol{\alpha}_1,\boldsymbol{\alpha}_2,\cdots,\boldsymbol{\alpha}_m)$ 之间的关系,有如下定理:

定理 4.3.1 矩阵的秩等于它的列向量组的秩,也等于其行向量组的秩.

证明:令 $\boldsymbol{A}=(\boldsymbol{\alpha}_1,\boldsymbol{\alpha}_2,\cdots,\boldsymbol{\alpha}_m)$,$R(\boldsymbol{A})=r$,则矩阵 $\boldsymbol{A}$ 中至少有一个 r 阶子式 D_r 不为 0.

由定理 4.2.2 知 D_r 所在的列向量组线性无关;又由于 $\boldsymbol{A}$ 中所有 $r+1$ 阶子式全为 0,由定理 4.2.1 知 $\boldsymbol{A}$ 中任意 $r+1$ 个列向量构成的向量组线性相关,从而 $R(\boldsymbol{\alpha}_1,\boldsymbol{\alpha}_2,\cdots,\boldsymbol{\alpha}_m)=r$.

类似的,可知矩阵 $\boldsymbol{A}$ 的秩也等于其行向量组的秩.

由上述证明可知,$\boldsymbol{A}$ 中最高阶非零子式 D_r 所在的列即为向量组 $\boldsymbol{A}:\boldsymbol{\alpha}_1,\cdots,\boldsymbol{\alpha}_m$ 的一个极大无关组.

例 4.3.1 所有 n 维向量构成的集合 R^n,我们称作 n 维向量空间. 已知

$$\boldsymbol{e}_1=\begin{pmatrix}1\\0\\\vdots\\0\end{pmatrix},\boldsymbol{e}_2=\begin{pmatrix}0\\1\\\vdots\\0\end{pmatrix},\cdots,\boldsymbol{e}_n=\begin{pmatrix}0\\0\\\vdots\\1\end{pmatrix},$$

证明向量组 $\boldsymbol{e}_1,\boldsymbol{e}_2,\cdots,\boldsymbol{e}_n$ 为 R^n 的一个极大无关组.

证明：由例 4.2.1 知向量组 $\boldsymbol{e}_1,\boldsymbol{e}_2,\cdots,\boldsymbol{e}_n$ 线性无关. 对于任意给定的向量

$$\boldsymbol{\alpha}=\begin{pmatrix}a_1\\a_2\\\vdots\\a_n\end{pmatrix},$$

则

$$a_1\boldsymbol{e}_1+a_2\boldsymbol{e}_2+\cdots+a_n\boldsymbol{e}_n-\boldsymbol{\alpha}=\boldsymbol{0}.$$

注意到 $\boldsymbol{\alpha}$ 的系数为 -1，所以向量组 $\boldsymbol{e}_1,\boldsymbol{e}_2,\cdots,\boldsymbol{e}_n,\boldsymbol{\alpha}$ 线性相关.

因此，$\boldsymbol{e}_1,\boldsymbol{e}_2,\cdots,\boldsymbol{e}_n$ 为 R^n 的一个极大无关组.

根据定理 4.2.4 的第(3) 个结论，定义 4.3.1 也可以改写成如下的等价定义.

定义 4.3.1′　设向量组 $\boldsymbol{A}_0:\boldsymbol{\alpha}_1,\boldsymbol{\alpha}_2,\cdots,\boldsymbol{\alpha}_r$ 为向量组 $\boldsymbol{A}:\boldsymbol{\alpha}_1,\boldsymbol{\alpha}_2,\cdots,\boldsymbol{\alpha}_m$ 的一个部分组，且满足

(1) 向量组 $\boldsymbol{A}_0$ 线性无关；

(2) 向量组 $\boldsymbol{A}$ 中的任何一个向量均可由向量组 $\boldsymbol{A}_0$ 线性表示；

则称向量组 $\boldsymbol{A}_0$ 为向量组 $\boldsymbol{A}$ 的一个极大无关组.

由于部分组总可以由全组线性表示(证明留给读者)，而根据定义 4.3.1′，一个向量组除去极大无关组之外的向量又一定可以由极大无关组线性表示，从而任何一个向量组 $\boldsymbol{A}$ 总与其极大无关组 $\boldsymbol{A}_0$ 等价.

由于向量组的秩与其构成矩阵的秩相等，故本章第一节与第二节所有与矩阵秩有关的定理均可以用向量组的定理来表示. 我们简单罗列如下：

定理 4.3.2　若向量组 $\boldsymbol{B}:\boldsymbol{\beta}_1,\cdots,\boldsymbol{\beta}_s$ 可由向量组 $\boldsymbol{A}:\boldsymbol{\alpha}_1,\cdots,\boldsymbol{\alpha}_m$ 线性表示，则

$$R(\boldsymbol{\beta}_1,\cdots,\boldsymbol{\beta}_s)\leqslant R(\boldsymbol{\alpha}_1,\cdots,\boldsymbol{\alpha}_m),$$

且

$$R(\boldsymbol{\alpha}_1,\cdots,\boldsymbol{\alpha}_m)=R(\boldsymbol{\alpha}_1,\cdots,\boldsymbol{\alpha}_m,\boldsymbol{\beta}_1,\cdots,\boldsymbol{\beta}_s).$$

推论：若向量组 $\boldsymbol{B}:\boldsymbol{\beta}_1,\cdots,\boldsymbol{\beta}_s$ 与向量组 $\boldsymbol{A}:\boldsymbol{\alpha}_1,\cdots,\boldsymbol{\alpha}_m$ 等价，则

$$R(\boldsymbol{\beta}_1,\cdots,\boldsymbol{\beta}_s)=R(\boldsymbol{\alpha}_1,\cdots,\boldsymbol{\alpha}_m).$$

定理 4.3.3　(1) 若向量组 $\boldsymbol{A}:\boldsymbol{\alpha}_1,\cdots,\boldsymbol{\alpha}_m$ 线性相关，则 $R(\boldsymbol{\alpha}_1,\cdots,\boldsymbol{\alpha}_m)<m$；

(2) 若向量组 $\boldsymbol{A}:\boldsymbol{\alpha}_1,\cdots,\boldsymbol{\alpha}_m$ 线性无关，则 $R(\boldsymbol{\alpha}_1,\cdots,\boldsymbol{\alpha}_m)=m$.

以上有关向量组的一些定理都是建立在有限个向量基础上的，在引入极大无关组后，这些定理都可以推广到无限个向量构成的向量组中，原因是向量组 $\boldsymbol{A}$ 与其极大无关组 $\boldsymbol{A}_0$ 总是等价的.

例 4.3.2　已知向量组 $\boldsymbol{A}$：

$$\boldsymbol{\alpha}_1=\begin{pmatrix}2\\1\\4\\3\end{pmatrix},\boldsymbol{\alpha}_2=\begin{pmatrix}-1\\1\\-6\\6\end{pmatrix},\boldsymbol{\alpha}_3=\begin{pmatrix}-1\\-2\\2\\-9\end{pmatrix},\boldsymbol{\alpha}_4=\begin{pmatrix}1\\1\\-2\\7\end{pmatrix},\boldsymbol{\alpha}_5=\begin{pmatrix}2\\4\\4\\9\end{pmatrix},$$

求向量组 $\boldsymbol{A}$ 的一个极大无关组,并将其余向量用极大无关组线性表示出来.

解:令

$$\boldsymbol{A}=(\boldsymbol{\alpha}_1,\boldsymbol{\alpha}_2,\boldsymbol{\alpha}_3,\boldsymbol{\alpha}_4,\boldsymbol{\alpha}_5)$$

$$=\begin{pmatrix}2&-1&-1&1&2\\1&1&-2&1&4\\4&-6&2&-2&4\\3&6&-9&7&9\end{pmatrix}$$

$$\xrightarrow[r_3\div 2]{r_1\leftrightarrow r_2}\begin{pmatrix}1&1&-2&1&4\\2&-1&-1&1&2\\2&-3&1&-1&2\\3&6&-9&7&9\end{pmatrix}$$

$$\xrightarrow[\substack{r_3-2r_1\\r_4-3r_1}]{r_2-r_3}\begin{pmatrix}1&1&-2&1&4\\0&2&-2&2&0\\0&-5&5&-3&-6\\0&3&-3&4&-3\end{pmatrix}$$

$$\xrightarrow[r_4-3r_2]{\substack{r_2\div 2\\r_3+5r_2}}\begin{pmatrix}1&1&-2&1&4\\0&1&-1&1&0\\0&0&0&2&-6\\0&0&0&1&-3\end{pmatrix}$$

$$\xrightarrow[r_4-r_3]{r_3\div 2}\begin{pmatrix}1&1&-2&1&4\\0&1&-1&1&0\\0&0&0&1&-3\\0&0&0&0&0\end{pmatrix}$$

$$\xrightarrow[r_1-r_3]{r_2-r_3}\begin{pmatrix}1&1&-2&0&7\\0&1&-1&0&3\\0&0&0&1&-3\\0&0&0&0&0\end{pmatrix}$$

$$\xrightarrow{r_1-r_2}\begin{pmatrix}1&0&-1&0&4\\0&1&-1&0&3\\0&0&0&1&-3\\0&0&0&0&0\end{pmatrix}$$

$$\triangleq(\boldsymbol{\beta}_1,\boldsymbol{\beta}_2,\boldsymbol{\beta}_3,\boldsymbol{\beta}_4,\boldsymbol{\beta}_5)$$

$$=\boldsymbol{B}.$$

注意到上述变换只用到了行变换,故线性方程组 $\boldsymbol{Ax}=\boldsymbol{0}$ 与 $\boldsymbol{Bx}=\boldsymbol{0}$ 同解,也就是说,所有满足方程组

$$x_1\boldsymbol{\beta}_1 + x_2\boldsymbol{\beta}_2 + \cdots + x_5\boldsymbol{\beta}_5 = \mathbf{0}$$

的解 $\boldsymbol{x} = \begin{pmatrix} x_1 \\ x_2 \\ \vdots \\ x_5 \end{pmatrix}$，亦满足方程组

$$x_1\boldsymbol{\alpha}_1 + x_2\boldsymbol{\alpha}_2 + \cdots + x_5\boldsymbol{\alpha}_5 = \mathbf{0}.$$

这表明向量组 $\boldsymbol{B}:\boldsymbol{\beta}_1,\boldsymbol{\beta}_2,\cdots,\boldsymbol{\beta}_5$ 与向量组 $\boldsymbol{A}:\boldsymbol{\alpha}_1,\boldsymbol{\alpha}_2,\cdots,\boldsymbol{\alpha}_5$ 具有相同的线性关系. 注意到

$$\boldsymbol{\beta}_1 = \begin{pmatrix} 1 \\ 0 \\ 0 \\ 0 \end{pmatrix}, \boldsymbol{\beta}_2 = \begin{pmatrix} 0 \\ 1 \\ 0 \\ 0 \end{pmatrix}, \boldsymbol{\beta}_4 = \begin{pmatrix} 0 \\ 0 \\ 1 \\ 0 \end{pmatrix}$$

是一个线性无关的向量组，并且

$$\boldsymbol{\beta}_3 = -\boldsymbol{\beta}_1 - \boldsymbol{\beta}_2 (\text{即 } \boldsymbol{\beta}_1 + \boldsymbol{\beta}_2 + \boldsymbol{\beta}_3 + 0\boldsymbol{\beta}_4 + 0\boldsymbol{\beta}_5 = \mathbf{0});$$

$$\boldsymbol{\beta}_5 = 4\boldsymbol{\beta}_1 + 3\boldsymbol{\beta}_2 - 3\boldsymbol{\beta}_4 (\text{即 } 4\boldsymbol{\beta}_1 + 3\boldsymbol{\beta}_2 + 0\boldsymbol{\beta}_3 - 3\boldsymbol{\beta}_4 - \boldsymbol{\beta}_5 = \mathbf{0}).$$

由于$(\boldsymbol{\alpha}_1,\boldsymbol{\alpha}_2,\boldsymbol{\alpha}_4) \overset{r}{\sim} (\boldsymbol{\beta}_1,\boldsymbol{\beta}_2,\boldsymbol{\beta}_4)$，从而 $\boldsymbol{\alpha}_1,\boldsymbol{\alpha}_2,\boldsymbol{\alpha}_4$ 线性无关；另外，$R(\boldsymbol{\alpha}_1,\boldsymbol{\alpha}_2,\boldsymbol{\alpha}_3,\boldsymbol{\alpha}_4,\boldsymbol{\alpha}_5) = R(\boldsymbol{A}) = R(\boldsymbol{B}) = 3$，所以，$\boldsymbol{\alpha}_1,\boldsymbol{\alpha}_2,\boldsymbol{\alpha}_4$ 即为向量组 $\boldsymbol{A}:\boldsymbol{\alpha}_1,\boldsymbol{\alpha}_2,\boldsymbol{\alpha}_3,\boldsymbol{\alpha}_4,\boldsymbol{\alpha}_5$ 的一个极大无关组，且

$$\boldsymbol{\alpha}_3 = -\boldsymbol{\alpha}_1 - \boldsymbol{\alpha}_2 (\text{因为 } \boldsymbol{\alpha}_1 + \boldsymbol{\alpha}_2 + \boldsymbol{\alpha}_3 + 0\boldsymbol{\alpha}_4 + 0\boldsymbol{\alpha}_5 = \mathbf{0});$$

$$\boldsymbol{\alpha}_5 = 4\boldsymbol{\alpha}_1 + 3\boldsymbol{\alpha}_2 - 3\boldsymbol{\alpha}_4 (\text{因为 } 4\boldsymbol{\alpha}_1 + 3\boldsymbol{\alpha}_2 + 0\boldsymbol{\alpha}_3 - 3\boldsymbol{\alpha}_4 - \boldsymbol{\alpha}_5 = \mathbf{0}).$$

第四节　线性方程组解的结构

在上一章中，我们介绍了利用矩阵的初等行变换解线性方程组的方法，并利用矩阵的秩讨论了线性方程组解的情况，得到了如下两个重要结果：

(1) 包含 n 个未知数的齐次线性方程组 $\boldsymbol{Ax} = \mathbf{0}$ 有非零解（此时 $\boldsymbol{Ax} = \mathbf{0}$ 有无穷解）的充要条件是 $R(\boldsymbol{A}) < n$；

(2) 包含 n 个未知数的非齐次线性方程组 $\boldsymbol{Ax} = \boldsymbol{b}$ 有无穷解的充要条件是 $R(\boldsymbol{A}) = R(\boldsymbol{A},\boldsymbol{b}) < n$.

下面，我们针对以上两种方程组 $\boldsymbol{Ax} = \mathbf{0}$ 和 $\boldsymbol{Ax} = \boldsymbol{b}$ 在有无穷个解的情况下，用向量组的线性相关性理论来讨论方程组的解以及解的结构.

一、齐次线性方程组

设齐次线性方程组 $\boldsymbol{Ax} = \mathbf{0}$ 如下：

$$\begin{cases} a_{11}x_1 + a_{12}x_2 + \cdots + a_{1n}x_n = 0, \\ a_{21}x_1 + a_{22}x_2 + \cdots + a_{2n}x_n = 0, \\ \qquad \vdots \qquad\qquad\qquad\qquad \vdots \\ a_{m1}x_1 + a_{m2}x_2 + \cdots + a_{mn}x_n = 0, \end{cases} \tag{4.4.1}$$

其中

$$\boldsymbol{A} = \begin{pmatrix} a_{11} & a_{12} & \cdots & a_{1n} \\ a_{21} & a_{22} & \cdots & a_{2n} \\ \vdots & \vdots & & \vdots \\ a_{m1} & a_{m2} & \cdots & a_{mn} \end{pmatrix}, \boldsymbol{x} = \begin{pmatrix} x_1 \\ x_2 \\ \vdots \\ x_n \end{pmatrix}.$$

若$\begin{cases} x_1 = \xi_{11} \\ x_2 = \xi_{21} \\ \vdots \\ x_n = \xi_{n1} \end{cases}$为方程组(4.4.1)的解,则称$\boldsymbol{\xi}_1 = \begin{pmatrix} \xi_{11} \\ \xi_{21} \\ \vdots \\ \xi_{n1} \end{pmatrix}$为方程组(4.4.1)的解向量.

下面我们给出齐次线性方程组 $\boldsymbol{Ax} = \boldsymbol{0}$ 的解向量的性质.

性质 1 若 $\boldsymbol{x} = \boldsymbol{\xi}_1$, $\boldsymbol{x} = \boldsymbol{\xi}_2$ 为 $\boldsymbol{Ax} = \boldsymbol{0}$ 的解,则 $\boldsymbol{x} = \boldsymbol{\xi}_1 + \boldsymbol{\xi}_2$ 也是 $\boldsymbol{Ax} = \boldsymbol{0}$ 的解.

证明:只需验证 $\boldsymbol{x} = \boldsymbol{\xi}_1 + \boldsymbol{\xi}_2$ 满足方程 $\boldsymbol{Ax} = \boldsymbol{0}$.

$$\boldsymbol{A}(\boldsymbol{\xi}_1 + \boldsymbol{\xi}_2) = \boldsymbol{A\xi}_1 + \boldsymbol{A\xi}_2 = \boldsymbol{0} + \boldsymbol{0} = \boldsymbol{0}.$$

性质 2 若 $\boldsymbol{x} = \boldsymbol{\xi}$ 为 $\boldsymbol{Ax} = \boldsymbol{0}$ 的解,k 为任意实数,则 $\boldsymbol{x} = k\boldsymbol{\xi}$ 也是 $\boldsymbol{Ax} = \boldsymbol{0}$ 的解.

证明:$\boldsymbol{A}(k\boldsymbol{\xi}) = k \cdot \boldsymbol{A\xi} = k \cdot \boldsymbol{0} = \boldsymbol{0}$.

定义 4.4.1 若向量 $\boldsymbol{\xi}_1, \boldsymbol{\xi}_2, \cdots, \boldsymbol{\xi}_s$ 为齐次线性方程组 $\boldsymbol{Ax} = \boldsymbol{0}$ 的解向量,且满足

(1)$\boldsymbol{\xi}_1, \boldsymbol{\xi}_2, \cdots, \boldsymbol{\xi}_s$ 线性无关;

(2)$\boldsymbol{Ax} = \boldsymbol{0}$ 的所有解均可由 $\boldsymbol{\xi}_1, \boldsymbol{\xi}_2, \cdots, \boldsymbol{\xi}_s$ 线性表示;

则称 $\boldsymbol{\xi}_1, \boldsymbol{\xi}_2, \cdots, \boldsymbol{\xi}_s$ 为方程组 $\boldsymbol{Ax} = \boldsymbol{0}$ 的一个基础解系,称

$$\boldsymbol{x} = k_1\boldsymbol{\xi}_1 + k_2\boldsymbol{\xi}_2 + \cdots + k_s\boldsymbol{\xi}_s \text{(其中 } k_1, k_2, \cdots, k_s \text{ 为任意实数)}$$

为方程组 $\boldsymbol{Ax} = \boldsymbol{0}$ 的通解.

如果把方程组 $\boldsymbol{Ax} = \boldsymbol{0}$ 的所有解构成一个向量集 $\boldsymbol{S}$,则 $\boldsymbol{S}$ 是一个包含无穷个向量的向量组,基础解系 $\boldsymbol{\xi}_1, \boldsymbol{\xi}_2, \cdots, \boldsymbol{\xi}_s$ 为向量组 $\boldsymbol{S}$ 的一个极大无关组.

因此,我们要求方程组 $\boldsymbol{Ax} = \boldsymbol{0}$ 的通解,只需求出它的基础解系.

根据第三章用初等行变换来求线性方程组的通解的过程,我们将引入齐次线性方程组基础解系的求法.

设方程组(4.4.1)系数矩阵 $\boldsymbol{A}$ 的秩为 r,并假设 $\boldsymbol{A}$ 的前 r 个列向量线性无关,于是 $\boldsymbol{A}$ 的行最简形阵为

$$\boldsymbol{B}=\begin{pmatrix}1 & \cdots & 0 & b_{11} & \cdots & b_{1,n-r}\\ \vdots & & \vdots & \vdots & & \vdots\\ 0 & \cdots & 1 & b_{r1} & \cdots & b_{r,n-r}\\ 0 & & & \cdots & & 0\\ \vdots & & & & & \vdots\\ 0 & & & \cdots & & 0\end{pmatrix},$$

则方程组(4.4.1)同解于

$$\begin{cases}x_1=-b_{11}x_{r+1}-\cdots-b_{1,n-r}x_n,\\ x_2=-b_{21}x_{r+1}-\cdots-b_{2,n-r}x_n,\\ \quad\vdots \qquad\qquad \vdots\\ x_r=-b_{r1}x_{r+1}-\cdots-b_{r,n-r}x_n.\end{cases} \tag{4.4.2}$$

把 $x_{r+1},\cdots,x_n$ 作为自由未知数,并令它们依次等于 $c_1,\cdots,c_{n-r}$,可得方程组(4.4.1)的通解为

$$\begin{pmatrix}x_1\\ \vdots\\ x_r\\ x_{r+1}\\ x_{r+2}\\ \vdots\\ x_n\end{pmatrix}=c_1\begin{pmatrix}-b_{11}\\ \vdots\\ -b_{r1}\\ 1\\ 0\\ \vdots\\ 0\end{pmatrix}+c_2\begin{pmatrix}-b_{12}\\ \vdots\\ -b_{r2}\\ 0\\ 1\\ \vdots\\ 0\end{pmatrix}+\cdots+c_{n-r}\begin{pmatrix}-b_{1,n-r}\\ \vdots\\ -b_{r,n-r}\\ 0\\ 0\\ \vdots\\ 1\end{pmatrix}.$$

把上式记作

$$\boldsymbol{x}=c_1\boldsymbol{\xi}_1+c_2\boldsymbol{\xi}_2+\cdots+c_{n-r}\boldsymbol{\xi}_{n-r},$$

易知 $\boldsymbol{\xi}_1,\boldsymbol{\xi}_2,\cdots,\boldsymbol{\xi}_{n-r}$ 均为方程组(4.4.1)的解向量,且解集 $\boldsymbol{S}$ 中的任何一个向量 $\boldsymbol{x}$ 均能由 $\boldsymbol{\xi}_1,\boldsymbol{\xi}_2,\cdots,\boldsymbol{\xi}_{n-r}$ 线性表示. 又因为矩阵$(\boldsymbol{\xi}_1,\boldsymbol{\xi}_2,\cdots,\boldsymbol{\xi}_{n-r})$中有一个 $n-r$ 阶非零子式 $|\boldsymbol{E}_{n-r}|=1\neq 0$,故 $R(\boldsymbol{\xi}_1,\boldsymbol{\xi}_2,\cdots,\boldsymbol{\xi}_{n-r})=n-r$,所以 $\boldsymbol{\xi}_1,\boldsymbol{\xi}_2,\cdots,\boldsymbol{\xi}_{n-r}$ 线性无关,从而由定义 4.4.1 知 $\boldsymbol{\xi}_1,\boldsymbol{\xi}_2,\cdots,\boldsymbol{\xi}_{n-r}$ 为方程组(4.4.1)的基础解系.

在上面的讨论中,我们是先求出通解,再从通解中求得基础解系. 其实我们亦可先求出基础解系,再写出通解. 这只需在得到方程组(4.4.2)后,把自由未知数 $x_{r+1},x_{r+2},\cdots,x_n$ 构成的向量(我们称之为自由未知向量)令为如下 $n-r$ 个无关向量:

$$\begin{pmatrix}x_{r+1}\\ x_{r+2}\\ \vdots\\ x_n\end{pmatrix}=\begin{pmatrix}1\\ 0\\ \vdots\\ 0\end{pmatrix},\begin{pmatrix}0\\ 1\\ \vdots\\ 0\end{pmatrix},\cdots,\begin{pmatrix}0\\ 0\\ \vdots\\ 1\end{pmatrix}, \tag{4.4.3}$$

将上述 $n-r$ 个无关向量依次代入方程组(4.4.2),可得

$$\begin{pmatrix} x_1 \\ \vdots \\ x_r \end{pmatrix} = \begin{pmatrix} -b_{11} \\ \vdots \\ -b_{r1} \end{pmatrix}, \begin{pmatrix} -b_{12} \\ \vdots \\ -b_{r2} \end{pmatrix}, \cdots, \begin{pmatrix} -b_{1,n-r} \\ \vdots \\ -b_{r,n-r} \end{pmatrix},$$

合起来即得基础解系

$$\boldsymbol{\xi}_1 = \begin{pmatrix} -b_{11} \\ \vdots \\ -b_{r1} \\ 1 \\ 0 \\ \vdots \\ 0 \end{pmatrix}, \boldsymbol{\xi}_2 = \begin{pmatrix} -b_{12} \\ \vdots \\ -b_{r2} \\ 0 \\ 1 \\ \vdots \\ 0 \end{pmatrix}, \cdots, \boldsymbol{\xi}_{n-r} = \begin{pmatrix} -b_{1,n-r} \\ \vdots \\ -b_{r,n-r} \\ 0 \\ 0 \\ \vdots \\ 1 \end{pmatrix}.$$

根据以上讨论，我们知道，齐次线性方程组 $\boldsymbol{Ax} = \mathbf{0}$ 中的未知数个数 n、系数矩阵 $\boldsymbol{A}$ 的秩 r 和基础解系中的向量个数 s 之间有如下关系：

$$s = n - r.$$

由极大无关组的性质可知，方程组(4.4.1)的任何 $n-r$ 个线性无关的解都可以构成它的基础解系. 因此，齐次线性方程组的基础解系并不是唯一的，相应的，其通解形式也不是唯一的. 其中，我们在式(4.4.3)中任给 $n-r$ 个线性无关的 $n-r$ 维向量. 对应求出的 $\boldsymbol{\xi}_1, \cdots, \boldsymbol{\xi}_{n-r}$ 均可以作为方程组(4.4.1)的基础解系. 在下一章求正交的特征向量中，我们将给出具体例子.

例 4.4.1 求方程组

$$\begin{cases} x_1 - x_2 + x_3 = 0, \\ x_1 + x_2 - 5x_3 = 0, \\ 2x_1 - x_2 - x_3 = 0 \end{cases}$$

的基础解系，并写出其通解.

解：$$\boldsymbol{A} = \begin{pmatrix} 1 & -1 & 1 \\ 1 & 1 & -5 \\ 2 & -1 & -1 \end{pmatrix} \xrightarrow[r_3 - 2r_1]{r_2 - r_1} \begin{pmatrix} 1 & -1 & 1 \\ 0 & 2 & -6 \\ 0 & 1 & -3 \end{pmatrix}$$

$$\xrightarrow[r_3 - r_2]{r_2 \div 2} \begin{pmatrix} 1 & -1 & 1 \\ 0 & 1 & -3 \\ 0 & 0 & 0 \end{pmatrix} \xrightarrow{r_1 + r_2} \begin{pmatrix} 1 & 0 & -2 \\ 0 & 1 & -3 \\ 0 & 0 & 0 \end{pmatrix}$$

所以，原方程组同解于

$$\begin{cases} x_1 = 2x_3, \\ x_2 = 3x_3. \end{cases}$$

令 $x_3 = 1$，则原方程组的基础解系为

$$\boldsymbol{\xi}=\begin{pmatrix}2\\3\\1\end{pmatrix}.$$

所以,原方程组的通解为

$$\boldsymbol{x}=c\begin{pmatrix}2\\3\\1\end{pmatrix},$$

其中,c 为任意常数.

例 4.4.2　求方程组

$$\begin{cases}2x_1-x_2-x_3+x_4+2x_5=0,\\x_1+x_2-2x_3+x_4+4x_5=0,\\4x_1-6x_2+2x_3-2x_4+4x_5=0,\\3x_1+6x_2-9x_3+7x_4+9x_5=0\end{cases}$$

的基础解系,并写出方程组的通解.

解:令

$$\boldsymbol{A}=\begin{pmatrix}2&-1&-1&1&2\\1&1&-2&1&4\\4&-6&2&-2&4\\3&6&-9&7&9\end{pmatrix}.$$

由例 4.3.2 知

$$\boldsymbol{A}\overset{r}{\sim}\begin{pmatrix}1&0&-1&0&4\\0&1&-1&0&3\\0&0&0&1&-3\\0&0&0&0&0\end{pmatrix},$$

所以,原方程组同解于

$$\begin{cases}x_1=x_3-4x_5,\\x_2=x_3-3x_5,\\x_4=3x_5.\end{cases}$$

令自由未知向量 $\begin{pmatrix}x_3\\x_5\end{pmatrix}=\begin{pmatrix}1\\0\end{pmatrix}$ 及 $\begin{pmatrix}0\\1\end{pmatrix}$,代入上面的方程组,可得基础解系为

$$\boldsymbol{\xi}_1=\begin{pmatrix}1\\1\\1\\0\\0\end{pmatrix},\boldsymbol{\xi}_2=\begin{pmatrix}-4\\-3\\0\\3\\1\end{pmatrix}.$$

所以,原方程组的通解为

$$\boldsymbol{x}=c_1\boldsymbol{\xi}_1+c_2\boldsymbol{\xi}_2=c_1\begin{pmatrix}1\\1\\1\\0\\0\end{pmatrix}+c_2\begin{pmatrix}-4\\-3\\0\\3\\1\end{pmatrix}.$$

其中,c_1,c_2 为任意常数.

由于基础解系即为解集 $\boldsymbol{S}$ 的秩 R_S,故齐次线性方程组 $\boldsymbol{Ax}=\boldsymbol{0}$ 中的未知数个数 n、系数矩阵的秩(即有效方程个数)和解集合 $\boldsymbol{S}$ 的秩之间有如下定理:

定理 4.4.1 设 $m\times n$ 矩阵 $\boldsymbol{A}$ 的秩为 $R(\boldsymbol{A})=r$,则 n 元齐次线性方程组 $\boldsymbol{Ax}=\boldsymbol{0}$ 的解集的秩 $R_S=n-r$.

定理 4.4.1 不仅是齐次线性方程组解的理论基础,而且可以用来证明一些与秩有关的性质.

例 4.4.3 设 $\boldsymbol{A}_{mn}\boldsymbol{B}_{ns}=\boldsymbol{0}_{ms}$,证明 $R(\boldsymbol{A})+R(\boldsymbol{B})\leqslant n$.

证明:令

$$\boldsymbol{B}=(\boldsymbol{b}_1,\boldsymbol{b}_2,\cdots,\boldsymbol{b}_s),\boldsymbol{0}=(\boldsymbol{0},\boldsymbol{0},\cdots,\boldsymbol{0}),$$

则

$$\boldsymbol{AB}=\boldsymbol{A}(\boldsymbol{b}_1,\boldsymbol{b}_2,\cdots,\boldsymbol{b}_s)=(\boldsymbol{Ab}_1,\boldsymbol{Ab}_2,\cdots,\boldsymbol{Ab}_s)=(\boldsymbol{0},\boldsymbol{0},\cdots,\boldsymbol{0}),$$

所以

$$\boldsymbol{Ab}_i=\boldsymbol{0},i=1,2,\cdots,s,$$

即 $\boldsymbol{b}_i$ 为 $\boldsymbol{Ax}=\boldsymbol{0}$ 的解,$i=1,2,\cdots,s$.

记 $\boldsymbol{Ax}=\boldsymbol{0}$ 的解集为 $\boldsymbol{S}$,其秩为 R_S,则向量组 $\boldsymbol{B}:\boldsymbol{b}_1,\boldsymbol{b}_2,\cdots,\boldsymbol{b}_s$ 为 $\boldsymbol{S}$ 的一个部分组,从而

$$R(\boldsymbol{b}_1,\cdots,\boldsymbol{b}_s)\leqslant R_S,$$

即

$$R(\boldsymbol{B})\leqslant R_S.$$

由定理 4.4.1 知

$$R(\boldsymbol{A})+R_S=n,$$

所以

$$R(\boldsymbol{A})+R(\boldsymbol{B})\leqslant n.$$

例 4.4.4 已知 $\boldsymbol{A}^*$ 为 n 阶方阵 $\boldsymbol{A}$ 的伴随阵,试证明

$$R(\boldsymbol{A}^*)=\begin{cases}n, & R(\boldsymbol{A})=n;\\1, & R(\boldsymbol{A})=n-1;\\0, & R(\boldsymbol{A})<n-1.\end{cases}$$

证明:(1) 当 $R(\boldsymbol{A})=n$ 时,有

$$|\boldsymbol{A}| \neq 0.$$

由式(2.2.6)知

$$\boldsymbol{A}\boldsymbol{A}^* = |\boldsymbol{A}|\boldsymbol{E},$$

两边取行列式,得

$$|\boldsymbol{A}\boldsymbol{A}^*| = ||\boldsymbol{A}|\boldsymbol{E}|,$$

即

$$|\boldsymbol{A}||\boldsymbol{A}^*| = |\boldsymbol{A}|^n,$$

所以

$$|\boldsymbol{A}^*| = |\boldsymbol{A}|^{n-1} \neq 0,$$

从而

$$R(\boldsymbol{A}^*) = n.$$

(2) 当 $R(\boldsymbol{A}) = n-1$ 时,一方面,由矩阵秩的定义知,$\boldsymbol{A}$ 至少有一个 $n-1$ 阶非零子式,从而 $\boldsymbol{A}$ 至少有一个非零的代数余子式,于是

$$\boldsymbol{A}^* \neq \boldsymbol{0},$$

所以

$$R(\boldsymbol{A}^*) \geqslant 1.$$

另一方面,由式(2.2.6)知

$$\boldsymbol{A}\boldsymbol{A}^* = |\boldsymbol{A}|\boldsymbol{E} = \boldsymbol{0}.$$

由例 4.4.3 的结果知

$$R(\boldsymbol{A}^*) \leqslant n - R(\boldsymbol{A}),$$

即

$$R(\boldsymbol{A}^*) \leqslant 1,$$

所以

$$R(\boldsymbol{A}^*) = 1.$$

(3) 当 $R(\boldsymbol{A}) < n-1$ 时,$\boldsymbol{A}$ 的所有 $n-1$ 阶子式全为 0,从而 $\boldsymbol{A}$ 的所有代数余子式全为 0. 所以

$$\boldsymbol{A}^* = \boldsymbol{0},$$

于是有

$$R(\boldsymbol{A}^*) = 0.$$

二、非齐次线性方程组

设有非齐次线性方程组 $\boldsymbol{A}\boldsymbol{x} = \boldsymbol{b}$ 如下:

$$\begin{cases} a_{11}x_1 + a_{12}x_2 + \cdots + a_{1n}x_n = b_1, \\ a_{21}x_1 + a_{22}x_2 + \cdots + a_{2n}x_n = b_2, \\ \qquad\qquad \vdots \qquad\qquad\qquad \vdots \\ a_{m1}x_1 + a_{m2}x_2 + \cdots + a_{mn}x_n = b_m. \end{cases} \tag{4.4.4}$$

其中

$$A=\begin{pmatrix}a_{11}&a_{12}&\cdots&a_{1n}\\a_{21}&a_{22}&\cdots&a_{2n}\\\vdots&\vdots&&\vdots\\a_{m1}&a_{m2}&\cdots&a_{mn}\end{pmatrix},x=\begin{pmatrix}x_1\\x_2\\\vdots\\x_n\end{pmatrix},b=\begin{pmatrix}b_1\\b_2\\\vdots\\b_m\end{pmatrix}.$$

我们称非齐次线性方程组(4.4.4)对应的齐次线性方程组(4.4.1)为方程组(4.4.4)的导出组.

非齐次线性方程组 $\boldsymbol{Ax}=\boldsymbol{b}$ 的解向量具有如下性质：

性质 3　设 $\boldsymbol{x}=\boldsymbol{\eta}_1,\boldsymbol{x}=\boldsymbol{\eta}_2$ 均为 $\boldsymbol{Ax}=\boldsymbol{b}$ 的解，则 $\boldsymbol{x}=\boldsymbol{\eta}_1-\boldsymbol{\eta}_2$ 为 $\boldsymbol{Ax}=\boldsymbol{b}$ 导出组 $\boldsymbol{Ax}=\boldsymbol{0}$ 的解.

证明：$\boldsymbol{A}(\boldsymbol{\eta}_1-\boldsymbol{\eta}_2)=\boldsymbol{A\eta}_1-\boldsymbol{A\eta}_2=\boldsymbol{b}-\boldsymbol{b}=\boldsymbol{0}$.

性质 4　设 $\boldsymbol{x}=\boldsymbol{\eta}$ 为 $\boldsymbol{Ax}=\boldsymbol{b}$ 的解，$\boldsymbol{x}=\boldsymbol{\xi}$ 为 $\boldsymbol{Ax}=\boldsymbol{b}$ 导出组 $\boldsymbol{Ax}=\boldsymbol{0}$ 的解，则 $\boldsymbol{x}=\boldsymbol{\xi}+\boldsymbol{\eta}$ 为 $\boldsymbol{Ax}=\boldsymbol{b}$ 的解.

证明：$\boldsymbol{A}(\boldsymbol{\xi}+\boldsymbol{\eta})=\boldsymbol{A\xi}+\boldsymbol{A\eta}=\boldsymbol{0}+\boldsymbol{b}=\boldsymbol{b}$.

由性质 3 知，若求出 $\boldsymbol{Ax}=\boldsymbol{b}$ 的一个解 $\boldsymbol{\eta}^*$，则其任一解总可以表示为

$$\boldsymbol{x}=\boldsymbol{\xi}+\boldsymbol{\eta}^*.$$

其中，$\boldsymbol{x}=\boldsymbol{\xi}$ 为 $\boldsymbol{Ax}=\boldsymbol{b}$ 导出组 $\boldsymbol{Ax}=\boldsymbol{0}$ 的解. 又若导出组 $\boldsymbol{Ax}=\boldsymbol{0}$ 的通解为

$$\boldsymbol{x}=k_1\boldsymbol{\xi}_1+\cdots+k_{n-r}\boldsymbol{\xi}_{n-r},$$

则 $\boldsymbol{Ax}=\boldsymbol{b}$ 的任一解总可以表示为

$$\boldsymbol{x}=k_1\boldsymbol{\xi}_1+\cdots+k_{n-r}\boldsymbol{\xi}_{n-r}+\boldsymbol{\eta}^*.$$

而由性质 4 可知，上式总是 $\boldsymbol{Ax}=\boldsymbol{b}$ 的解，于是非齐次线性方程组 $\boldsymbol{Ax}=\boldsymbol{b}$ 的通解为

$$\boldsymbol{x}=k_1\boldsymbol{\xi}_1+\cdots+k_{n-r}\boldsymbol{\xi}_{n-r}+\boldsymbol{\eta}^*.$$

其中，$\boldsymbol{\xi}_1,\cdots,\boldsymbol{\xi}_{n-r}$ 为导出组 $\boldsymbol{Ax}=\boldsymbol{0}$ 的基础解系，$\boldsymbol{\eta}^*$ 称为 $\boldsymbol{Ax}=\boldsymbol{b}$ 的一个特解.

例 4.4.5　求解方程组

$$\begin{cases}x_1-x_2-x_3+x_4=0,\\x_1-x_2+x_3-3x_4=2,\\x_1-x_2-2x_3+3x_4=-1.\end{cases}$$

解：$$\boldsymbol{B}=(\boldsymbol{A},\boldsymbol{b})=\begin{pmatrix}1&-1&-1&1&0\\1&-1&1&-3&2\\1&-1&-2&3&-1\end{pmatrix}$$

$$\xrightarrow[r_3-r_1]{r_2-r_1}\begin{pmatrix}1&-1&-1&1&0\\0&0&2&-4&2\\0&0&-1&2&-1\end{pmatrix}$$

$$\xrightarrow[r_3+r_2]{r_2\div 2}\begin{pmatrix}1&-1&-1&1&0\\0&0&1&-2&1\\0&0&0&0&0\end{pmatrix}$$

$$\xrightarrow{r_1+r_2}\begin{pmatrix}1 & -1 & 0 & -1 & 1\\ 0 & 0 & 1 & -2 & 1\\ 0 & 0 & 0 & 0 & 0\end{pmatrix}.$$

所以,原方程组同解于

$$\begin{cases}x_1 = x_2 + x_4 + 1,\\ x_3 = 2x_4 + 1.\end{cases}$$

取 $x_2 = x_4 = 0$,则 $x_1 = x_3 = 1$,即得方程组的一个特解为

$$\boldsymbol{\eta}^* = \begin{pmatrix}1\\0\\1\\0\end{pmatrix}.$$

在导出组

$$\begin{cases}x_1 = x_2 + x_4,\\ x_3 = 2x_4\end{cases}$$

中取

$$\begin{pmatrix}x_2\\x_4\end{pmatrix} = \begin{pmatrix}1\\0\end{pmatrix}\text{及}\begin{pmatrix}0\\1\end{pmatrix},$$

得

$$\begin{pmatrix}x_1\\x_3\end{pmatrix} = \begin{pmatrix}1\\0\end{pmatrix}\text{及}\begin{pmatrix}1\\2\end{pmatrix}.$$

所以,导出组的基础解系为

$$\boldsymbol{\xi}_1 = \begin{pmatrix}1\\1\\0\\0\end{pmatrix},\boldsymbol{\xi}_2 = \begin{pmatrix}1\\0\\2\\1\end{pmatrix},$$

于是所求通解为

$$\begin{pmatrix}x_1\\x_2\\x_3\\x_4\end{pmatrix} = c_1\begin{pmatrix}1\\1\\0\\0\end{pmatrix} + c_2\begin{pmatrix}1\\0\\2\\1\end{pmatrix} + \begin{pmatrix}1\\0\\1\\0\end{pmatrix}.$$

其中,c_1,c_2 为任意常数.

习题四

A

1. 已知向量组 $\boldsymbol{A}:\boldsymbol{\alpha}_1,\boldsymbol{\alpha}_2,\boldsymbol{\alpha}_3$ 和向量 $\boldsymbol{\beta}$ 如下：

$$\boldsymbol{A}:\boldsymbol{\alpha}_1=\begin{pmatrix}0\\1\\2\\3\end{pmatrix},\boldsymbol{\alpha}_2=\begin{pmatrix}3\\0\\1\\2\end{pmatrix},\boldsymbol{\alpha}_3=\begin{pmatrix}2\\3\\0\\1\end{pmatrix};\boldsymbol{\beta}=\begin{pmatrix}-1\\5\\3\\5\end{pmatrix}$$

问 $\boldsymbol{\beta}$ 能否由向量组 $\boldsymbol{A}:\boldsymbol{\alpha}_1,\boldsymbol{\alpha}_2,\boldsymbol{\alpha}_3$ 线性表示?若能,试写出来.

2. 已知 $R(\boldsymbol{\alpha}_1,\boldsymbol{\alpha}_2,\boldsymbol{\alpha}_3)=2,R(\boldsymbol{\alpha}_2,\boldsymbol{\alpha}_3,\boldsymbol{\alpha}_4)=3$,证明：

(1)$\boldsymbol{\alpha}_1$ 能由 $\boldsymbol{\alpha}_2,\boldsymbol{\alpha}_3$ 线性表示；

(2)$\boldsymbol{\alpha}_4$ 不能由 $\boldsymbol{\alpha}_1,\boldsymbol{\alpha}_2,\boldsymbol{\alpha}_3$ 线性表示.

3. 判定下面向量组的线性相关性.

(1) $\begin{pmatrix}1\\1\\-1\\-1\end{pmatrix},\begin{pmatrix}0\\2\\1\\3\end{pmatrix},\begin{pmatrix}2\\0\\-3\\-5\end{pmatrix}$;

(2) $\begin{pmatrix}-1\\3\\1\end{pmatrix},\begin{pmatrix}2\\1\\0\end{pmatrix},\begin{pmatrix}1\\1\\0\end{pmatrix}$.

4. 若 $\boldsymbol{\alpha}_1,\boldsymbol{\alpha}_2$ 线性无关,$\boldsymbol{\beta}_1,\boldsymbol{\beta}_2$ 也线性无关,问 $\boldsymbol{\alpha}_1+\boldsymbol{\beta}_1,\boldsymbol{\alpha}_2+\boldsymbol{\beta}_2$ 是否一定线性无关?试举例说明之.

5. 设向量

$$\boldsymbol{\alpha}_1=\begin{pmatrix}1\\4\\0\\2\end{pmatrix},\boldsymbol{\alpha}_2=\begin{pmatrix}2\\7\\1\\3\end{pmatrix},\boldsymbol{\alpha}_3=\begin{pmatrix}0\\1\\-1\\1\end{pmatrix},\boldsymbol{\beta}=\begin{pmatrix}3\\10\\a\\4\end{pmatrix},$$

问:(1) 当 a 取何值时,$\boldsymbol{\beta}$ 不能由 $\boldsymbol{\alpha}_1,\boldsymbol{\alpha}_2,\boldsymbol{\alpha}_3$ 线性表示?

(2) 当 a 取何值时,$\boldsymbol{\beta}$ 可以由 $\boldsymbol{\alpha}_1,\boldsymbol{\alpha}_2,\boldsymbol{\alpha}_3$ 线性表示?

6. 如果向量组 $\boldsymbol{\alpha}_1,\boldsymbol{\alpha}_2,\cdots,\boldsymbol{\alpha}_m$ 线性无关,试证 $\boldsymbol{\alpha}_1,\boldsymbol{\alpha}_1+\boldsymbol{\alpha}_2,\cdots,\boldsymbol{\alpha}_1+\boldsymbol{\alpha}_2+\cdots+\boldsymbol{\alpha}_m$ 也线性无关.

7. 如果向量组 $\boldsymbol{\alpha}_1,\boldsymbol{\alpha}_2,\cdots,\boldsymbol{\alpha}_m$ 线性无关,且

$$\boldsymbol{\beta}_1=\boldsymbol{\alpha}_1+\boldsymbol{\alpha}_2,\boldsymbol{\beta}_2=\boldsymbol{\alpha}_2+\boldsymbol{\alpha}_3,\cdots,\boldsymbol{\beta}_m=\boldsymbol{\alpha}_m+\boldsymbol{\alpha}_1,$$

试证明：(1)m 为奇数时，$\boldsymbol{\beta}_1,\boldsymbol{\beta}_2,\cdots,\boldsymbol{\beta}_m$ 线性无关；

(2)m 为偶数时，$\boldsymbol{\beta}_1,\boldsymbol{\beta}_2,\cdots,\boldsymbol{\beta}_m$ 线性相关.

8. 求下面向量组的秩和一个极大无关组，并将剩余向量用极大无关组线性表示出来.

(1)$\boldsymbol{\alpha}_1=\begin{pmatrix}1\\0\\2\\1\end{pmatrix},\boldsymbol{\alpha}_2=\begin{pmatrix}1\\2\\0\\1\end{pmatrix},\boldsymbol{\alpha}_3=\begin{pmatrix}2\\1\\3\\0\end{pmatrix},\boldsymbol{\alpha}_4=\begin{pmatrix}2\\5\\-1\\4\end{pmatrix},\boldsymbol{\alpha}_5=\begin{pmatrix}1\\-1\\3\\-1\end{pmatrix}$；

(2)$\boldsymbol{\alpha}_1=\begin{pmatrix}1\\1\\3\\1\end{pmatrix},\boldsymbol{\alpha}_2=\begin{pmatrix}-1\\1\\-1\\3\end{pmatrix},\boldsymbol{\alpha}_3=\begin{pmatrix}5\\-2\\8\\-9\end{pmatrix},\boldsymbol{\alpha}_4=\begin{pmatrix}-1\\3\\1\\7\end{pmatrix}$；

(3)$\boldsymbol{\alpha}_1=\begin{pmatrix}1\\1\\2\\3\end{pmatrix},\boldsymbol{\alpha}_2=\begin{pmatrix}1\\-1\\1\\1\end{pmatrix},\boldsymbol{\alpha}_3=\begin{pmatrix}4\\-2\\5\\6\end{pmatrix},\boldsymbol{\alpha}_4=\begin{pmatrix}1\\3\\3\\5\end{pmatrix},\boldsymbol{\alpha}_5=\begin{pmatrix}-3\\-1\\-5\\-7\end{pmatrix}$.

9. 设 $\boldsymbol{A},\boldsymbol{B}$ 均为 $m\times n$ 矩阵，证明 $R(\boldsymbol{A}+\boldsymbol{B})\leqslant R(\boldsymbol{A})+R(\boldsymbol{B})$.

10. 求下列齐次线性方程组的基础解系.

(1)$\begin{cases}x_1-8x_2+10x_3+2x_4=0,\\2x_1+4x_2+5x_3-x_4=0,\\3x_1+8x_2+6x_3-2x_4=0;\end{cases}$

(2)$\begin{cases}2x_1-3x_2-2x_3+x_4=0,\\3x_1+5x_2+4x_3-2x_4=0,\\8x_1+7x_2+6x_3-3x_4=0;\end{cases}$

(3)$x_1+x_2+\cdots+x_n=0$.

11. 求一个齐次线性方程组，使它的基础解系为

$$\boldsymbol{\xi}_1=\begin{pmatrix}0\\1\\2\\3\end{pmatrix},\boldsymbol{\xi}_2=\begin{pmatrix}3\\2\\1\\0\end{pmatrix}.$$

12. 设 n 元齐次线性方程组 $\boldsymbol{Ax}=\boldsymbol{0}$ 的系数矩阵的秩 $R(\boldsymbol{A})=n-3$. $\boldsymbol{\xi}_1,\boldsymbol{\xi}_2,\boldsymbol{\xi}_3$ 为 $\boldsymbol{Ax}=\boldsymbol{0}$ 的解，且线性无关. 试证明 $\boldsymbol{\xi}_1,\boldsymbol{\xi}_1+\boldsymbol{\xi}_2,\boldsymbol{\xi}_1+\boldsymbol{\xi}_2+\boldsymbol{\xi}_3$ 为 $\boldsymbol{Ax}=\boldsymbol{0}$ 的一组基础解系.

13. 求下列线性方程组的通解,并用对应导出组的基础解系表示.

(1) $\begin{cases} x_1+x_2+x_3+x_4+x_5=7, \\ 3x_1+2x_2+x_3+x_4-3x_5=-2, \\ x_2+2x_3+2x_4+6x_5=23, \\ 5x_1+4x_2-3x_3+3x_4-x_5=12; \end{cases}$

(2) $\begin{cases} x_1+3x_2+5x_3-4x_4=1, \\ x_1+3x_2+2x_3-2x_4+x_5=-1, \\ x_1-2x_2+x_3-x_4-x_5=3, \\ x_1-4x_2+x_3+x_4-x_5=3, \\ x_1+2x_2+x_3-x_4+x_5=-1. \end{cases}$

14. 设四元非齐次线性方程组的系数矩阵的秩为 3,已知 $\boldsymbol{\eta}_1,\boldsymbol{\eta}_2,\boldsymbol{\eta}_3$ 为它的三个解向量,且

$$\boldsymbol{\eta}_1=\begin{pmatrix}2\\3\\4\\5\end{pmatrix},\boldsymbol{\eta}_2+\boldsymbol{\eta}_3=\begin{pmatrix}1\\2\\3\\4\end{pmatrix}.$$

求该方程的通解.

B

1. 选择题.

(1)设矩阵 $\boldsymbol{A},\boldsymbol{B},\boldsymbol{C}$ 均为 n 阶矩阵,若 $\boldsymbol{AB}=\boldsymbol{C}$,则 $\boldsymbol{B}$ 可逆,有(　　);

(A)矩阵 $\boldsymbol{C}$ 的行向量组与矩阵 $\boldsymbol{A}$ 的行向量组等价

(B)矩阵 $\boldsymbol{C}$ 的列向量组与矩阵 $\boldsymbol{A}$ 的列向量组等价

(C)矩阵 $\boldsymbol{C}$ 的行向量组与矩阵 $\boldsymbol{B}$ 的行向量组等价

(D)矩阵 $\boldsymbol{C}$ 的行向量组与矩阵 $\boldsymbol{B}$ 的列向量组等价

(2)设向量组 $\boldsymbol{\alpha}_1,\boldsymbol{\alpha}_2,\boldsymbol{\alpha}_3$ 线性无关,则下列向量组线性相关的是(　　);

(A)$\boldsymbol{\alpha}_1-\boldsymbol{\alpha}_2,\boldsymbol{\alpha}_2-\boldsymbol{\alpha}_3,\boldsymbol{\alpha}_3-\boldsymbol{\alpha}_1$　　(B)$\boldsymbol{\alpha}_1+\boldsymbol{\alpha}_2,\boldsymbol{\alpha}_2+\boldsymbol{\alpha}_3,\boldsymbol{\alpha}_3+\boldsymbol{\alpha}_1$

(C)$\boldsymbol{\alpha}_1-2\boldsymbol{\alpha}_2,\boldsymbol{\alpha}_2-2\boldsymbol{\alpha}_3,\boldsymbol{\alpha}_3-2\boldsymbol{\alpha}_1$　　(D)$\boldsymbol{\alpha}_1+2\boldsymbol{\alpha}_2,\boldsymbol{\alpha}_2+2\boldsymbol{\alpha}_3,\boldsymbol{\alpha}_3+2\boldsymbol{\alpha}_1$

(3)设 $\boldsymbol{A},\boldsymbol{B}$ 为满足 $\boldsymbol{AB}=\boldsymbol{0}$ 的任意两个非零矩阵,则必有(　　);

(A)$\boldsymbol{A}$ 的列向量组线性相关,$\boldsymbol{B}$ 的行向量组线性相关

(B)$\boldsymbol{A}$ 的列向量组线性相关,$\boldsymbol{B}$ 的列向量组线性相关

(C)$\boldsymbol{A}$ 的行向量组线性相关,$\boldsymbol{B}$ 的行向量组线性相关

(D)$\boldsymbol{A}$ 的行向量组线性相关,$\boldsymbol{B}$ 的列向量组线性相关

(4)设 $\boldsymbol{\alpha}_1,\boldsymbol{\alpha}_2,\boldsymbol{\alpha}_3$是三维向量,则对任意的常数 k,l,向量 $\boldsymbol{\alpha}_1+k\boldsymbol{\alpha}_3,\boldsymbol{\alpha}_2+l\boldsymbol{\alpha}_3$ 线性无关是向量 $\boldsymbol{\alpha}_1,\boldsymbol{\alpha}_2,\boldsymbol{\alpha}_3$ 线性无关的(　　);

(A)必要而非充分条件　　(B)充分而非必要条件

(C)充分必要条件　　(D) 非充分非必要条件

(5)设向量组Ⅰ:$\boldsymbol{\alpha}_1,\boldsymbol{\alpha}_2,\cdots,\boldsymbol{\alpha}_r$ 可由向量组Ⅱ:$\boldsymbol{\beta}_1,\boldsymbol{\beta}_2,\cdots,\boldsymbol{\beta}_s$ 线性表示,则(　　);

(A)当 $r<s$ 时,向量组Ⅱ必线性相关　　(B)当 $r>s$ 时,向量组Ⅱ必线性相关

(C)当 $r<s$ 时,向量组Ⅰ必线性相关　　(D)当 $r>s$ 时,向量组Ⅰ必线性相关

(6)设 $\boldsymbol{A}=(\boldsymbol{\alpha}_1,\boldsymbol{\alpha}_2,\boldsymbol{\alpha}_3,\boldsymbol{\alpha}_4)$ 是 4 阶矩阵,$\boldsymbol{A}^*$ 为 $\boldsymbol{A}$ 的伴随矩阵,若 $(1,0,1,0)^{\mathrm{T}}$ 是方程组 $\boldsymbol{Ax}=\boldsymbol{0}$ 的一个基础解系,则 $\boldsymbol{A}^*\boldsymbol{x}=\boldsymbol{0}$ 的基础解系可为(　　).

(A)$\boldsymbol{\alpha}_1,\boldsymbol{\alpha}_3$　　(B)$\boldsymbol{\alpha}_1,\boldsymbol{\alpha}_2$　　(C)$\boldsymbol{\alpha}_2,\boldsymbol{\alpha}_3,\boldsymbol{\alpha}_4$　　(D)$\boldsymbol{\alpha}_1,\boldsymbol{\alpha}_2,\boldsymbol{\alpha}_3$

2. 确定常数 a,使向量组 $\boldsymbol{\alpha}_1=(1,1,a)^{\mathrm{T}},\boldsymbol{\alpha}_2=(1,a,1)^{\mathrm{T}},\boldsymbol{\alpha}_3=(a,1,1)^{\mathrm{T}}$ 可由向量组 $\boldsymbol{\beta}_1=(1,1,a)^{\mathrm{T}},\boldsymbol{\beta}_2=(-2,a,4)^{\mathrm{T}},\boldsymbol{\beta}_3=(-2,a,a)^{\mathrm{T}}$ 线性表示,但向量组 $\boldsymbol{\beta}_1,\boldsymbol{\beta}_2,\boldsymbol{\beta}_3$ 不能由向量组 $\boldsymbol{\alpha}_1,\boldsymbol{\alpha}_2,\boldsymbol{\alpha}_3$ 线性表示.

3. 设向量组 $\boldsymbol{\alpha}_1=(1,0,1)^{\mathrm{T}},\boldsymbol{\alpha}_2=(0,1,1)^{\mathrm{T}},\boldsymbol{\alpha}_3=(1,3,5)^{\mathrm{T}}$ 不能由向量组 $\boldsymbol{\beta}_1=(1,1,1)^{\mathrm{T}},\boldsymbol{\beta}_2=(1,2,3)^{\mathrm{T}},\boldsymbol{\beta}_3=(3,4,a)^{\mathrm{T}}$ 线性表示.

(1)求 a 的值;

(2)将 $\boldsymbol{\beta}_1,\boldsymbol{\beta}_2,\boldsymbol{\beta}_3$ 由 $\boldsymbol{\alpha}_1,\boldsymbol{\alpha}_2,\boldsymbol{\alpha}_3$ 线性表示.

4. 已知平面上三条不同直线的方程分别为

l_1: $ax+2by+3c=0$,

l_2: $bx+2cy+3a=0$,

l_3: $cx+2ay+3b=0$.

试证这三条直线交于一点的充分必要条件为 $a+b+c=0$.

5. 设 $\boldsymbol{A}=\begin{pmatrix}1&-1&-1\\-1&1&1\\0&-4&-2\end{pmatrix},\boldsymbol{\xi}_1=\begin{pmatrix}-1\\1\\-2\end{pmatrix}$.

(1)求满足 $\boldsymbol{A}\boldsymbol{\xi}_2=\boldsymbol{\xi}_1,\boldsymbol{A}^2\boldsymbol{\xi}_3=\boldsymbol{\xi}_1$ 的所有向量 $\boldsymbol{\xi}_2,\boldsymbol{\xi}_3$;

(2)对(1)中的任一向量 $\boldsymbol{\xi}_2,\boldsymbol{\xi}_3$,证明:$\boldsymbol{\xi}_1,\boldsymbol{\xi}_2,\boldsymbol{\xi}_3$ 线性无关.

6. 已知 $\boldsymbol{\eta}^*$ 为非齐次线性方程组 $\boldsymbol{Ax}=\boldsymbol{b}$ 的一个特解,$\boldsymbol{\xi}_1,\boldsymbol{\xi}_2,\cdots,\boldsymbol{\xi}_{n-r}$ 为其导出组 $\boldsymbol{Ax}=\boldsymbol{0}$ 的一个基础解系,试证明:

(1)$\boldsymbol{\xi}_1,\boldsymbol{\xi}_2,\cdots,\boldsymbol{\xi}_{n-r},\boldsymbol{\eta}^*$ 线性无关;

(2)$\boldsymbol{Ax}=\boldsymbol{b}$ 有 $n-r+1$ 个线性无关的解.

第五章　相似矩阵

在第二章矩阵的运算中,我们发现对角阵

$$\boldsymbol{\Lambda} = \begin{pmatrix} \lambda_1 & & \\ & \ddots & \\ & & \lambda_n \end{pmatrix}$$

具有很多很好的性质,如 $|\boldsymbol{\Lambda}|$,$\boldsymbol{\Lambda}^n$,$\boldsymbol{\Lambda}^{-1}$,$\boldsymbol{\Lambda A}_{mn}$,$\boldsymbol{B}_{mn}\boldsymbol{\Lambda}$ 等都远比一般方阵的相应运算要简单得多. 在本章中,我们主要讨论方阵的特征值与特征向量,并利用特征值与特征向量进一步地讨论方阵的对角化的问题(即把一个方阵转化成一个对角阵).

第一节　方阵的特征值与特征向量

工程技术中的一些问题,如振动问题和稳定性问题,常可归结为求一个方阵的特征值和特征向量的问题. 数学中诸如方阵的对角化及解微分方程组等问题,也都要用到特征值的理论.

定义 5.1.1　设 $\boldsymbol{A}$ 为 n 阶方阵,若存在常数 λ 及 n 维非零列向量 $\boldsymbol{x}$,满足

$$\boldsymbol{Ax} = \lambda \boldsymbol{x}, \tag{5.1.1}$$

那么,称数 λ 为矩阵 $\boldsymbol{A}$ 的特征值,非零向量 $\boldsymbol{x}$ 称为特征值 λ 对应的特征向量.

式(5.1.1) 可改写为

$$(\lambda \boldsymbol{E} - \boldsymbol{A})\boldsymbol{x} = \boldsymbol{0}. \tag{5.1.2}$$

由 $\boldsymbol{x}$ 的非零性知,满足齐次线性方程组(5.1.2) 有非零解的数 λ 即为矩阵 $\boldsymbol{A}$ 的特征值,而方程组(5.1.2) 的非零解即为特征值 λ 对应的特征向量.

方程组(5.1.2) 有非零解的充要条件是

$$|\lambda \boldsymbol{E}-\boldsymbol{A}|=\begin{vmatrix}\lambda-a_{11} & -a_{12} & \cdots & -a_{1n}\\ -a_{21} & \lambda-a_{22} & \cdots & -a_{2n}\\ \vdots & \vdots & & \vdots\\ -a_{n1} & -a_{n2} & \cdots & \lambda-a_{nn}\end{vmatrix}=0. \tag{5.1.3}$$

根据 n 阶行列式的定义，可知式(5.1.3)是以 λ 为未知数的一元 n 次方程.

定义 5.1.2　称式(5.1.3)这个一元 n 次方程为矩阵 $\boldsymbol{A}$ 的特征方程. 而式(5.1.3)左端 $|\lambda \boldsymbol{E}-\boldsymbol{A}|$ 是 λ 的 n 次多项式，记作 $f(\lambda)$，称为矩阵 $\boldsymbol{A}$ 的特征多项式.

显然，矩阵 $\boldsymbol{A}$ 的特征值即为特征方程的根. 特征方程在复数范围内恒有解，其解个数为方程的次数(重根按重数计算). 因此，n 阶矩阵 $\boldsymbol{A}$ 在复数范围内有 n 个特征值.

设 n 阶矩阵 $\boldsymbol{A}=(a_{ij})$ 的特征值为 $\lambda_1,\lambda_2,\cdots,\lambda_n$，利用一元 n 次方程的韦达定理①不难证明

(1) $\lambda_1+\lambda_2+\cdots+\lambda_n=a_{11}+a_{22}+\cdots+a_{nn}$；

(2) $\lambda_1\lambda_2\cdots\lambda_n=|\boldsymbol{A}|$.

综上所述，对于 n 阶方阵 $\boldsymbol{A}$，可按如下步骤求 $\boldsymbol{A}$ 的特征值与特征向量：

第一步：求出 $\boldsymbol{A}$ 的特征多项式 $f(\lambda)=|\lambda \boldsymbol{E}-\boldsymbol{A}|$，并将其分解成一次因式的乘积(便于解方程的根).

第二步：解方程 $f(\lambda)=0$，求出 $\boldsymbol{A}$ 的 n 个特征值 $\lambda_1,\lambda_2,\cdots,\lambda_n$.

第三步：对应于每一个特征值 λ_i，求解齐次线性方程组 $(\lambda_i \boldsymbol{E}-\boldsymbol{A})\boldsymbol{x}=\boldsymbol{0}$，得出其基础解系为 $\boldsymbol{\xi}_1,\cdots,\boldsymbol{\xi}_s$，则 $\boldsymbol{A}$ 的对应于 λ_i 的特征向量为

$$\boldsymbol{p}_i=c_1\boldsymbol{\xi}_1+\cdots+c_s\boldsymbol{\xi}_s.$$

其中，$c_1,\cdots,c_s$ 为不全为 0 的常数.

以上的讨论都是在复数范围内讨论，当特征值 λ_i 为实数时，对应的特征向量 $\boldsymbol{p}_i$ 为实向量；当特征值 λ_i 为复数时，对应的特征向量 $\boldsymbol{p}_i$ 为复向量. 在本教材中，我们只考虑特征值为实数时的情形.

例 5.1.1　已知

$$\boldsymbol{A}=\begin{pmatrix}1 & 0\\ 0 & 2\end{pmatrix},$$

求 $\boldsymbol{A}$ 的特征值和特征向量.

---

① 设一元 n 次方程 $a_n\lambda^n+a_{n-1}\lambda^{n-1}+\cdots+a_1\lambda+a_0=0$ 的 n 个根为 $\lambda_1,\lambda_2,\cdots,\lambda_n$，则 $a_n(\lambda-\lambda_1)(\lambda-\lambda_2)\cdots(\lambda-\lambda_n)=a_n\lambda^n+a_{n-1}\lambda^{n-1}+\cdots+a_0$，且

$$\begin{cases}\lambda_1+\lambda_2+\cdots+\lambda_n=-\dfrac{a_{n-1}}{a_n},\\ \lambda_1\lambda_2+\cdots+\lambda_1\lambda_n+\lambda_2\lambda_3+\cdots+\lambda_{n-1}\lambda_n=\dfrac{a_{n-2}}{a_n},\\ \vdots\\ \lambda_1\lambda_2\cdots\lambda_n=(-1)^n\dfrac{a_0}{a_n}.\end{cases}$$

解:$f(\lambda)=|\lambda \boldsymbol{E}-\boldsymbol{A}|=\begin{vmatrix}\lambda-1 & 0\\ 0 & \lambda-2\end{vmatrix}=(\lambda-1)(\lambda-2)$.

解特征方程 $f(\lambda)=0$,可得 $\boldsymbol{A}$ 的特征值为

$$\lambda_1=1,\lambda_2=2.$$

讨论:(1) 当 $\lambda=\lambda_1=1$ 时,

$$(\lambda\boldsymbol{E}-\boldsymbol{A})=\begin{pmatrix}0 & 0\\ 0 & -1\end{pmatrix}\overset{r}{\sim}\begin{pmatrix}0 & 1\\ 0 & 0\end{pmatrix}.$$

解方程 $x_2=0$,可得其基础解系为

$$\boldsymbol{p}_1=\begin{pmatrix}1\\0\end{pmatrix},$$

所以,$\lambda_1=1$ 对应的特征向量为 $c\boldsymbol{p}_1=c\begin{pmatrix}1\\0\end{pmatrix}(c\neq 0)$.

(2) 当 $\lambda=\lambda_2=2$ 时,

$$(\lambda\boldsymbol{E}-\boldsymbol{A})=\begin{pmatrix}1 & 0\\ 0 & 0\end{pmatrix}.$$

解方程 $x_1=0$,可得其基础解系为

$$\boldsymbol{p}_2=\begin{pmatrix}0\\1\end{pmatrix},$$

所以,$\lambda_2=2$ 对应的特征向量为 $c\boldsymbol{p}_2=c\begin{pmatrix}0\\1\end{pmatrix}(c\neq 0)$.

由例 5.1.1 不难得出,对角阵 $\boldsymbol{A}=\begin{pmatrix}\lambda_1 & & \\ & \ddots & \\ & & \lambda_n\end{pmatrix}$ 的特征值即为其对角线元素 $\lambda_1,\lambda_2,\cdots,\lambda_n$.

例 5.1.2 已知

$$\boldsymbol{A}=\begin{pmatrix}1 & 2 & 2\\ 2 & 1 & 2\\ 2 & 2 & 1\end{pmatrix},$$

求 $\boldsymbol{A}$ 的特征值和特征向量.

解:$f(\lambda)=|\lambda\boldsymbol{E}-\boldsymbol{A}|=\begin{vmatrix}\lambda-1 & -2 & -2\\ -2 & \lambda-1 & -2\\ -2 & -2 & \lambda-1\end{vmatrix}=(\lambda-5)(\lambda+1)^2$.

解特征方程 $f(\lambda)=0$,可得 $\boldsymbol{A}$ 的特征值为

$$\lambda_1=5,\lambda_2=\lambda_3=-1.$$

讨论:(1) 当 $\lambda=\lambda_1=5$ 时,

$$(\lambda E - A) = \begin{pmatrix} 4 & -2 & -2 \\ -2 & 4 & -2 \\ -2 & -2 & 4 \end{pmatrix} \overset{r}{\sim} \begin{pmatrix} 1 & 0 & -1 \\ 0 & 1 & -1 \\ 0 & 0 & 0 \end{pmatrix}.$$

解方程组$\begin{cases} x_1 = x_3, \\ x_2 = x_3, \end{cases}$可得其基础解系为

$$p_1 = \begin{pmatrix} 1 \\ 1 \\ 1 \end{pmatrix},$$

所以，$\lambda_1 = 5$ 对应的特征向量为 $cp_1 = c\begin{pmatrix} 1 \\ 1 \\ 1 \end{pmatrix} (c \neq 0)$.

(2) 当 $\lambda = \lambda_2 = \lambda_3 = -1$ 时，

$$(\lambda E - A) = \begin{pmatrix} -2 & -2 & -2 \\ -2 & -2 & -2 \\ -2 & -2 & -2 \end{pmatrix} \overset{r}{\sim} \begin{pmatrix} 1 & 1 & 1 \\ 0 & 0 & 0 \\ 0 & 0 & 0 \end{pmatrix}.$$

解方程 $x_1 + x_2 + x_3 = 0$，可得其基础解系为

$$p_2 = \begin{pmatrix} -1 \\ 1 \\ 0 \end{pmatrix}, p_3 = \begin{pmatrix} -1 \\ 0 \\ 1 \end{pmatrix},$$

所以，$\lambda_2 = \lambda_3 = -1$ 对应的特征向量为

$$c_1 p_2 + c_2 p_3 = c_1 \begin{pmatrix} -1 \\ 1 \\ 0 \end{pmatrix} + c_2 \begin{pmatrix} -1 \\ 0 \\ 1 \end{pmatrix} (c_1, c_2 \text{ 不同时为 } 0).$$

例 5.1.3　已知

$$A = \begin{pmatrix} -1 & 1 & 0 \\ -4 & 3 & 0 \\ 1 & 0 & 2 \end{pmatrix},$$

求 A 的特征值与特征向量.

解：$f(\lambda) = |\lambda E - A| = \begin{vmatrix} \lambda + 1 & -1 & 0 \\ 4 & \lambda - 3 & 0 \\ -1 & 0 & \lambda - 2 \end{vmatrix} = (\lambda - 2)(\lambda - 1)^2.$

解特征方程 $f(\lambda) = 0$，可得 A 的特征值为

$$\lambda_1 = 2, \lambda_2 = \lambda_3 = 1.$$

讨论：(1) 当 $\lambda = \lambda_1 = 2$ 时，

$$(\lambda \boldsymbol{E}-\boldsymbol{A})=\begin{pmatrix}3 & -1 & 0\\4 & -1 & 0\\-1 & 0 & 0\end{pmatrix}\stackrel{r}{\sim}\begin{pmatrix}1 & 0 & 0\\0 & 1 & 0\\0 & 0 & 0\end{pmatrix}.$$

解方程组$\begin{cases}x_1=0,\\x_2=0,\end{cases}$可得其基础解系为

$$\boldsymbol{p}_1=\begin{pmatrix}0\\0\\1\end{pmatrix},$$

所以，$\lambda_1=2$ 的特征向量为 $c\boldsymbol{p}_1=c\begin{pmatrix}0\\0\\1\end{pmatrix}(c\neq 0)$.

(2) 当 $\lambda=\lambda_2=\lambda_3=1$ 时，

$$(\lambda \boldsymbol{E}-\boldsymbol{A})=\begin{pmatrix}2 & -1 & 0\\4 & -2 & 0\\-1 & 0 & -1\end{pmatrix}\stackrel{r}{\sim}\begin{pmatrix}1 & 0 & 1\\0 & 1 & 2\\0 & 0 & 0\end{pmatrix}.$$

解方程组$\begin{cases}x_1=-x_3,\\x_2=-2x_3,\end{cases}$可得其基础解系为

$$\boldsymbol{p}_2=\begin{pmatrix}-1\\-2\\1\end{pmatrix},$$

所以，$\lambda_2=\lambda_3=1$ 对应的特征向量为 $c\boldsymbol{p}_2=c\begin{pmatrix}-1\\-2\\1\end{pmatrix}(c\neq 0)$.

例 5.1.4 已知 $\boldsymbol{A}$ 为 n 阶方阵，且满足

$$\boldsymbol{A}^2-2\boldsymbol{A}-8\boldsymbol{E}=\boldsymbol{0},$$

证明：$\boldsymbol{A}$ 的特征值只可能为 -2 或 4.

证明：令 $\boldsymbol{A}$ 的特征值为 λ，其对应的特征向量为 $\boldsymbol{p}$，则有

$$\boldsymbol{A}\boldsymbol{p}=\lambda\boldsymbol{p},$$

从而

$$\begin{aligned}(\boldsymbol{A}^2-2\boldsymbol{A}-8\boldsymbol{E})\boldsymbol{p}&=\boldsymbol{A}^2\boldsymbol{p}-2\boldsymbol{A}\boldsymbol{p}-8\boldsymbol{p}\\&=\boldsymbol{A}(\boldsymbol{A}\boldsymbol{p})-2\lambda\boldsymbol{p}-8\boldsymbol{p}\\&=(\lambda^2-2\lambda-8)\boldsymbol{p}\\&=\boldsymbol{0}.\end{aligned}$$

由特征向量 $\boldsymbol{p}$ 的非零性，可得

$$\lambda^2-2\lambda-8=0.$$

解之可得

$$\lambda = -2 \text{ 或 } \lambda = 4.$$

所以,$\boldsymbol{A}$ 的特征值只可能为 -2 或 4.

例 5.1.5　已知 λ 为方阵 $\boldsymbol{A}$ 的特征值,试证明:

(1)$k\lambda + \mu$ 为 $k\boldsymbol{A} + \mu\boldsymbol{E}$ 的特征值;

(2)λ^2 为 $\boldsymbol{A}^2$ 的特征值.

证明:不妨令 $\boldsymbol{p}$ 为 λ 对应的特征向量,则有

$$\boldsymbol{A}\boldsymbol{p} = \lambda\boldsymbol{p}.$$

(1)$(k\boldsymbol{A} + \mu\boldsymbol{E})\boldsymbol{p} = k\boldsymbol{A}\boldsymbol{p} + \mu\boldsymbol{p} = (k\lambda + \mu)\boldsymbol{p}$,

所以,$k\lambda + \mu$ 为 $k\boldsymbol{A} + \mu\boldsymbol{E}$ 的特征值.

(2)$\boldsymbol{A}^2\boldsymbol{p} = \boldsymbol{A}(\boldsymbol{A}\boldsymbol{p}) = \boldsymbol{A}(\lambda\boldsymbol{p}) = \lambda(\boldsymbol{A}\boldsymbol{p}) = \lambda^2\boldsymbol{p}$,

所以,λ^2 为 $\boldsymbol{A}^2$ 的特征值.

由例 5.1.5,不难得到如下定理:

定理 5.1.1　设 $\boldsymbol{A}$ 为 n 阶方阵,λ 为 $\boldsymbol{A}$ 的特征值,$\boldsymbol{p}$ 为 λ 对应的特征向量,$\boldsymbol{A}$ 的矩阵多项式为

$$f(\boldsymbol{A}) = a_n\boldsymbol{A}^n + \cdots + a_1\boldsymbol{A} + a_0\boldsymbol{E},$$

则 $f(\lambda) = a_n\lambda^n + \cdots + a_1\lambda + a_0$ 为方阵 $f(\boldsymbol{A})$ 的特征值,且 $f(\lambda)$ 对应的特征向量也为 $\boldsymbol{p}$.

证明:由 λ 为 $\boldsymbol{A}$ 的特征值,$\boldsymbol{p}$ 为其对应的特征向量,可得

$$\boldsymbol{A}\boldsymbol{p} = \lambda\boldsymbol{p}.$$

于是有

$$\begin{aligned} f(\boldsymbol{A})\boldsymbol{p} &= (a_n\boldsymbol{A}^n + \cdots + a_1\boldsymbol{A} + a_0\boldsymbol{E})\boldsymbol{p} \\ &= a_n\boldsymbol{A}^n\boldsymbol{p} + \cdots + a_1\boldsymbol{A}\boldsymbol{p} + a_0\boldsymbol{p} \\ &= (a_n\lambda^n + \cdots + a_1\lambda + a_0)\boldsymbol{p}, \end{aligned}$$

所以,$f(\lambda) = a_n\lambda^n + \cdots + a_1\lambda + a_0$ 为 $f(\boldsymbol{A}) = a_n\boldsymbol{A}^n + \cdots + a_1\boldsymbol{A} + a_0\boldsymbol{E}$ 的特征值,$\boldsymbol{p}$ 为其对应的特征向量.

例 5.1.6　已知三阶方阵 $\boldsymbol{A}$ 的特征值分别为 1,2,3.

(1) 证明 $\boldsymbol{A}$ 可逆;

(2) 求 $|\boldsymbol{A}^2 + \boldsymbol{A} - 4\boldsymbol{E}|$.

(1) **证明**:因为 $|\boldsymbol{A}| = 1 \times 2 \times 3 = 6 \neq 0$,所以 $\boldsymbol{A}$ 可逆.

(2) **解**:依次把 1,2,3 代入 $f(\lambda) = \lambda^2 + \lambda - 4$,可得 $\boldsymbol{A}^2 + \boldsymbol{A} - 4\boldsymbol{E}$ 的特征值为 -2,2,8,所以 $|\boldsymbol{A}^2 + \boldsymbol{A} - 4\boldsymbol{E}| = (-2) \times 2 \times 8 = 32$.

n 阶方阵 $\boldsymbol{A}$ 的特征值还具有如下两个性质.

定理 5.1.2　设 $\boldsymbol{A}^{\mathrm{T}}$ 为 $\boldsymbol{A}$ 的转置矩阵,则 $\boldsymbol{A}^{\mathrm{T}}$ 与 $\boldsymbol{A}$ 具有相同的特征值.

证明:只需证明 $\boldsymbol{A}$ 与 $\boldsymbol{A}^{\mathrm{T}}$ 具有相同特征多项式.

令 λ 为 $\boldsymbol{A}$ 的特征值,则 $\boldsymbol{A}$ 的特征多项式为

$$|\lambda \boldsymbol{E}-\boldsymbol{A}|$$

于是

$$|\lambda \boldsymbol{E}-\boldsymbol{A}^{\mathrm{T}}|=|(\lambda \boldsymbol{E}-\boldsymbol{A})^{\mathrm{T}}|=|\lambda \boldsymbol{E}-\boldsymbol{A}|.$$

定理 5.1.3 设 $\lambda_1,\lambda_2,\cdots,\lambda_s$ 为方阵 $\boldsymbol{A}$ 的 s 个特征值，$p_1,p_2,\cdots,p_s$ 依次为 $\lambda_1,\lambda_2,\cdots,\lambda_s$ 对应的特征向量. 若 $\lambda_1,\lambda_2,\cdots,\lambda_s$ 两两不等，则 $p_1,p_2,\cdots,p_s$ 线性无关.

证明：我们只证明 $s=2$ 时的情形.

由题可得

$$\boldsymbol{A}\boldsymbol{p}_1=\lambda_1\boldsymbol{p}_1,\boldsymbol{A}\boldsymbol{p}_2=\lambda_2\boldsymbol{p}_2.$$

假设存在两个数 k_1,k_2，使得

$$k_1\boldsymbol{p}_1+k_2\boldsymbol{p}_2=\boldsymbol{0}, \tag{5.1.4}$$

对上式的两边同时乘以 $\boldsymbol{A}$，可得

$$\boldsymbol{A}(k_1\boldsymbol{p}_1+k_2\boldsymbol{p}_2)=\boldsymbol{0},$$

即

$$\lambda_1k_1\boldsymbol{p}_1+\lambda_2k_2\boldsymbol{p}_2=\boldsymbol{0}. \tag{5.1.5}$$

联立(5.1.4)和(5.1.5)两式可得

$$\begin{cases}k_1\boldsymbol{p}_1+k_2\boldsymbol{p}_2=\boldsymbol{0},\\ \lambda_1k_1\boldsymbol{p}_1+\lambda_2k_2\boldsymbol{p}_2=\boldsymbol{0},\end{cases}$$

即

$$(k_1\boldsymbol{p}_1,k_2\boldsymbol{p}_2)\begin{pmatrix}1&\lambda_1\\1&\lambda_2\end{pmatrix}=(\boldsymbol{0},\boldsymbol{0}).$$

因为

$$\begin{vmatrix}1&\lambda_1\\1&\lambda_2\end{vmatrix}=\lambda_2-\lambda_1\neq 0,$$

所以

$$(k_1\boldsymbol{p}_1,k_2\boldsymbol{p}_2)=(\boldsymbol{0},\boldsymbol{0})\begin{pmatrix}1&\lambda_1\\1&\lambda_2\end{pmatrix}^{-1}=(\boldsymbol{0},\boldsymbol{0}),$$

即

$$k_1\boldsymbol{p}_1=k_2\boldsymbol{p}_2=\boldsymbol{0}.$$

由特征向量的非零性可得

$$k_1=k_2=0,$$

所以，$\boldsymbol{p}_1,\boldsymbol{p}_2$ 线性无关.

利用同样的方法，并结合范德蒙德(Vandemonde)行列式的结果(参见例 1.4.3)，可证明 s 个时的情形.

例 5.1.7 设 λ_1,λ_2 为方阵 $\boldsymbol{A}$ 的两个不等的特征值，$\boldsymbol{p}_1,\boldsymbol{p}_2$ 分别为 λ_1,λ_2 对应的特

征向量,证明 $\boldsymbol{p}_1+\boldsymbol{p}_2$ 一定不是 $\boldsymbol{A}$ 的特征向量.

证明:由已知可得

$$\boldsymbol{A}\boldsymbol{p}_1=\lambda_1\boldsymbol{p}_1,\boldsymbol{A}\boldsymbol{p}_2=\lambda_2\boldsymbol{p}_2,$$

故

$$A(\boldsymbol{p}_1+\boldsymbol{p}_2)=A\boldsymbol{p}_1+A\boldsymbol{p}_2=\lambda_1\boldsymbol{p}_1+\lambda_2\boldsymbol{p}_2.$$

利用反正法,假设 $\boldsymbol{p}_1+\boldsymbol{p}_2$ 为 $\boldsymbol{A}$ 的特征向量,λ 为其特征值,则

$$\boldsymbol{A}(\boldsymbol{p}_1+\boldsymbol{p}_2)=\lambda(\boldsymbol{p}_1+\boldsymbol{p}_2)=\lambda\boldsymbol{p}_1+\lambda\boldsymbol{p}_2.$$

于是

$$\lambda\boldsymbol{p}_1+\lambda\boldsymbol{p}_2=\lambda_1\boldsymbol{p}_1+\lambda_2\boldsymbol{p}_2,$$

即

$$(\lambda-\lambda_1)\boldsymbol{p}_1+(\lambda-\lambda_2)\boldsymbol{p}_2=\boldsymbol{0}.$$

由定理 5.1.3 知,$\boldsymbol{p}_1,\boldsymbol{p}_2$ 线性无关,从而

$$\lambda-\lambda_1=\lambda-\lambda_2=0,$$

即

$$\lambda_1=\lambda_2=\lambda.$$

得出矛盾,所以,$\boldsymbol{p}_1+\boldsymbol{p}_2$ 一定不是 $\boldsymbol{A}$ 的特征向量.

第二节　矩阵的相似对角化

定义 5.2.1　设 $\boldsymbol{A},\boldsymbol{B}$ 都是 n 阶方阵,若存在可逆矩阵 $\boldsymbol{P}$,使得

$$\boldsymbol{P}^{-1}\boldsymbol{A}\boldsymbol{P}=\boldsymbol{B},$$

则称矩阵 $\boldsymbol{A}$ 与 $\boldsymbol{B}$ 相似.

对比矩阵等价的定义(定义 3.1.3,性质 3.1.1)可知,两个矩阵等价不一定相似;但两个矩阵相似,则一定等价. 因此,不难验证相似矩阵具有如下性质(证明留给读者):

(1) $\boldsymbol{A}$ 与自身一定相似;

(2) 若 $\boldsymbol{A}$ 与 $\boldsymbol{B}$ 相似,则 $\boldsymbol{B}$ 与 $\boldsymbol{A}$ 也相似;

(3) 若 $\boldsymbol{A}$ 与 $\boldsymbol{B}$ 相似,$\boldsymbol{B}$ 又与 $\boldsymbol{C}$ 相似,则 $\boldsymbol{A}$ 与 $\boldsymbol{C}$ 相似;

(4) 若 $\boldsymbol{A}$ 与 $\boldsymbol{B}$ 相似,则 $R(\boldsymbol{A})=R(\boldsymbol{B})$.

不仅如此,相似矩阵还具有如下性质.

定理 5.2.1　若 n 阶方阵 $\boldsymbol{A}$ 与 $\boldsymbol{B}$ 相似,则 $\boldsymbol{A}$ 与 $\boldsymbol{B}$ 具有相同的特征多项式,从而具有相同的特征值.

证明:由题设可得,存在可逆阵 $\boldsymbol{P}$,使得

$$\boldsymbol{P}^{-1}\boldsymbol{A}\boldsymbol{P}=\boldsymbol{B},$$

于是

$$
\begin{aligned}
|\lambda \boldsymbol{E}-\boldsymbol{B}| &= |\lambda \boldsymbol{E}-\boldsymbol{P}^{-1}\boldsymbol{A}\boldsymbol{P}| \\
&= |\lambda \boldsymbol{P}^{-1}\boldsymbol{P}-\boldsymbol{P}^{-1}\boldsymbol{A}\boldsymbol{P}| \\
&= |\boldsymbol{P}^{-1}(\lambda \boldsymbol{E}-\boldsymbol{A})\boldsymbol{P}| \\
&= |\boldsymbol{P}^{-1}|\cdot|\lambda \boldsymbol{E}-\boldsymbol{A}|\cdot|\boldsymbol{P}| \\
&= |\lambda \boldsymbol{E}-\boldsymbol{A}|.
\end{aligned}
$$

推论：若矩阵 $\boldsymbol{A}$ 与一个对角阵

$$
\boldsymbol{\Lambda}=\begin{pmatrix} \lambda_1 & & \\ & \ddots & \\ & & \lambda_n \end{pmatrix}
$$

相似，则 $\lambda_1,\cdots,\lambda_n$ 为 $\boldsymbol{A}$ 的特征值.

证明：由例 5.1.1 知 $\lambda_1,\lambda_2,\cdots,\lambda_n$ 为 $\boldsymbol{\Lambda}$ 的特征值，故由定理 5.2.1 知，$\lambda_1,\lambda_2,\cdots,\lambda_n$ 也为 $\boldsymbol{A}$ 的特征值.

定理 5.2.2　若 n 阶矩阵 $\boldsymbol{A}$ 与 $\boldsymbol{B}$ 相似，则 $\boldsymbol{A}$ 与 $\boldsymbol{B}$ 的行列式相等.

证明：由题设可得，存在可逆阵 $\boldsymbol{P}$，使得

$$
\boldsymbol{P}^{-1}\boldsymbol{A}\boldsymbol{P}=\boldsymbol{B},
$$

从而

$$
|\boldsymbol{B}|=|\boldsymbol{P}^{-1}\boldsymbol{A}\boldsymbol{P}|=|\boldsymbol{P}^{-1}|\cdot|\boldsymbol{A}|\cdot|\boldsymbol{P}|=|\boldsymbol{A}|.
$$

相似矩阵具有很多共同的性质，因此，对于 n 阶矩阵 $\boldsymbol{A}$，我们希望找一个与 $\boldsymbol{A}$ 相似的又较简单的矩阵来研究 $\boldsymbol{A}$ 的性质. 一般地，我们考虑一个 n 阶矩阵是否与一个对角阵相似的问题. 若存在一个对角阵 $\boldsymbol{\Lambda}$ 与 $\boldsymbol{A}$ 相似，则称 $\boldsymbol{A}$ 可对角化，否则称 $\boldsymbol{A}$ 不可对角化.

关于 n 阶方阵 $\boldsymbol{A}$ 能否对角化，我们有如下一个等价条件.

定理 5.2.3　n 阶方阵 $\boldsymbol{A}$ 与一个 n 阶对角阵

$$
\boldsymbol{\Lambda}=\begin{pmatrix} \lambda_1 & & & \\ & \lambda_2 & & \\ & & \ddots & \\ & & & \lambda_n \end{pmatrix}
$$

相似的充要条件是 $\boldsymbol{A}$ 有 n 个线性无关的特征向量.

证明：必要性.

如果 $\boldsymbol{A}$ 与 $\boldsymbol{\Lambda}$ 相似，则存在可逆阵 $\boldsymbol{P}$，使得

$$
\boldsymbol{P}^{-1}\boldsymbol{A}\boldsymbol{P}=\boldsymbol{\Lambda}. \tag{5.2.1}
$$

不妨令 $\boldsymbol{P}=(\boldsymbol{p}_1,\boldsymbol{p}_2,\cdots,\boldsymbol{p}_n)$，由式(5.2.1)可得

$$
\boldsymbol{A}\boldsymbol{P}=\boldsymbol{P}\boldsymbol{\Lambda},
$$

即

$$\boldsymbol{A}(\boldsymbol{p}_1,\boldsymbol{p}_2,\cdots,\boldsymbol{p}_n)=(\boldsymbol{p}_1,\boldsymbol{p}_2,\cdots,\boldsymbol{p}_n)\begin{pmatrix}\lambda_1 & & & \\ & \lambda_2 & & \\ & & \ddots & \\ & & & \lambda_n\end{pmatrix}$$

$$\Leftrightarrow(\boldsymbol{A}\boldsymbol{p}_1,\boldsymbol{A}\boldsymbol{p}_2,\cdots,\boldsymbol{A}\boldsymbol{p}_n)=(\lambda_1\boldsymbol{p}_1,\lambda_2\boldsymbol{p}_2,\cdots,\lambda_n\boldsymbol{p}_n),$$

于是

$$\boldsymbol{A}\boldsymbol{p}_i=\lambda_i\boldsymbol{p}_i\quad(i=1,2,\cdots,n).$$

由 $\boldsymbol{P}$ 的可逆性知 $\boldsymbol{p}_i(i=1,2,\cdots,n)$ 都是非零向量. 因此,$\boldsymbol{p}_1,\boldsymbol{p}_2,\cdots,\boldsymbol{p}_n$ 是 $\boldsymbol{A}$ 对应于特征值 $\lambda_1,\lambda_2,\cdots,\lambda_n$ 的特征向量. 再结合定理 4.2.2 知,$\boldsymbol{p}_1,\boldsymbol{p}_2,\cdots,\boldsymbol{p}_n$ 线性无关.

充分性.

设 $\boldsymbol{A}$ 有 n 个线性无关的特征向量 $\boldsymbol{p}_1,\boldsymbol{p}_2,\cdots,\boldsymbol{p}_n$,它们对应的特征值依次为 $\lambda_1,\lambda_2,\cdots,\lambda_n$,则

$$\boldsymbol{A}\boldsymbol{p}_i=\lambda_i\boldsymbol{p}_i\quad(i=1,2,\cdots,n).$$

令 $\boldsymbol{P}=(\boldsymbol{p}_1,\boldsymbol{p}_2,\cdots,\boldsymbol{p}_n)$,由定理 4.2.2 知

$$|\boldsymbol{P}|\neq 0.$$

于是

$$\begin{aligned}\boldsymbol{A}\boldsymbol{P}=\boldsymbol{A}(\boldsymbol{p}_1,\boldsymbol{p}_2,\cdots,\boldsymbol{p}_n)&=(\boldsymbol{A}\boldsymbol{p}_1,\boldsymbol{A}\boldsymbol{p}_2,\cdots,\boldsymbol{A}\boldsymbol{p}_n)\\&=(\lambda_1\boldsymbol{p}_1,\lambda_2\boldsymbol{p}_2,\cdots,\lambda_n\boldsymbol{p}_n)\\&=(\boldsymbol{p}_1,\boldsymbol{p}_2,\cdots,\boldsymbol{p}_n)\begin{pmatrix}\lambda_1 & & & \\ & \lambda_2 & & \\ & & \ddots & \\ & & & \lambda_n\end{pmatrix}\\&=\boldsymbol{P}\boldsymbol{\Lambda},\end{aligned}$$

所以

$$\boldsymbol{P}^{-1}\boldsymbol{A}\boldsymbol{P}=\boldsymbol{\Lambda},$$

即 $\boldsymbol{A}$ 与对角阵 $\boldsymbol{\Lambda}$ 相似.

在例 5.1.1、例 5.1.2 和例 5.1.3 中,我们发现,例 5.1.1 和例 5.1.2 中的矩阵可以对角化;而例 5.1.3 中,由于三阶方阵 $\boldsymbol{A}$ 最多只能找出两个线性无关的特征向量 $\boldsymbol{p}_1,\boldsymbol{p}_2$,故不可对角化.

由定理 5.2.3 充分性的证明过程,我们发现,若一个矩阵可以对角化,其对角化的基本步骤如下:

第一步:解 $\boldsymbol{A}$ 的特征方程 $f(\lambda)=|\lambda\boldsymbol{E}-\boldsymbol{A}|=0$,得出 $\boldsymbol{A}$ 的特征值 $\lambda_1,\lambda_2,\cdots,\lambda_n$.

第二步:对每一个特征值 $\lambda_i(i=1,2,\cdots,n)$(重根一并讨论)解齐次线性方程组

$$(\lambda_i\boldsymbol{E}-\boldsymbol{A})\boldsymbol{x}=\boldsymbol{0},$$

得出其基础解系 $\boldsymbol{p}_{i_1},\boldsymbol{p}_{i_2},\cdots,\boldsymbol{p}_{i_{n-r_i}}$，其中 $r_i = R(\lambda_i\boldsymbol{E}-\boldsymbol{A})$.

第三步：将所有 n 个基础解系 $\boldsymbol{p}_1,\boldsymbol{p}_2,\cdots,\boldsymbol{p}_n$ 构成矩阵 $\boldsymbol{P}=(\boldsymbol{p}_1,\boldsymbol{p}_2,\cdots,\boldsymbol{p}_n)$，则

$$\boldsymbol{P}^{-1}\boldsymbol{A}\boldsymbol{P}=\boldsymbol{\Lambda}=\begin{pmatrix}\lambda_1 & & \\ & \ddots & \\ & & \lambda_n\end{pmatrix}.$$

由上一节的定理 5.1.3，不难得出如下推论：

推论：若 n 阶方阵 $\boldsymbol{A}$ 有 n 个两两不等的特征值，则 $\boldsymbol{A}$ 一定可以对角化.

需要注意的是，上述推论的逆命题并不成立. 比如，例 5.1.2 中的 $\boldsymbol{A}$ 可以对角化，但其三个特征根为 5，-1，-1.

比较例 5.1.2 与例 5.1.3，不难发现，例 5.1.3 不能对角化的原因是其特征值中二重根 1 对应的齐次线性方程组 $(\boldsymbol{E}-\boldsymbol{A})\boldsymbol{x}=\boldsymbol{0}$ 的基础解系中只有一个线性无关的解，而例 5.1.2 的特征值中二重根 -1 对应的齐次线性方程组 $(-\boldsymbol{E}-\boldsymbol{A})\boldsymbol{x}=\boldsymbol{0}$ 的基础解系却有两个线性无关的解. 由此，我们得到如下定理.

定理 5.2.4 n 阶方阵 $\boldsymbol{A}$ 可对角化的充要条件是其每一个 k_i 重特征根 λ_i 对应的矩阵 $\lambda_i\boldsymbol{E}-\boldsymbol{A}$ 的秩为 $n-k_i$.

证明：充分性.

若 $\boldsymbol{A}$ 的每个 k_i 重根对应的矩阵 $\lambda_i\boldsymbol{E}-\boldsymbol{A}$ 的秩为 $n-k_i$，则 $(\lambda_i\boldsymbol{E}-\boldsymbol{A})\boldsymbol{x}=\boldsymbol{0}$ 有 k_i 个基础解系，从而 $\boldsymbol{A}$ 有 n 个线性无关的特征向量，由定理 5.2.3 知 $\boldsymbol{A}$ 可对角化.

必要性.

若存在可逆阵 $\boldsymbol{P}$，使得

$$\boldsymbol{P}^{-1}\boldsymbol{A}\boldsymbol{P}=\boldsymbol{\Lambda}=\begin{pmatrix}\lambda_1 & & & \\ & \lambda_2 & & \\ & & \ddots & \\ & & & \lambda_n\end{pmatrix},$$

其中，$\lambda_1,\lambda_2,\cdots,\lambda_n$ 为 $\boldsymbol{A}$ 的 n 个特征值(重根以重数记). 则有

$$\begin{aligned}\boldsymbol{P}^{-1}(\lambda\boldsymbol{E}-\boldsymbol{A})\boldsymbol{P}&=\lambda\boldsymbol{E}-\boldsymbol{P}^{-1}\boldsymbol{A}\boldsymbol{P}\\&=\lambda\boldsymbol{E}-\boldsymbol{\Lambda}\\&=\begin{pmatrix}\lambda-\lambda_1 & & & \\ & \lambda-\lambda_2 & & \\ & & \ddots & \\ & & & \lambda-\lambda_n\end{pmatrix}.\end{aligned}$$

因此，如果 λ_i 为 $\boldsymbol{A}$ 的 k_i 重根，则

$$R(\lambda_i\boldsymbol{E}-\boldsymbol{A})=R(\lambda_i\boldsymbol{E}-\boldsymbol{\Lambda})=n-k_i.$$

例 5.2.1 问 x 取何值时，矩阵

$$A=\begin{pmatrix}0&0&1\\1&1&x\\1&0&0\end{pmatrix}$$

可对角化.

解:因为

$$f(\lambda)=|\lambda E-A|=\begin{vmatrix}\lambda&0&-1\\-1&\lambda-1&-x\\-1&0&\lambda\end{vmatrix}=(\lambda-1)^2(\lambda+1),$$

解 $f(\lambda)=0$ 可得 A 的特征根为

$$\lambda_1=\lambda_2=1,\lambda_3=-1.$$

当 $\lambda=\lambda_3=-1$ 时,

$$\lambda E-A=\begin{pmatrix}-1&0&-1\\-1&-2&-x\\-1&0&-1\end{pmatrix}\overset{r}{\sim}\begin{pmatrix}-1&0&-1\\0&2&x+1\\0&0&0\end{pmatrix},$$

对 $\forall x\in\mathbf{R}$,上述矩阵秩均为 2.

当 $\lambda=\lambda_1=\lambda_2=1$ 时,

$$\lambda E-A=\begin{pmatrix}1&0&-1\\-1&0&-x\\-1&0&1\end{pmatrix}\overset{r}{\sim}\begin{pmatrix}1&0&-1\\0&0&-(x+1)\\0&0&0\end{pmatrix}.$$

所以,当 $x=-1$ 时,上述矩阵的秩为 1. 由定理 5.2.4 知,此时 A 可对角化.

例 5.2.2　已知

$$A=\begin{pmatrix}0&0&1\\1&1&-1\\1&0&0\end{pmatrix},$$

(1) 求一个可逆矩阵 P,使得 $P^{-1}AP=\Lambda$,其中 Λ 为对角阵;

(2) 求 A^{10}.

解:(1) 由例 5.2.1 知 A 的特征值为

$$\lambda_1=\lambda_2=1,\lambda_3=-1.$$

讨论:① 当 $\lambda=\lambda_1=\lambda_2=1$ 时,

$$(\lambda E-A)=\begin{pmatrix}1&0&-1\\-1&0&1\\-1&0&1\end{pmatrix}\overset{r}{\sim}\begin{pmatrix}1&0&-1\\0&0&0\\0&0&0\end{pmatrix}.$$

解 $x_1-x_3=0$,得其基础解系为

$$p_1=\begin{pmatrix}0\\1\\0\end{pmatrix},p_2=\begin{pmatrix}1\\0\\1\end{pmatrix}.$$

② 当 $\lambda=\lambda_3=-1$ 时，

$$(\lambda E-A)=\begin{pmatrix}-1&0&-1\\-1&-2&1\\-1&0&-1\end{pmatrix}\overset{r}{\sim}\begin{pmatrix}1&0&1\\0&1&-1\\0&0&0\end{pmatrix}.$$

解$\begin{cases}x_1=-x_3,\\x_2=x_3,\end{cases}$可得其基础解系为

$$p_3=\begin{pmatrix}-1\\1\\1\end{pmatrix}.$$

令

$$P=(p_1,p_2,p_3)=\begin{pmatrix}0&1&-1\\1&0&1\\0&1&1\end{pmatrix},\Lambda=\begin{pmatrix}1&&\\&1&\\&&-1\end{pmatrix},$$

则

$$P^{-1}AP=\Lambda.$$

(2) 由 $P^{-1}AP=\Lambda$ 知，

$$A=P\Lambda P^{-1},$$

所以

$$\begin{aligned}A^{10}&=(P\Lambda P^{-1})^{10}\\&=P\Lambda^{10}P^{-1}\\&=P\begin{pmatrix}1^{10}&&\\&1^{10}&\\&&(-1)^{10}\end{pmatrix}P^{-1}\\&=PEP^{-1}\\&=PP^{-1}\\&=E.\end{aligned}$$

第三节　对称矩阵的对角化

在计量经济学和一些数学模型中，经常遇到对称矩阵，对称矩阵的特征值和特征向量具有许多特殊性质，本节我们主要讨论对称矩阵的特征值和特征向量的性质以及对称矩阵的对角化问题.

一、正交向量组

在中学，我们学习了两个向量的数量积. 设

$$\boldsymbol{a}=\begin{pmatrix}a_1\\a_2\\a_3\end{pmatrix},\boldsymbol{b}=\begin{pmatrix}b_1\\b_2\\b_3\end{pmatrix},$$

则称实数 $a_1b_1+a_2b_2+a_3b_3$ 为向量 $\boldsymbol{a}$ 和 $\boldsymbol{b}$ 的数量积，记作

$$\boldsymbol{a}\cdot\boldsymbol{b}=a_1b_1+a_2b_2+a_3b_3.$$

在本节，我们利用矩阵的乘法把三维向量的数量积推广到 n 维向量的内积.

定义 5.3.1　设

$$\boldsymbol{\alpha}=\begin{pmatrix}a_1\\a_2\\\vdots\\a_n\end{pmatrix},\quad\boldsymbol{\beta}=\begin{pmatrix}b_1\\b_2\\\vdots\\b_n\end{pmatrix},$$

定义

$$\boldsymbol{\alpha}^{\mathrm{T}}\boldsymbol{\beta}=(a_1,a_2,\cdots,a_n)\begin{pmatrix}b_1\\b_2\\\vdots\\b_n\end{pmatrix}=a_1b_1+a_2b_2+\cdots+a_nb_n=\sum_{i=1}^{n}a_ib_i$$

为向量 $\boldsymbol{\alpha}$ 与 $\boldsymbol{\beta}$ 的内积，记作

$$[\boldsymbol{\alpha},\boldsymbol{\beta}]=a_1b_1+a_2b_2+\cdots+a_nb_n=\sum_{i=1}^{n}a_ib_i.$$

根据矩阵乘法的性质，不难验证内积具有下列性质：

(1)$[\boldsymbol{\alpha},\boldsymbol{\beta}]=[\boldsymbol{\beta},\boldsymbol{\alpha}]$；

(2)$[k_1\boldsymbol{\alpha},k_2\boldsymbol{\beta}]=k_1k_2[\boldsymbol{\alpha},\boldsymbol{\beta}]$；

(3)$[\boldsymbol{\alpha}+\boldsymbol{\beta},\boldsymbol{\gamma}]=[\boldsymbol{\alpha},\boldsymbol{\gamma}]+[\boldsymbol{\beta},\boldsymbol{\gamma}]$

(4)$[\boldsymbol{\alpha},\boldsymbol{\alpha}]\geqslant 0$，并且当且仅当 $\boldsymbol{\alpha}=0$ 时，有$[\boldsymbol{\alpha},\boldsymbol{\alpha}]=0$.

其中，$\boldsymbol{\alpha},\boldsymbol{\beta},\boldsymbol{\gamma}$ 均为 n 维向量.

定义 5.3.2　n 维向量 $\boldsymbol{\alpha}$ 与自己的内积的平方根

$$\sqrt{[\boldsymbol{\alpha},\boldsymbol{\alpha}]}=\sqrt{a_1^2+a_2^2+\cdots+a_n^2}$$

称为向量 $\boldsymbol{\alpha}$ 的长度（或范数），记作 $\|\boldsymbol{\alpha}\|$.

当 $\|\boldsymbol{\alpha}\|=1$ 时，称 $\boldsymbol{\alpha}$ 为单位向量. 实际上，对任意非零向量 $\boldsymbol{\alpha}$，$\dfrac{\boldsymbol{\alpha}}{\|\boldsymbol{\alpha}\|}$ 一定是单位向量. 将 $\boldsymbol{\alpha}$ 化为 $\dfrac{\boldsymbol{\alpha}}{\|\boldsymbol{\alpha}\|}$ 的运算称作把向量 $\boldsymbol{\alpha}$ 单位化.

定义 5.3.3　若两个 n 维向量 $\boldsymbol{\alpha}$ 与 $\boldsymbol{\beta}$ 的内积满足

$$[\boldsymbol{\alpha},\boldsymbol{\beta}]=0,$$

则称 $\boldsymbol{\alpha}$ 与 $\boldsymbol{\beta}$ 正交.

特别的,任意向量 $\boldsymbol{\alpha}$ 都与零向量正交.

定义 5.3.4 对于一组 n 维的非零向量组 $\boldsymbol{A}:\boldsymbol{\alpha}_1,\boldsymbol{\alpha}_2,\cdots,\boldsymbol{\alpha}_m$,若两两正交,即

$$[\boldsymbol{\alpha}_i,\boldsymbol{\alpha}_j]=0 \quad (i\neq j;i,j=1,2,\cdots,m),$$

则称该向量组为正交向量组.

例如,例 4.2.1 中的 n 维单位座标向量组 $\boldsymbol{e}:\boldsymbol{e}_1,\boldsymbol{e}_2,\cdots,\boldsymbol{e}_n$ 就是一个正交向量组.

定理 5.3.1 正交向量组一定是线性无关向量组.

证明:设 $\boldsymbol{\alpha}_1,\boldsymbol{\alpha}_2,\cdots,\boldsymbol{\alpha}_m$ 为一正交向量组,且存在 m 个数 $k_1,k_2,\cdots,k_m$,使得

$$k_1\boldsymbol{\alpha}_1+k_2\boldsymbol{\alpha}_2+\cdots+k_m\boldsymbol{\alpha}_m=\mathbf{0}.$$

对上式两边与 α_1 进行内积,可得

$$[\boldsymbol{\alpha}_1,k_1\boldsymbol{\alpha}_1+k_2\boldsymbol{\alpha}_2+\cdots+k_m\boldsymbol{\alpha}_m]=[\boldsymbol{\alpha}_1,\mathbf{0}],$$

即

$$k_1[\boldsymbol{\alpha}_1,\boldsymbol{\alpha}_1]+k_2[\boldsymbol{\alpha}_1,\boldsymbol{\alpha}_2]+\cdots+k_m[\boldsymbol{\alpha}_1,\boldsymbol{\alpha}_m]=0.$$

由于

$$[\boldsymbol{\alpha}_1,\boldsymbol{\alpha}_i]=0,i=2,3,\cdots,m,$$

所以

$$k_1[\boldsymbol{\alpha}_1,\boldsymbol{\alpha}_1]=0.$$

由 $\boldsymbol{\alpha}_1$ 的非零性,知

$$k_1=0.$$

同理,可得

$$k_2=k_3=\cdots=k_m=0.$$

所以,$\boldsymbol{\alpha}_1,\boldsymbol{\alpha}_2,\cdots,\boldsymbol{\alpha}_m$ 一定线性无关.

需要注意的是,上述定理的逆命题并不成立,即线性无关组不一定是正交向量组. 如

$$\boldsymbol{\alpha}_1=\begin{pmatrix}1\\0\end{pmatrix},\boldsymbol{\alpha}_2=\begin{pmatrix}1\\1\end{pmatrix}$$

是线性无关的,但$[\boldsymbol{\alpha}_1,\boldsymbol{\alpha}_2]=1\neq 0$.

然而,对于一个线性无关的向量组 $\boldsymbol{\alpha}_1,\boldsymbol{\alpha}_2,\cdots,\boldsymbol{\alpha}_m$,却可以生成一个正交向量组 $\boldsymbol{\beta}_1,\boldsymbol{\beta}_2,\cdots,\boldsymbol{\beta}_s$,并使得这两个向量组等价. 由一个线性无关向量组生成满足上述条件的正交向量组的过程,称作向量组 $\boldsymbol{\alpha}_1,\boldsymbol{\alpha}_2,\cdots,\boldsymbol{\alpha}_m$ 的正交化. 将一个向量组正交化,可用以下的方法进行:

$$\boldsymbol{\beta}_1=\boldsymbol{\alpha}_1;$$

$$\boldsymbol{\beta}_2=\boldsymbol{\alpha}_2-\frac{[\boldsymbol{\alpha}_2,\boldsymbol{\beta}_1]}{[\boldsymbol{\beta}_1,\boldsymbol{\beta}_1]}\boldsymbol{\beta}_1;$$

$$\vdots$$

$$\boldsymbol{\beta}_m=\boldsymbol{\alpha}_m-\frac{[\boldsymbol{\alpha}_m,\boldsymbol{\beta}_1]}{[\boldsymbol{\beta}_1,\boldsymbol{\beta}_1]}\boldsymbol{\beta}_1-\frac{[\boldsymbol{\alpha}_m,\boldsymbol{\beta}_2]}{[\boldsymbol{\beta}_2,\boldsymbol{\beta}_2]}\boldsymbol{\beta}_2-\cdots-\frac{[\boldsymbol{\alpha}_m,\boldsymbol{\beta}_{m-1}]}{[\boldsymbol{\beta}_{m-1},\boldsymbol{\beta}_{m-1}]}\boldsymbol{\beta}_{m-1}.$$

容易验证,$\boldsymbol{\beta}_1,\boldsymbol{\beta}_2,\cdots,\boldsymbol{\beta}_m$ 为正交向量组,且与 $\boldsymbol{\alpha}_1,\boldsymbol{\alpha}_2,\cdots,\boldsymbol{\alpha}_m$ 等价. 上述从线性无关向量组 $\boldsymbol{\alpha}_1,\boldsymbol{\alpha}_2,\cdots,\boldsymbol{\alpha}_m$ 导出正交向量组 $\boldsymbol{\beta}_1,\boldsymbol{\beta}_2,\cdots,\boldsymbol{\beta}_m$ 的过程,称作施密特(Schimidt) 正交化过程.

例 5.3.1　设

$$\boldsymbol{\alpha}_1=\begin{pmatrix}1\\1\\0\end{pmatrix},\boldsymbol{\alpha}_2=\begin{pmatrix}1\\0\\1\end{pmatrix},\boldsymbol{\alpha}_3=\begin{pmatrix}0\\1\\1\end{pmatrix}.$$

试用施密特正交化过程将 $\boldsymbol{\alpha}_1,\boldsymbol{\alpha}_2,\boldsymbol{\alpha}_3$ 正交化.

解:取 $\boldsymbol{\beta}_1=\boldsymbol{\alpha}_1=\begin{pmatrix}1\\1\\0\end{pmatrix}$;

$$\boldsymbol{\beta}_2=\boldsymbol{\alpha}_2-\frac{[\boldsymbol{\alpha}_2,\boldsymbol{\beta}_1]}{[\boldsymbol{\beta}_1,\boldsymbol{\beta}_1]}\boldsymbol{\beta}_1=\begin{pmatrix}1\\0\\1\end{pmatrix}-\frac{1}{2}\begin{pmatrix}1\\1\\0\end{pmatrix}=\begin{pmatrix}\frac{1}{2}\\-\frac{1}{2}\\1\end{pmatrix};$$

$$\boldsymbol{\beta}_3=\boldsymbol{\alpha}_3-\frac{[\boldsymbol{\alpha}_3,\boldsymbol{\beta}_1]}{[\boldsymbol{\beta}_1,\boldsymbol{\beta}_1]}\boldsymbol{\beta}_1-\frac{[\boldsymbol{\alpha}_3,\boldsymbol{\beta}_2]}{[\boldsymbol{\beta}_2,\boldsymbol{\beta}_2]}\boldsymbol{\beta}_2=\begin{pmatrix}0\\1\\1\end{pmatrix}-\frac{1}{2}\begin{pmatrix}1\\1\\0\end{pmatrix}-\frac{1}{3}\begin{pmatrix}\frac{1}{2}\\-\frac{1}{2}\\1\end{pmatrix}=\begin{pmatrix}-\frac{2}{3}\\\frac{2}{3}\\\frac{2}{3}\end{pmatrix}.$$

定义 5.3.5　若 n 阶方阵 $\boldsymbol{A}$ 满足

$$\boldsymbol{A}^{\mathrm{T}}\boldsymbol{A}=\boldsymbol{E}(\text{即 }\boldsymbol{A}^{-1}=\boldsymbol{A}^{\mathrm{T}}),$$

则称 $\boldsymbol{A}$ 为正交矩阵,简称正交阵.

令 $\boldsymbol{A}=(\boldsymbol{\alpha}_1,\boldsymbol{\alpha}_2,\cdots,\boldsymbol{\alpha}_n)$,则

$$\boldsymbol{A}^{\mathrm{T}}=\begin{pmatrix}\boldsymbol{\alpha}_1^{\mathrm{T}}\\\boldsymbol{\alpha}_2^{\mathrm{T}}\\\vdots\\\boldsymbol{\alpha}_n^{\mathrm{T}}\end{pmatrix},$$

从而

$$\boldsymbol{A}^{\mathrm{T}}\boldsymbol{A}=\begin{pmatrix}\boldsymbol{\alpha}_1^{\mathrm{T}}\\\boldsymbol{\alpha}_2^{\mathrm{T}}\\\vdots\\\boldsymbol{\alpha}_n^{\mathrm{T}}\end{pmatrix}(\boldsymbol{\alpha}_1,\boldsymbol{\alpha}_2,\cdots,\boldsymbol{\alpha}_n)$$

$$=\begin{pmatrix} \boldsymbol{\alpha}_1^{\mathrm{T}}\boldsymbol{\alpha}_1 & \boldsymbol{\alpha}_1^{\mathrm{T}}\boldsymbol{\alpha}_2 & \cdots & \boldsymbol{\alpha}_1^{\mathrm{T}}\boldsymbol{\alpha}_n \\ \boldsymbol{\alpha}_2^{\mathrm{T}}\boldsymbol{\alpha}_1 & \boldsymbol{\alpha}_2^{\mathrm{T}}\boldsymbol{\alpha}_2 & \cdots & \boldsymbol{\alpha}_2^{\mathrm{T}}\boldsymbol{\alpha}_n \\ \vdots & \vdots & & \vdots \\ \boldsymbol{\alpha}_n^{\mathrm{T}}\boldsymbol{\alpha}_1 & \boldsymbol{\alpha}_n^{\mathrm{T}}\boldsymbol{\alpha}_2 & \cdots & \boldsymbol{\alpha}_n^{\mathrm{T}}\boldsymbol{\alpha}_n \end{pmatrix}$$

$$=\boldsymbol{E},$$

所以

$$\boldsymbol{\alpha}_i^{\mathrm{T}}\boldsymbol{\alpha}_i=\delta_{ij}=\begin{cases}1,i=j,\\0,i\neq j.\end{cases}(i,j=1,2,\cdots,n)$$

这说明：n 阶方阵$\boldsymbol{A}$ 是否为正交阵的充要条件是$\boldsymbol{A}$ 的列向量都是单位向量，且两两正交.

由于$\boldsymbol{A}^{\mathrm{T}}\boldsymbol{A}=\boldsymbol{E}$ 与$\boldsymbol{A}\boldsymbol{A}^{\mathrm{T}}=\boldsymbol{E}$ 等价，所以上述结论对于$\boldsymbol{A}$ 的行向量也成立.

不难验证，正交阵具有如下性质：

(1) 若$\boldsymbol{A}$ 为正交阵，则$\boldsymbol{A}^{-1}=\boldsymbol{A}^{\mathrm{T}}$ 也是正交阵；

(2) 若$\boldsymbol{A}$，$\boldsymbol{B}$ 均为正交阵，则$\boldsymbol{AB}$ 也是正交阵.

二、实对称阵的对角化

从本章第二节我们知道，一个 n 阶方阵不一定可以对角化. 在本节中，我们来讨论一类特殊矩阵 —— 对称阵的对角化问题.

定理 5.3.2 对称阵的特征值均为实数.（证明略）

定理 5.3.3 设λ_1，λ_2 为对称阵$\boldsymbol{A}$ 的两个特征值，$\boldsymbol{p}_1$，$\boldsymbol{p}_2$ 为对应的特征向量. 若$\lambda_1\neq\lambda_2$，则$\boldsymbol{p}_1$，$\boldsymbol{p}_2$ 正交.

证明：由题设可得

$$\boldsymbol{A}^{\mathrm{T}}=\boldsymbol{A};\boldsymbol{A}\boldsymbol{p}_1=\lambda_1\boldsymbol{p}_1;\boldsymbol{A}\boldsymbol{p}_2=\lambda_2\boldsymbol{p}_2.$$

于是

$$\lambda_1\boldsymbol{p}_1^{\mathrm{T}}=(\lambda_1\boldsymbol{p}_1)^{\mathrm{T}}=(\boldsymbol{A}\boldsymbol{p}_1)^{\mathrm{T}}=\boldsymbol{p}_1^{\mathrm{T}}\boldsymbol{A}^{\mathrm{T}}=\boldsymbol{p}_1^{\mathrm{T}}\boldsymbol{A},$$

从而

$$\lambda_1\boldsymbol{p}_1^{\mathrm{T}}\boldsymbol{p}_2=\boldsymbol{p}_1^{\mathrm{T}}\boldsymbol{A}\boldsymbol{p}_2=\boldsymbol{p}_1^{\mathrm{T}}(\lambda_2\boldsymbol{p}_2)=\lambda_2\boldsymbol{p}_1^{\mathrm{T}}\boldsymbol{p}_2,$$

所以

$$(\lambda_1-\lambda_2)\boldsymbol{p}_1^{\mathrm{T}}\boldsymbol{p}_2=\boldsymbol{0}.$$

由$\lambda_1\neq\lambda_2$，可得$\boldsymbol{p}_1^{\mathrm{T}}\boldsymbol{p}_2=\boldsymbol{0}$，即$\boldsymbol{p}_1$，$\boldsymbol{p}_2$ 正交.

定理 5.3.4 设$\boldsymbol{A}$ 为n 阶对称阵，则一定存在正交阵$\boldsymbol{P}$，使得

$$\boldsymbol{P}^{-1}\boldsymbol{A}\boldsymbol{P}=\boldsymbol{P}^{\mathrm{T}}\boldsymbol{A}\boldsymbol{P}=\boldsymbol{\Lambda}.$$

其中，$\boldsymbol{\Lambda}$ 是以$\boldsymbol{A}$ 的n 个特征值为对角线元素的对角阵.（证明略）

定理 5.3.4 告诉我们，对称阵一定可以对角化，并且可以正交对角化. 即存在正交阵$\boldsymbol{P}$，使得

$$P^{-1}AP = P^{T}AP = \Lambda.$$

结合定理 5.2.4，可得如下推论：

推论：设 A 为对称阵，则 A 的每一个 k_i 重根 λ_i 对应的矩阵 $\lambda_i E - A$ 的秩

$$R(\lambda_i E - A) = n - k_i.$$

由定理 5.3.4 及其推论，我们可得将对称阵 A 正交对角化的步骤如下：

第一步：解 $f(x) = |\lambda E - A| = 0$，求出 A 的全部互不相等的特征值 $\lambda_1, \lambda_2, \cdots, \lambda_s$，它们的重数依次为 $k_1, k_2, \cdots, k_s (k_1 + k_2 + \cdots + k_s = n)$.

第二步：对每一个 $k_i (i = 1, 2, \cdots, s)$ 重根，求解齐次线性方程 $(\lambda_i E - A)x = \mathbf{0}$，得出其基础解系，从而得到 k_i 个线性无关的特征向量. 再将其正交化、单位化，得到 k_i 个两两正交的单位特征向量. 因 $k_1 + k_2 + \cdots + k_s = n$，故最终可得 n 个两两正交的单位向量.

第三步：将第二步中的 n 个两两正交的单位正交向量构成正交阵 P，便有 $P^{-1}AP = P^{T}AP = \Lambda$. 注意，$\Lambda$ 中对角元素的排列顺序应与 P 中特征向量顺序对应.

例 5.3.2　已知

$$A = \begin{pmatrix} 1 & 2 & 2 \\ 2 & 1 & 2 \\ 2 & 2 & 1 \end{pmatrix},$$

求一个正交阵 P，将 A 正交对角化.

解：由例 5.1.2 知

$$\lambda_1 = 5, \lambda_2 = \lambda_3 = -1,$$

对应的三个线性无关特征向量依次为

$$p_1 = \begin{pmatrix} 1 \\ 1 \\ 1 \end{pmatrix}, p_2 = \begin{pmatrix} -1 \\ 1 \\ 0 \end{pmatrix}, p_3 = \begin{pmatrix} -1 \\ 0 \\ 1 \end{pmatrix}.$$

现将 -1 对应的两个无关特征向量 p_2, p_3 正交化.

取

$$p_2' = p_2 = \begin{pmatrix} -1 \\ 1 \\ 0 \end{pmatrix},$$

$$p_3' = p_3 - \frac{[p_3, p_2]}{[p_2, p_2]} p_2 = \begin{pmatrix} -1 \\ 0 \\ 1 \end{pmatrix} - \frac{1}{2}\begin{pmatrix} -1 \\ 1 \\ 0 \end{pmatrix} = \begin{pmatrix} -\frac{1}{2} \\ -\frac{1}{2} \\ 1 \end{pmatrix},$$

再将 p_1, p_2', p_3' 单位化，可得

$$\boldsymbol{p}_1^0=\begin{pmatrix}\frac{\sqrt{3}}{3}\\ \frac{\sqrt{3}}{3}\\ \frac{\sqrt{3}}{3}\end{pmatrix},\boldsymbol{p}_2^0=\begin{pmatrix}-\frac{\sqrt{2}}{2}\\ \frac{\sqrt{2}}{2}\\ 0\end{pmatrix},\boldsymbol{p}_3^0=\begin{pmatrix}-\frac{\sqrt{6}}{6}\\ -\frac{\sqrt{6}}{6}\\ \frac{\sqrt{6}}{3}\end{pmatrix}.$$

令

$$\boldsymbol{P}=(\boldsymbol{p}_1^0,\boldsymbol{p}_2^0,\boldsymbol{p}_3^0)=\begin{pmatrix}\frac{\sqrt{3}}{3} & -\frac{\sqrt{2}}{2} & -\frac{\sqrt{6}}{6}\\ \frac{\sqrt{3}}{3} & \frac{\sqrt{2}}{2} & -\frac{\sqrt{6}}{6}\\ \frac{\sqrt{3}}{3} & 0 & \frac{\sqrt{6}}{3}\end{pmatrix},$$

则

$$\boldsymbol{P}^{-1}\boldsymbol{AP}=\boldsymbol{P}^{\mathrm{T}}\boldsymbol{AP}=\boldsymbol{\Lambda}=\begin{pmatrix}5 & & \\ & -1 & \\ & & -1\end{pmatrix}.$$

其实,我们亦可在求二重根 -1 的基础解系的时候,直接取两个正交的基础解系,这样可省去施密特正交化过程,具体做法如下:

第一步:先取 $\boldsymbol{p}_2$ 的一个数为0(如第一个元素为0),这时,只需 $\boldsymbol{p}_2,\boldsymbol{p}_3$ 的后两位正交就可以了.

第二步:再取 $\boldsymbol{p}_2$ 的另外两位数来满足方程 $x_1+x_2+x_3=0$,如 $1,-1$,则

$$\boldsymbol{p}_2=\begin{pmatrix}0\\1\\-1\end{pmatrix}.$$

第三步:取 $\boldsymbol{p}_3$ 的后两位为 1,1,使得 $\boldsymbol{p}_2,\boldsymbol{p}_3$ 正交,再由方程 $x_1+x_2+x_3=0$ 解出第一位为 -2,则

$$\boldsymbol{p}_3=\begin{pmatrix}-2\\1\\1\end{pmatrix}.$$

利用上述方法,得出的基础解系已经正交(显然无关),故直接将 $\boldsymbol{p}_1,\boldsymbol{p}_2,\boldsymbol{p}_3$ 单位化就可得到正交阵

$$P=\begin{pmatrix}\frac{\sqrt{3}}{3} & 0 & -\frac{\sqrt{6}}{3}\\ \frac{\sqrt{3}}{3} & \frac{\sqrt{2}}{2} & \frac{\sqrt{6}}{6}\\ \frac{\sqrt{3}}{3} & -\frac{\sqrt{2}}{2} & \frac{\sqrt{6}}{6}\end{pmatrix},$$

使得 $\boldsymbol{P}^{-1}\boldsymbol{A}\boldsymbol{P}=\boldsymbol{P}^{\mathrm{T}}\boldsymbol{A}\boldsymbol{P}=\boldsymbol{\Lambda}$.

显然,将对角阵 $\boldsymbol{A}$ 正交对角化的正交阵并不是唯一的.

习题五

A

1. 求下列矩阵的特征值与特征向量.

(1) $\begin{pmatrix}2 & 1\\ 1 & 2\end{pmatrix}$;

(2) $\begin{pmatrix}0 & 0 & 1\\ 0 & 1 & 0\\ 1 & 0 & 0\end{pmatrix}$;

(3) $\begin{pmatrix}1 & 2 & 3\\ 2 & 1 & 3\\ 3 & 3 & 6\end{pmatrix}$;

(4) $\begin{pmatrix}1 & 1 & 1 & 1\\ 1 & 1 & -1 & -1\\ 1 & -1 & 1 & -1\\ 1 & -1 & -1 & 1\end{pmatrix}$;

(5) $\begin{pmatrix}2 & -1 & 2\\ 5 & -3 & 3\\ -1 & 0 & -2\end{pmatrix}$.

2. 已知 $\boldsymbol{A}^2+2\boldsymbol{A}-3\boldsymbol{E}=\boldsymbol{0}$,证明 $\boldsymbol{A}$ 的特征值只可能为 -3 或 1.

3. 已知三阶矩阵 $\boldsymbol{A}$ 的特征值分别为 $1,2,-1$,证明 $\boldsymbol{A}^2+2\boldsymbol{A}+5\boldsymbol{E}$ 可逆.

4. 已知 λ 为可逆矩阵 $\boldsymbol{A}$ 的特征值,证明:

(1) $\lambda\neq 0$;

(2) $\frac{1}{\lambda}$ 为 $\boldsymbol{A}^{-1}$ 的特征值;

(3) $\dfrac{|\boldsymbol{A}|}{\lambda}$ 为 $\boldsymbol{A}^*$ 的特征值.

5. 已知二阶矩阵 $\boldsymbol{A}$ 的特征值为 1,2,求:

(1) $|\boldsymbol{A}^{-1}+\boldsymbol{A}+2\boldsymbol{E}|$;

(2) $|\boldsymbol{A}+2\boldsymbol{A}^*+2\boldsymbol{E}|$.

6. 若 n 阶方阵 $\boldsymbol{A}$ 与 $\boldsymbol{B}$ 相似,且 $\boldsymbol{A}$ 可逆,证明:

(1) $\boldsymbol{B}$ 也可逆;

(2) $\boldsymbol{A}^{-1}$ 与 $\boldsymbol{B}^{-1}$ 也相似.

7. 设矩阵 $\boldsymbol{A}=\begin{pmatrix}2&0&1\\3&1&x\\4&0&5\end{pmatrix}$ 可相似对角化,求 x.

8. 已知

$$\boldsymbol{A}=\begin{pmatrix}1&-1&1\\2&4&-2\\-3&-3&a\end{pmatrix},\boldsymbol{B}=\begin{pmatrix}2&&\\&2&\\&&b\end{pmatrix},$$

且 $\boldsymbol{A}$ 与 $\boldsymbol{B}$ 相似,求 a,b,并求可逆阵 $\boldsymbol{P}$,使 $\boldsymbol{P}^{-1}\boldsymbol{AP}=\boldsymbol{B}$.

9. 已知 $\boldsymbol{p}=\begin{pmatrix}1\\1\\-1\end{pmatrix}$ 为矩阵 $\boldsymbol{A}=\begin{pmatrix}2&-1&2\\5&a&3\\-1&b&-2\end{pmatrix}$ 的一个特征向量.

(1) 求参数 a,b 的值及特征向量 $\boldsymbol{p}$ 对应的特征值.

(2) 问 $\boldsymbol{A}$ 能不能对角化,并说明理由.

10. 设 $\boldsymbol{A}=\begin{pmatrix}1&4&2\\0&-3&4\\0&4&3\end{pmatrix}$,求 $\boldsymbol{A}^{100}$.

11. 已知 $\boldsymbol{A},\boldsymbol{B}$ 均为 n 阶方阵,且 $\boldsymbol{A}$ 可逆,证明 $\boldsymbol{AB}$ 与 $\boldsymbol{BA}$ 相似.

12. 已知三阶方阵 $\boldsymbol{A}$ 的特征值分别为 $\lambda_1=2,\lambda_2=-2,\lambda_3=1$,对应的特征向量依次为

$$\boldsymbol{p}_1=\begin{pmatrix}0\\1\\1\end{pmatrix},\boldsymbol{p}_2=\begin{pmatrix}1\\1\\1\end{pmatrix},\boldsymbol{p}_3=\begin{pmatrix}1\\1\\0\end{pmatrix},$$

求 $\boldsymbol{A}$.

13. 求一个向量 $\boldsymbol{\beta}$,与向量

$$\boldsymbol{\alpha}_1=\begin{pmatrix}1\\1\\0\end{pmatrix},\boldsymbol{\alpha}_2=\begin{pmatrix}0\\1\\1\end{pmatrix}$$

正交.

14. 将下列线性无关的向量组正交化.

(1) $\boldsymbol{\alpha}_1=\begin{pmatrix}1\\2\\2\\-1\end{pmatrix},\boldsymbol{\alpha}_2=\begin{pmatrix}1\\1\\-5\\3\end{pmatrix},\boldsymbol{\alpha}_3=\begin{pmatrix}3\\2\\8\\-7\end{pmatrix}$;

(2) $\boldsymbol{\alpha}_1=\begin{pmatrix}1\\-2\\2\end{pmatrix},\boldsymbol{\alpha}_2=\begin{pmatrix}-1\\0\\-1\end{pmatrix},\boldsymbol{\alpha}_3=\begin{pmatrix}5\\-3\\7\end{pmatrix}$.

15. 判定下列矩阵是否为正交矩阵.

(1) $\begin{pmatrix}\frac{\sqrt{3}}{2} & -\frac{1}{2}\\ \frac{1}{2} & \frac{\sqrt{3}}{2}\end{pmatrix}$;

(2) $\begin{pmatrix}\frac{1}{9} & -\frac{8}{9} & -\frac{4}{9}\\ -\frac{8}{9} & \frac{1}{9} & -\frac{4}{9}\\ -\frac{4}{9} & -\frac{4}{9} & \frac{7}{9}\end{pmatrix}$.

16. 已知 $\boldsymbol{A},\boldsymbol{B}$ 都是正交阵,证明 $\boldsymbol{AB}$ 也是正交阵.

17. 求一个正交矩阵 $\boldsymbol{P}$,使 $\boldsymbol{P}^{-1}\boldsymbol{AP}$ 为对角阵.

(1) $\begin{pmatrix}1 & 1 & 1\\1 & 1 & 1\\1 & 1 & 1\end{pmatrix}$;

(2) $\begin{pmatrix}2 & -2 & 0\\-2 & 1 & -2\\0 & -2 & 0\end{pmatrix}$.

18. 设三阶对称阵 $\boldsymbol{A}$ 的特征值为 $\lambda_1=1,\lambda_2=-1,\lambda_3=0$,对应 λ_1,λ_2 的特征向量依次为

$$\boldsymbol{p}_1=\begin{pmatrix}1\\2\\2\end{pmatrix},\boldsymbol{p}_2=\begin{pmatrix}2\\1\\-2\end{pmatrix},$$

求 $\boldsymbol{A}$.

19. 设三阶对称阵 $\boldsymbol{A}$ 的特征值 $\lambda_1=6,\lambda_2=\lambda_3=3$,与特征值 $\lambda_1=6$ 对应的特征向量为

$$\boldsymbol{p}_1=\begin{pmatrix}1\\1\\1\end{pmatrix},$$

求 $\boldsymbol{A}$.

B

1. 填空题.

(1)设 $\boldsymbol{A}$ 为 2 阶矩阵，$\boldsymbol{\alpha}_1,\boldsymbol{\alpha}_2$ 为线性无关的 2 维列向量，$\boldsymbol{A}\boldsymbol{\alpha}_1=0,\boldsymbol{A}\boldsymbol{\alpha}_2=2\boldsymbol{\alpha}_1+\boldsymbol{\alpha}_2$，则 $\boldsymbol{A}$ 的非零特征值为________；

(2)设矩阵 $\boldsymbol{A}=\begin{pmatrix}4&1&-2\\1&2&a\\3&1&-1\end{pmatrix}$ 的一个特征向量为 $\begin{pmatrix}1\\1\\2\end{pmatrix}$，则 $a=$________；

(3)若 3 阶矩阵 $\boldsymbol{A}$ 的特征值为 $2,-2,1$，$\boldsymbol{B}=\boldsymbol{A}^2-\boldsymbol{A}+\boldsymbol{E}$，其中 $\boldsymbol{E}$ 为 3 阶单位阵，则行列式 $|\boldsymbol{B}|=$________；

(4)设 $\boldsymbol{\alpha},\boldsymbol{\beta}$ 为 3 维列向量，$\boldsymbol{\beta}^{\mathrm{T}}$ 为 $\boldsymbol{\beta}$ 的转置，若矩阵 $\boldsymbol{\alpha}\boldsymbol{\beta}^{\mathrm{T}}$ 相似于 $\begin{pmatrix}2&0&0\\0&0&0\\0&0&0\end{pmatrix}$，则 $\boldsymbol{\beta}^{\mathrm{T}}\boldsymbol{\alpha}=$________.

2. 选择题.

(1)设 λ_1,λ_2 是矩阵 $\boldsymbol{A}$ 的两个不同的特征值，对应的特征向量分别为 $\boldsymbol{\alpha}_1,\boldsymbol{\alpha}_2$，则 $\boldsymbol{\alpha}_1,\boldsymbol{A}(\boldsymbol{\alpha}_1+\boldsymbol{\alpha}_2)$ 线性无关的充分必要条件是(　　)；

(A)$\lambda_1\neq0$　　(B)$\lambda_2\neq0$　　(C)$\lambda_1=0$　　(D)$\lambda_2=0$

(2)设 $\boldsymbol{A},\boldsymbol{B}$ 是可逆矩阵，且 $\boldsymbol{A}$ 与 $\boldsymbol{B}$ 相似，则下列结论中错误的是(　　)；

(A)$\boldsymbol{A}^{\mathrm{T}}$ 与 $\boldsymbol{B}^{\mathrm{T}}$ 相似

(B)$\boldsymbol{A}^{-1}$ 与 $\boldsymbol{B}^{-1}$ 相似

(C)$\boldsymbol{A}+\boldsymbol{A}^{\mathrm{T}}$ 与 $\boldsymbol{B}+\boldsymbol{B}^{\mathrm{T}}$ 相似

(D)$\boldsymbol{A}+\boldsymbol{A}^{-1}$ 与 $\boldsymbol{B}+\boldsymbol{B}^{-1}$ 相似

(3)设 $\boldsymbol{A}$ 为 4 阶实对称矩阵，且 $\boldsymbol{A}^2+\boldsymbol{A}=\boldsymbol{0}$，若 $\boldsymbol{A}$ 的秩为 3，则 $\boldsymbol{A}$ 相似于(　　)；

(A) $\begin{pmatrix}1&&&\\&1&&\\&&1&\\&&&0\end{pmatrix}$　　(B) $\begin{pmatrix}1&&&\\&1&&\\&&-1&\\&&&0\end{pmatrix}$

(C) $\begin{pmatrix}1&&&\\&-1&&\\&&-1&\\&&&0\end{pmatrix}$　　(D) $\begin{pmatrix}-1&&&\\&-1&&\\&&-1&\\&&&0\end{pmatrix}$

(4)设矩阵 $\boldsymbol{A}=\begin{pmatrix}2&0&0\\0&2&1\\0&0&1\end{pmatrix},\boldsymbol{B}=\begin{pmatrix}2&1&0\\0&2&0\\0&0&1\end{pmatrix},\boldsymbol{C}=\begin{pmatrix}1&0&0\\0&2&0\\0&0&2\end{pmatrix}$，则(　　)；

(A)$\boldsymbol{A}$ 与 $\boldsymbol{C}$ 相似，$\boldsymbol{B}$ 与 $\boldsymbol{C}$ 相似　　(B)$\boldsymbol{A}$ 与 $\boldsymbol{C}$ 相似，$\boldsymbol{B}$ 与 $\boldsymbol{C}$ 不相似

(C)$\boldsymbol{A}$ 与 $\boldsymbol{C}$ 不相似，$\boldsymbol{B}$ 与 $\boldsymbol{C}$ 不相似　　　(D)$\boldsymbol{A}$ 与 $\boldsymbol{C}$ 不相似，$\boldsymbol{B}$ 与 $\boldsymbol{C}$ 相似

(5)矩阵 $\begin{pmatrix} 1 & a & 1 \\ a & b & a \\ 1 & a & 1 \end{pmatrix}$ 与 $\begin{pmatrix} 2 & 0 & 0 \\ 0 & b & 0 \\ 0 & 0 & 0 \end{pmatrix}$ 相似的充分必要条件为(　　).

(A)$a=0,b=2$

(B)$a=0$，b 为任意常数

(C)$a=2,b=0$

(D)$a=2$，b 为任意常数

3. 设 3 阶矩阵 $\boldsymbol{A}=(\boldsymbol{\alpha}_1,\boldsymbol{\alpha}_2,\boldsymbol{\alpha}_3)$ 有 3 个不同的特征值，且 $\boldsymbol{\alpha}_3=\boldsymbol{\alpha}_1+2\boldsymbol{\alpha}_2$.

(1)证明：$r(\boldsymbol{A})=2$；

(2)若 $\boldsymbol{\beta}=\boldsymbol{\alpha}_1+\boldsymbol{\alpha}_2+\boldsymbol{\alpha}_3$，求方程组 $\boldsymbol{Ax}=\boldsymbol{\beta}$ 的通解.

4. 设 3 阶对称矩阵 $\boldsymbol{A}$ 的特征值 $\lambda_1=1,\lambda_2=2,\lambda_3=-2$，$\boldsymbol{\alpha}_1=(1,-1,1)^{\mathrm{T}}$ 是 $\boldsymbol{A}$ 的属于 λ_1 的一个特征向量，记 $\boldsymbol{B}=\boldsymbol{A}^5-4\boldsymbol{A}^3+\boldsymbol{E}$，其中 $\boldsymbol{E}$ 为 3 阶单位矩阵.

(1)验证 $\boldsymbol{\alpha}_1$ 是矩阵 $\boldsymbol{B}$ 的特征向量，并求 $\boldsymbol{B}$ 的全部特征值与特征向量；

(2)求矩阵 $\boldsymbol{B}$.

5. $\boldsymbol{A}$ 为三阶实对称矩阵，$\boldsymbol{A}$ 的秩为 2，即的 $r(\boldsymbol{A})=2$，且 $\boldsymbol{A}\begin{pmatrix} 1 & 1 \\ 0 & 0 \\ -1 & 1 \end{pmatrix}=\begin{pmatrix} -1 & 1 \\ 0 & 0 \\ 1 & 1 \end{pmatrix}$.

(1)求 $\boldsymbol{A}$ 的特征值与特征向量；

(2)求矩阵 $\boldsymbol{A}$.

6. 设 $\boldsymbol{A}=\begin{pmatrix} 0 & -1 & 4 \\ -1 & 3 & a \\ 4 & a & 0 \end{pmatrix}$，正交矩阵 $\boldsymbol{Q}$ 使得 $\boldsymbol{Q}^{\mathrm{T}}\boldsymbol{AQ}$ 为对角矩阵，若 $\boldsymbol{Q}$ 的第 1 列为 $\dfrac{1}{\sqrt{6}}(1,2,1)^{\mathrm{T}}$，求 a，$\boldsymbol{Q}$.

7. 设矩阵 $\boldsymbol{A}=\begin{pmatrix} 1 & 2 & -3 \\ -1 & 4 & -3 \\ 1 & a & 5 \end{pmatrix}$ 的特征方程有一个二重根，求 a 的值，并讨论 $\boldsymbol{A}$ 是否可相似对角化.

8. 已知矩阵 $\boldsymbol{A}=\begin{pmatrix} 0 & -1 & 1 \\ 2 & -3 & 0 \\ 0 & 0 & 0 \end{pmatrix}$.

(1)求 $\boldsymbol{A}^{99}$；

(2)设 3 阶矩阵 $\boldsymbol{B}=(\boldsymbol{\alpha}_1,\boldsymbol{\alpha}_2,\boldsymbol{\alpha}_3)$，满足 $\boldsymbol{B}^2=\boldsymbol{BA}$，记 $\boldsymbol{B}^{100}=(\boldsymbol{\beta}_1,\boldsymbol{\beta}_2,\boldsymbol{\beta}_3)$，将 $\boldsymbol{\beta}_1$，$\boldsymbol{\beta}_2$，$\boldsymbol{\beta}_3$ 分别表示为 $\boldsymbol{\alpha}_1,\boldsymbol{\alpha}_2,\boldsymbol{\alpha}_3$ 的线性组合.

9. 证明 n 阶矩阵 $\begin{pmatrix} 1 & 1 & \cdots & 1 \\ 1 & 1 & \cdots & 1 \\ \vdots & \vdots & & \vdots \\ 1 & 1 & \cdots & 1 \end{pmatrix}$ 与 $\begin{pmatrix} 0 & \cdots & 0 & 1 \\ 0 & \cdots & 0 & 2 \\ \vdots & & \vdots & \vdots \\ 0 & \cdots & 0 & n \end{pmatrix}$ 相似.

*第六章　二次型

在解析几何中，为了方便研究二次曲线

$$f(x,y)=ax^2+bxy+cy^2=d \tag{6.1.1}$$

的几何性质，可以选择适当的座标旋转变换

$$\begin{cases} x = x'\cos\theta - y'\sin\theta, \\ y = x'\sin\theta + y'\cos\theta, \end{cases}$$

把方程化为标准形

$$g(x',y')=mx'^2+ny'^2=1.$$

(6.1.1)式的左边是一个二次齐次多项式.从线性代数的观点来看，化为标准形的过程就是利用变量的线性变换来化简一个二次齐次多项式，使它只含有平方项.这样的问题在数理统计、力学等领域也经常出现，所以有必要统一起来加以研究.

第一节　二次型及其标准形

定义 6.1.1　称含有 n 个变量 $x_1,x_2,\cdots,x_n$ 的二次齐次多项式(或二次齐次函数)

$$\begin{aligned} f(x_1,x_2,\cdots,x_n) = & a_{11}x_1^2+a_{22}x_2^2+\cdots+a_{nn}x_n^2 \\ & +2a_{12}x_1x_2+2a_{13}x_1x_3+\cdots \\ & +2a_{n-1,n}x_{n-1}x_n \end{aligned} \tag{6.1.2}$$

为二次型.

如果取 $a_{ij}=a_{ji}(i=1,2,\cdots,n)$，则 $2a_{ij}=a_{ij}x_ix_j+a_{ji}x_jx_i$，于是(6.1.2)式也可以写成

$$\begin{aligned} f(x_1,x_2,\cdots,x_n) = & a_{11}x_1^2+a_{12}x_1x_2+\cdots+a_{1n}x_1x_n \\ & +a_{21}x_2x_1+a_{22}x_2^2+\cdots+a_{2n}x_2x_n+\cdots \\ & +a_{n1}x_nx_1+a_{n2}x_nx_2+\cdots+a_{nn}x_n^2 \end{aligned} \tag{6.1.3}$$

$$= \sum_{i,j=1}^{n} a_{ij} x_i x_j.$$

对于二次型(6.1.2),我们所讨论的主要问题是:寻求可逆的线性变换

$$\begin{cases} x_1 = b_{11} y_1 + b_{12} y_2 + \cdots + b_{1n} y_n, \\ x_2 = b_{21} y_1 + b_{22} y_2 + \cdots + b_{2n} y_n, \\ \quad \vdots \qquad\qquad \vdots \\ x_n = b_{n1} y_1 + b_{n2} y_2 + \cdots + b_{nn} y_n, \end{cases} \tag{6.1.4}$$

使二次型(6.1.2)式化为只含 $y_1, y_2, \cdots, y_n$ 平方项的二次型(即用(6.1.4)式代入(6.1.2)式中)

$$f(y_1, y_2, \cdots, y_n) = k_1 y_1^2 + k_2 y_2^2 + \cdots + k_n y_n^2. \tag{6.1.5}$$

这种只含平方项的二次型,称为二次型的标准形.

注意到二次型(6.1.3)中 $x_i x_j$ 的系数 a_{ij},按照其所在二次型中的顺序,可以构成一个实对称阵

$$\mathbf{A} = \begin{pmatrix} a_{11} & a_{12} & \cdots & a_{1n} \\ a_{21} & a_{22} & \cdots & a_{2n} \\ \vdots & \vdots & & \vdots \\ a_{n1} & a_{n2} & \cdots & a_{nn} \end{pmatrix}.$$

若记

$$\boldsymbol{x} = \begin{pmatrix} x_1 \\ x_2 \\ \vdots \\ x_n \end{pmatrix},$$

利用矩阵的乘法,不难发现,二次型(6.1.2)、(6.1.3)还可以记作

$$f = \boldsymbol{x}^{\mathrm{T}} \mathbf{A} \boldsymbol{x}, \tag{6.1.6}$$

其中,$\mathbf{A}$ 为对称阵.

此处,我们称对称阵 $\mathbf{A}$ 为二次型 f 的系数矩阵,利用(6.1.6)式的记法,易知任意一个二次型与一个对称阵存在一一对应关系,我们称对称阵 $\mathbf{A}$ 的秩为二次型 f 的秩.

例如,二次型

$$f(x, y) = x^2 + 2xy + y^2,$$

可对应的用矩阵乘法记为

$$f(x, y) = (x, y) \begin{pmatrix} 1 & 1 \\ 1 & 1 \end{pmatrix} \begin{pmatrix} x \\ y \end{pmatrix},$$

其二次型矩阵为

$$\mathbf{A} = \begin{pmatrix} 1 & 1 \\ 1 & 1 \end{pmatrix},$$

该二次型的秩为 1.

在线性变换(6.1.4)中,若记

$$B=\begin{pmatrix} b_{11} & b_{12} & \cdots & b_{1n} \\ b_{21} & b_{22} & \cdots & b_{2n} \\ \vdots & & & \vdots \\ b_{n1} & b_{n2} & \cdots & b_{nn} \end{pmatrix},$$

则线性变换(6.1.4)可简记为

$$\boldsymbol{x}=\boldsymbol{B}\boldsymbol{y}.$$

代入(6.1.6)式,可得

$$f=(\boldsymbol{B}\boldsymbol{y})^{\mathrm{T}}\boldsymbol{A}(\boldsymbol{B}\boldsymbol{y})=\boldsymbol{y}^{\mathrm{T}}(\boldsymbol{B}^{\mathrm{T}}\boldsymbol{A}\boldsymbol{B})\boldsymbol{y}.$$

注意到标准形(6.1.5)对应的二次型矩阵为

$$\boldsymbol{\Lambda}=\begin{pmatrix} k_1 & & & \\ & k_2 & & \\ & & \ddots & \\ & & & k_n \end{pmatrix},$$

故二次型的标准化问题就是寻求一个可逆矩阵 $\boldsymbol{B}$,满足

$$\boldsymbol{B}^{\mathrm{T}}\boldsymbol{A}\boldsymbol{B}=\boldsymbol{\Lambda}=\begin{pmatrix} k_1 & & & \\ & k_2 & & \\ & & \ddots & \\ & & & k_n \end{pmatrix}.$$

定义 6.1.2　设 $\boldsymbol{A},\boldsymbol{B}$ 均为 n 阶方阵,若存在可逆阵 $\boldsymbol{P}$,使得

$$\boldsymbol{B}=\boldsymbol{P}^{\mathrm{T}}\boldsymbol{A}\boldsymbol{P},$$

则称 $\boldsymbol{A},\boldsymbol{B}$ 合同.

显然,$\boldsymbol{P}$ 可逆一定有 $\boldsymbol{P}^{\mathrm{T}}$ 可逆,因此,合同矩阵一定是等价矩阵. 于是合同矩阵具有与等价矩阵类似的下述性质:

(1) 反身性:$\boldsymbol{A}$ 与自身合同;

(2) 对称性:$\boldsymbol{A}$ 与 $\boldsymbol{B}$ 合同,则 $\boldsymbol{B}$ 也与 $\boldsymbol{A}$ 合同;

(3) 传递性:若 $\boldsymbol{A}$ 与 $\boldsymbol{B}$ 合同,$\boldsymbol{B}$ 与 $\boldsymbol{C}$ 合同,则 $\boldsymbol{A}$ 一定与 $\boldsymbol{C}$ 合同;

(4) 若 $\boldsymbol{A}$ 与 $\boldsymbol{B}$ 合同,则 $R(\boldsymbol{A})=R(\boldsymbol{B})$.

证明留给读者.

定义 6.1.3　在线性变换(6.1.4)中,若 $\boldsymbol{B}$ 为正交矩阵,则称线性变换

$$\boldsymbol{x}=\boldsymbol{B}\boldsymbol{y}$$

为正交变换.

设 $\boldsymbol{y}=\boldsymbol{B}\boldsymbol{x}$ 为正交变换,则

$$\|\boldsymbol{y}\| = \sqrt{\boldsymbol{y}^{\mathrm{T}}\boldsymbol{y}} = \sqrt{(\boldsymbol{Bx})^{\mathrm{T}}(\boldsymbol{Bx})} = \sqrt{\boldsymbol{x}^{\mathrm{T}}(\boldsymbol{B}^{\mathrm{T}}\boldsymbol{B})\boldsymbol{x}} = \sqrt{\boldsymbol{x}^{\mathrm{T}}\boldsymbol{x}} = \|\boldsymbol{x}\|.$$

上式说明正交变换的一大优点是保持长度，从二维、三维空间来看，就是保持曲线、曲面的几何形状不变，所以，在化简二次曲线、二次曲面时常用到正交变换.

由定理 5.3.4 和二次型矩阵 $\boldsymbol{A}$ 的对称性可知，总存在正交矩阵 $\boldsymbol{P}$，使得

$$\boldsymbol{P}^{-1}\boldsymbol{AP} = \boldsymbol{P}^{\mathrm{T}}\boldsymbol{AP} = \boldsymbol{\Lambda}.$$

其中，$\boldsymbol{\Lambda}$ 是以 $\boldsymbol{A}$ 的特征值为对角线元素的对角阵. 于是对于二次型，有下述定理.

定理 6.1.1 任给二次型

$$f = \boldsymbol{x}^{\mathrm{T}}\boldsymbol{Ax},$$

其中，$\boldsymbol{A}$ 为对称阵，总有正交变换

$$\boldsymbol{x} = \boldsymbol{Py},$$

使 f 可化为标准形

$$f = \lambda_1 y_1^2 + \lambda_2 y_2^2 + \cdots + \lambda_n y_n^2.$$

其中，$\lambda_1, \lambda_2, \cdots, \lambda_n$ 为 f 的矩阵 $\boldsymbol{A}$ 的特征值.

例 6.1.1 求一线性变换 $\boldsymbol{x} = \boldsymbol{Py}$，将二次型

$$f(x_1, x_2, x_3) = x_1^2 + x_2^2 + x_3^2 + 4x_1x_2 + 4x_1x_3 + 4x_2x_3$$

化为标准形.

解：由题可得二次型 f 的系数矩阵为

$$\boldsymbol{A} = \begin{pmatrix} 1 & 2 & 2 \\ 2 & 1 & 2 \\ 2 & 2 & 1 \end{pmatrix}.$$

由例 5.3.2 的结果，存在正交阵

$$\boldsymbol{P} = \begin{pmatrix} \frac{\sqrt{3}}{3} & -\frac{\sqrt{2}}{2} & -\frac{\sqrt{6}}{6} \\ \frac{\sqrt{3}}{3} & \frac{\sqrt{2}}{2} & -\frac{\sqrt{6}}{6} \\ \frac{\sqrt{3}}{3} & 0 & \frac{\sqrt{6}}{3} \end{pmatrix},$$

使得

$$\boldsymbol{P}^{\mathrm{T}}\boldsymbol{AP} = \boldsymbol{\Lambda} = \begin{pmatrix} 5 & & \\ & -1 & \\ & & -1 \end{pmatrix},$$

于是有正交变换

$$\begin{cases} x_1 = \dfrac{\sqrt{3}}{3}y_1 - \dfrac{\sqrt{2}}{2}y_2 - \dfrac{\sqrt{6}}{6}y_3, \\ x_2 = \dfrac{\sqrt{3}}{3}y_1 + \dfrac{\sqrt{2}}{2}y_2 - \dfrac{\sqrt{6}}{6}y_3, \\ x_3 = \dfrac{\sqrt{3}}{3}y_1 \qquad\quad + \dfrac{\sqrt{6}}{3}y_3, \end{cases}$$

把二次型 f 化为标准形

$$f(y_1,y_2,y_3) = 5y_1^2 - y_2^2 - y_3^2.$$

第二节　用配方法化二次型为标准形

用正交变换化二次型为标准形,具有保持几何形状不变的特点. 如果不限于用正交变换,那么还有多种方法(对应于多个可逆的线性变换)把二次型化为标准形. 本节将介绍拉格朗日(Lagrange)配方法,下面举例说明这种方法.

例 6.2.1　化二次型

$$f(x_1,x_2,x_3) = x_1^2 + 2x_2^2 + 2x_3^2 + 2x_1x_2 + 2x_1x_3$$

为标准形,并求出相应的变换矩阵.

解:由于 f 中含 x_1 平方项,故将含 x_1 的所有项归并起来,配方可得

$$\begin{aligned} f(x_1,x_2,x_3) &= x_1^2 + 2x_1x_2 + 2x_1x_3 + 2x_2^2 + 2x_3^2 \\ &= (x_1 + x_2 + x_3)^2 - x_2^2 - x_3^2 - 2x_2x_3 + 2x_2^2 + 2x_3^2 \\ &= (x_1 + x_2 + x_3)^2 + x_2^2 + x_3^2 - 2x_2x_3. \end{aligned}$$

上式右端除第一项平方项外,已不再含 x_1,故依次将含 x_2 的所有项归并起来,配方可得

$$f(x_1,x_2,x_3) = (x_1 + x_2 + x_3)^2 + (x_2 - x_3)^2.$$

令

$$\begin{cases} y_1 = x_1 + x_2 + x_3, \\ y_2 = \qquad x_2 - x_3, \\ y_3 = \qquad\qquad x_3, \end{cases}$$

即

$$\begin{cases} x_1 = y_1 - y_2 - 2y_3, \\ x_2 = \qquad y_2 + y_3, \\ x_3 = \qquad\qquad y_3, \end{cases}$$

就把 f 化为标准形

$$f(y_1,y_2,y_3) = y_1^2 + y_2^2.$$

例 6.2.2 化二次型

$$f(x_1,x_2,x_3)=4x_1x_2-8x_1x_3$$

为标准形,并求出相应的线性变换.

解:由于 f 中不含 x_1^2,故可令

$$\begin{cases}x_1=y_1+y_2,\\x_2=y_1-y_2,\\x_3=y_3,\end{cases}\tag{6.2.1}$$

则

$$f=4y_1^2-4y_2^2-8y_1y_3-8y_2y_3.$$

将上式右端所有含 y_1 项归并,配方可得

$$\begin{aligned}f&=4y_1^2-8y_1y_3-4y_2^2-8y_2y_3\\&=4(y_1-y_3)^2-4y_3^2-4y_2^2-8y_2y_3\\&=4(y_1-y_3)^2-4y_2^2-8y_2y_3-4y_3^2.\end{aligned}$$

再将上式右端所有含 y_2 项归并,配方可得

$$f=4(y_1-y_3)^2-4(y_2+y_3)^2.$$

令

$$\begin{cases}z_1=y_1-y_3\\z_2=y_2+y_3,\\z_3=y_3,\end{cases}$$

即

$$\begin{cases}y_1=z_1+z_3,\\y_2=z_2-z_3,\\y_3=z_3,\end{cases}\tag{6.2.2}$$

则

$$f=4z_1^2-4z_2^2.$$

将(6.2.2)式代入(6.2.1)式,可得相应的线性变换为

$$\begin{pmatrix}x_1\\x_2\\x_3\end{pmatrix}=\begin{pmatrix}1&1&0\\1&-1&0\\0&0&1\end{pmatrix}\begin{pmatrix}1&0&1\\0&1&-1\\0&0&1\end{pmatrix}\begin{pmatrix}z_1\\z_2\\z_3\end{pmatrix}$$

$$=\begin{pmatrix}1&1&0\\1&-1&2\\0&0&1\end{pmatrix}\begin{pmatrix}z_1\\z_2\\z_3\end{pmatrix}.$$

第三节　正定二次型及正定矩阵

在上一节例 6.2.2 中,若令

$$\begin{cases} w_1 = 2z_1, \\ w_2 = 2z_2, \\ w_3 = z_3, \end{cases}$$

则二次型可写成

$$f = w_1^2 - w_2^2.$$

由此可知,二次型的标准形并不唯一. 利用两个矩阵等价则秩相等,不难证明,当二次型 f 的秩(即 $\boldsymbol{A}$ 的秩)为 r 时,二次型 f 的标准形可写成

$$f = k_1y_1^2 + k_2y_2^2 + \cdots + k_ry_r^2 \quad (k_i \neq 0). \tag{6.3.1}$$

当(6.3.1)式中的系数 k_i 全为 1 或 -1 时,我们称(6.3.1)式为二次型 f 的规范形. 也就是说,标准形中平方项的个数是确定的,为 $\boldsymbol{A}$ 的秩. 不仅如此,标准形中正系数的个数也是不变的,从而负系数的个数也不变.

定理 6.3.1　设有二次型

$$f = \boldsymbol{x}^{\mathrm{T}}\boldsymbol{A}\boldsymbol{x},$$

它的秩为 r,有两个可逆线性变换

$$x = cy \text{ 及 } x = pz,$$

使

$$f = k_1y_1^2 + k_2y_2^2 + \cdots + k_ry_r^2 \quad (k_i \neq 0)$$

及

$$f = \lambda_1z_1^2 + \lambda_2z_2^2 + \cdots + \lambda_rz_r^2 \quad (\lambda_i \neq 0).$$

则 $k_1, k_2, \cdots, k_r$ 中正数的个数与 $\lambda_1, \lambda_2, \cdots, \lambda_r$ 中正数的个数相等.

该定理称为惯性定理,这里不予证明.

二次型的标准形中正系数的个数称为二次型的正惯性指数,负系数的个数称为负惯性指数. 在实际生产和科技研究中,用得较多的是正惯性指数为 n 或负惯性指数为 n 的 n 元二次型.

定义 6.3.1　设有二次型

$$f(\boldsymbol{x}) = \boldsymbol{x}^{\mathrm{T}}\boldsymbol{A}\boldsymbol{x},$$

如果对于任何非零向量 $\boldsymbol{x}$,总有 $f(\boldsymbol{x}) > 0$,则称 f 为正定二次型,并称对称矩阵 $\boldsymbol{A}$ 为正定矩阵;如果对于任何非零向量 $\boldsymbol{x}$,总有 $f(\boldsymbol{x}) < 0$,则称 f 为负定二次型,并称对称矩阵 $\boldsymbol{A}$ 是负定矩阵.

下面,我们给出正定二次型的判别方法.

定理 6.3.2 n 元二次型

$$f(\boldsymbol{x})=\boldsymbol{x}^{\mathrm{T}}\boldsymbol{A}\boldsymbol{x}$$

正定的充分必要条件是它的标准形的 n 个系数全为正,即它的规范形的 n 个系数全为1,亦即它的正惯性指标为 n.

证明:设有可逆变换

$$\boldsymbol{x}=\boldsymbol{P}\boldsymbol{y},$$

使得

$$f(\boldsymbol{x})=f(\boldsymbol{P}\boldsymbol{y})=k_1y_1^2+k_2y_2^2+\cdots+k_ny_n^2.$$

先证必要性.利用反证法,假设 $k_s\leqslant 0$,令

$$\boldsymbol{y}=\boldsymbol{e}_s=\begin{pmatrix}0\\ \vdots\\ 1\\ \vdots\\ 0\end{pmatrix}(\boldsymbol{e}_s\text{ 为第 }s\text{ 个数为 1,其余全为 0 的单位列向量}),$$

则 $f(\boldsymbol{P}\boldsymbol{e}_s)=k_s\leqslant\boldsymbol{0}$,这与 f 为正定的矛盾.所以,$k_s>\boldsymbol{0}(s=1,2,\cdots,n)$.

再证充分性.设 $k_i>0(i=1,2,\cdots,n)$.任给 $\boldsymbol{x}\neq\boldsymbol{0}$,则 $\boldsymbol{y}=\boldsymbol{P}^{-1}\boldsymbol{x}\neq\boldsymbol{0}$,故

$$f(\boldsymbol{x})=\sum_{i=1}^{n}k_i\boldsymbol{y}_i^2>0.$$

推论:对称阵 $\boldsymbol{A}$ 为正定矩阵的充要条件是 $\boldsymbol{A}$ 的特征值全是正的.

定义 6.3.2 设 n 阶方阵

$$\boldsymbol{A}=\begin{pmatrix}a_{11}&a_{12}&\cdots&a_{1n}\\ a_{21}&a_{22}&\cdots&a_{2n}\\ \vdots&\vdots&&\vdots\\ a_{n1}&a_{n2}&\cdots&a_{nn}\end{pmatrix},$$

我们称 $\boldsymbol{A}$ 的前 k 行、k 列元素构成的 k 阶子式

$$\boldsymbol{A}_k=\begin{vmatrix}a_{11}&a_{12}&\cdots&a_{1k}\\ a_{21}&a_{22}&\cdots&a_{2k}\\ \vdots&\vdots&&\vdots\\ a_{k1}&a_{k2}&\cdots&a_{kk}\end{vmatrix}$$

为方阵 $\boldsymbol{A}$ 的 k 阶顺序主子式.

定理 6.3.2 对称阵 $\boldsymbol{A}$ 为正定矩阵的充要条件是 $\boldsymbol{A}$ 的各阶顺序主子式都为正,即

$$a_{11}>0,\begin{vmatrix}a_{11}&a_{12}\\ a_{21}&a_{22}\end{vmatrix}>0,\cdots,\begin{vmatrix}a_{11}&\cdots&a_{1n}\\ \vdots&&\vdots\\ a_{n1}&\cdots&a_{nn}\end{vmatrix}>0.$$

对称阵 $\boldsymbol{A}$ 为负定矩阵的充要条件是 $\boldsymbol{A}$ 的奇数阶顺序主子式为负,偶数阶顺序主子

式为正，即

$$(-1)^k\begin{vmatrix}a_{11} & \cdots & a_{1k}\\ \vdots & & \vdots\\ a_{k1} & \cdots & a_{kk}\end{vmatrix}>0\quad(k=1,2,\cdots,n).$$

定理证明略.

例 6.3.1　判定下列二次型的正定性.

(1) $f=6x_1^2+x_2^2+5x_3^2+4x_1x_2-8x_1x_3-4x_2x_3$;

(2) $f=x_1^2+x_2^2+x_3^2+2x_1x_2+2x_1x_3+2x_2x_3$.

解：(1) 二次型 f 的系数矩阵为

$$\boldsymbol{A}=\begin{pmatrix}6 & 2 & -4\\ 2 & 1 & -2\\ -4 & -2 & 5\end{pmatrix},$$

各阶顺序主子式为

$$|6|=6>0,\begin{vmatrix}6 & 2\\ 2 & 1\end{vmatrix}=2>0,\ |\boldsymbol{A}|=2>0,$$

所以 f 是正定的.

(2) 二次型 f 的系数矩阵为

$$\boldsymbol{A}=\begin{pmatrix}1 & 1 & 1\\ 1 & 1 & 1\\ 1 & 1 & 1\end{pmatrix},$$

因为 $|\boldsymbol{A}|=0$，所以 $\boldsymbol{A}$ 不是正定的.

习题六

A

1. 写出下列二次型的系数矩阵.

(1) $f=x_1^2-2x_1x_3+2x_2^2$;

(2) $f=2x_1x_2+2x_1x_3+4x_2x_3$;

(3) $f=x_1^2+2x_1x_4$.

2. 用正交变换将下列二次型化为标准形，并给出所用的变换.

(1) $f=2x_1^2+5x_2^2+5x_3^2+4x_1x_2-4x_1x_3-8x_2x_3$;

(2) $f=3x_1^2+3x_2^2+6x_3^2+8x_1x_2-4x_1x_3+4x_2x_3$;

(3) $f=2x_1x_2-2x_3x_4$;

(4) $f=x_1^2+4x_2^2+4x_3^2-4x_1x_2+4x_1x_3-8x_2x_3$.

3. 用配方法将下列二次型化为标准形，并写出相应的线性变换.

(1) $f = x_1^2 - x_3^2 + 2x_1x_2 + 2x_2x_3$；

(2) $f = x_1^2 + 2x_2^2 - 3x_3^2 + 4x_1x_2 + 2x_2x_3$.

4. 判定下列二次型是否为正定二次型.

(1) $f = 5x_1^2 + 6x_2^2 + 4x_3^2 - 4x_1x_2 - 4x_2x_3$；

(2) $f = 3x_1^2 + 3x_2^2 + 2x_1x_2 + x_3^2$.

5. t 取何值时，下列二次型正定.

(1) $f = 5x_1^2 + x_2^2 + tx_3^2 + 4x_1x_2 - 2x_1x_3 - 2x_2x_3$；

(2) $f = x_1^2 + x_2^2 + 5x_3^2 + 2tx_1x_2 - 2x_1x_3 + 4x_2x_3$.

6. 设 $\boldsymbol{B}$ 为可逆阵，若 $\boldsymbol{A} = \boldsymbol{B}^{\mathrm{T}}\boldsymbol{B}$，证明 $\boldsymbol{A}$ 为正定矩阵.

7. 设 $\boldsymbol{A}$ 为正定矩阵，且 $\boldsymbol{A}$ 与 $\boldsymbol{B}$ 相似，证明 $\boldsymbol{B}$ 也为正定矩阵.

B

1. 选择题.

(1) 设矩阵 $\boldsymbol{A} = \begin{pmatrix} 2 & -1 & -1 \\ -1 & 2 & -1 \\ -1 & -1 & 2 \end{pmatrix}$，$\boldsymbol{B} = \begin{pmatrix} 1 & 0 & 0 \\ 0 & 1 & 0 \\ 0 & 0 & 0 \end{pmatrix}$，则 $\boldsymbol{A}$ 与 $\boldsymbol{B}$(　　)；

(A) 合同，且相似　　(B) 合同，但不相似

(C) 不合同，但相似　　(D) 既不合同，又不相似

(2) 设二次型 $f(x_1,x_2,x_3)$ 在正交变换 $\boldsymbol{x} = \boldsymbol{P}\boldsymbol{y}$ 下的标准形为 $2y_1^2 + y_2^2 - y_3^2$，其中 $\boldsymbol{P} = (e_1,e_2,e_3)$，若 $\boldsymbol{Q} = (e_1,-e_3,e_2)$，则 $f(x_1,x_2,x_3)$ 在正交变换 $\boldsymbol{x} = \boldsymbol{Q}\boldsymbol{y}$ 下的标准形为(　　)；

(A) $2y_1^2 - y_2^2 + y_3^2$　　(B) $2y_1^2 + y_2^2 - y_3^2$

(C) $2y_1^2 - y_2^2 - y_3^2$　　(D) $2y_1^2 + y_2^2 + y_3^2$

(3) 设二次型 $f(x_1,x_2,x_3) = a(x_1^2 + x_2^2 + x_3^2) + 2x_1x_2 + 2x_2x_3 + 2x_1x_3$ 的正、负惯性指数分别为 1,2，则(　　).

(A) $a > 1$　　(B) $a < -2$

(C) $-2 < a < 1$　　(D) $a = 1$ 或 $a = -2$

2. 设二次型 $f(x_1,x_2,x_3) = x_1^2 - x_2^2 + 2ax_1x_3 + 4x_2x_3$ 的负惯性指数是 1，求 a 的取值范围.

3. 设二次型 $f(x_1,x_2,x_3) = ax_1^2 + ax_2^2 + (a-1)x_3^2 + 2x_1x_3 - 2x_2x_3$.

(1) 求二次型 f 的矩阵的所有特征值；

(2) 若二次型 f 的规范形为 $y_1^2 + y_2^2$，求 a 的值.

4. 设二次型 $f(x_1,x_2,x_3) = 2(a_1x_1 + a_2x_2 + a_3x_3)^2 + (b_1x_1 + b_2x_2 + b_3x_3)^2$，记 $\boldsymbol{\alpha} = \begin{pmatrix} a_1 \\ a_2 \\ a_3 \end{pmatrix}$，$\boldsymbol{\beta} = \begin{pmatrix} b_1 \\ b_2 \\ b_3 \end{pmatrix}$.

(1) 证明二次型 f 对应的矩阵为 $2\boldsymbol{\alpha}^{\mathrm{T}}\boldsymbol{\alpha}+\boldsymbol{\beta}^{\mathrm{T}}\boldsymbol{\beta}$；

(2) 若 $\boldsymbol{\alpha},\boldsymbol{\beta}$ 正交且均为单位向量，证明二次型 f 在正交变化下的标准形为二次型 $2y_1^2+y_2^2$.

5. 设二次型 $f(x_1,x_2,x_3)=2x_1^2-x_2^2+ax_3^2+2x_1x_2-8x_1x_3+2x_2x_3$ 在正交变换 $\boldsymbol{X}=\boldsymbol{QY}$ 下的标准形为 $\lambda_1y_1^2+\lambda_2y_2^2$，求 a 的值及一个正交矩阵 $\boldsymbol{Q}$.

习题答案

习题一

A

1. (1) $ad-bc$；

 (2) 2；

 (3) $-2(x^3+y^3)$；

 (4) 2.

3. (1) 2，偶；

 (2) 5，奇；

 (3) $n(n-1)$，偶；

 (4) $\frac{n(n-1)}{2}$，当 $n=4k$ 或 $n=4k+1$ 时，为偶排列；当 $n=4k+2$ 或 $n=4k+3$ 时，为奇排列.

4. $a_{11}a_{24}a_{32}a_{43}$；$-a_{11}a_{24}a_{33}a_{42}$.

5. (1) 120；

 (2) $(-1)^{\frac{n(n-1)}{2}}\lambda_1\lambda_2\cdots\lambda_n$.

6. 60.

8. (1) 4；

 (2) 9；

 (3) $(a^2-b^2)a^{n-2}$；

 (4) $[(n-1)a+b](b-a)^{n-1}$；

 (5) $(-1)^n(n+1)a_1a_2\cdots a_n$；

 (6) $(b-a)(c-a)(d-a)(c-b)(d-b)(d-c)$；

 (7) $\prod_{k=1}^{n}(a_id_i-b_ic_i)$；

(8)$\left(1+\sum_{i=1}^{4}\frac{1}{a_i}\right)a_1a_2a_3a_4$.

9. 40.

10. (1)$x_1=-1, x_2=1$;

(2)$x_1=x_2=0$;

(3)$x=1, y=2, z=3$;

(4)$x_1=x_2=x_3=x_4=0$.

11. 3 或 -3.

B

1. (1)$abcd+ab+cd+ad+1$;

(2)0;

(3)$-(ad-bc)^2$;

(4)$\lambda^4+\lambda^3+2\lambda^2+3\lambda+4$.

2. $\mu=0$ 或 $\lambda=1$.

3. (2) 当 $a\neq0$ 时,方程组有唯一解 $x_1=\frac{D_{n-1}}{D_n}=\frac{n}{(n+1)a}$.

4. 2.

习题二

A

1. (1)$\begin{pmatrix}-1&3&5\\3&4&-4\end{pmatrix}$;

(2)$\begin{pmatrix}-1&4\\0&-2\end{pmatrix}$;

(3)$\begin{pmatrix}a&b\\c&d\end{pmatrix}$.

2. (1)$\begin{pmatrix}-1&3&1&5\\8&2&8&2\\3&7&9&13\end{pmatrix}$;

(2)$\begin{pmatrix}14&13&8&7\\-2&5&-2&5\\2&1&6&5\end{pmatrix}$;

(3) $\begin{pmatrix} 3 & 1 & 1 & -1 \\ -4 & 0 & -4 & 0 \\ -1 & -3 & -3 & -5 \end{pmatrix}$;

(4) $\begin{pmatrix} \frac{10}{3} & \frac{10}{3} & 2 & 2 \\ 0 & \frac{4}{3} & 0 & \frac{4}{3} \\ \frac{2}{3} & \frac{2}{3} & 2 & 2 \end{pmatrix}$.

3. (1)14;

(2) $\begin{pmatrix} 1 & 2 & 3 \\ 2 & 4 & 6 \\ 3 & 6 & 9 \end{pmatrix}$;

(3) $\begin{pmatrix} x \\ 0 \end{pmatrix}$;

(4) $\begin{pmatrix} 35 \\ 6 \\ 49 \end{pmatrix}$;

(5) $\begin{pmatrix} 10 & 4 & -1 \\ 4 & -3 & -1 \end{pmatrix}$;

(6) $a_{11}x^2 + a_{22}y^2 + a_{33}z^2 + 2a_{12}xy + 2a_{13}xz + 2a_{23}yz$;

(7) $\begin{pmatrix} -6 & 29 \\ 5 & 32 \end{pmatrix}$.

4. (1) $\boldsymbol{AB} \neq \boldsymbol{BA}$;

(2) $(\boldsymbol{A}+\boldsymbol{B})^2 \neq \boldsymbol{A}^2 + \boldsymbol{B}^2 + 2\boldsymbol{AB}$;

(3) $(\boldsymbol{A}-\boldsymbol{B})(\boldsymbol{A}+\boldsymbol{B}) \neq \boldsymbol{A}^2 - \boldsymbol{B}^2$;

(4) $(\boldsymbol{AB})^2 \neq \boldsymbol{A}^2\boldsymbol{B}^2$.

5. $\boldsymbol{A}^2 = \begin{pmatrix} \cos 2\theta & -\sin 2\theta \\ \sin 2\theta & \cos 2\theta \end{pmatrix}, \cdots, \boldsymbol{A}^n = \begin{pmatrix} \cos n\theta & -\sin n\theta \\ \sin n\theta & \cos n\theta \end{pmatrix}$.

提示：$\sin(\alpha+\beta) = \sin\alpha\cos\beta + \cos\alpha\sin\beta$,

$\cos(\alpha+\beta) = \cos\alpha\cos\beta - \sin\alpha\sin\beta$.

9. 9.

10. (1) $\begin{pmatrix} 7 & -2 \\ -3 & 1 \end{pmatrix}$;

(2) $\begin{pmatrix} \cos\theta & \sin\theta \\ -\sin\theta & \cos\theta \end{pmatrix}$;

(3) $\begin{pmatrix} 1 & 0 & 0 \\ -\frac{1}{2} & \frac{1}{2} & 0 \\ 0 & -\frac{1}{3} & \frac{1}{3} \end{pmatrix}$;

(4) $\begin{pmatrix} 1 & 0 & 0 & 0 \\ 0 & \frac{1}{2} & 0 & 0 \\ 0 & 0 & \frac{1}{3} & 0 \\ 0 & 0 & 0 & \frac{1}{4} \end{pmatrix}$.

11. $\begin{cases} x_1 = -\ \ 2y_1 + y_2, \\ x_2 = -\frac{13}{2}y_1 + 3y_2 - \frac{1}{2}y_3, \\ x_3 = -16y_1 + 7y_2 - \ y_3. \end{cases}$

12. (1) $\boldsymbol{X} = \begin{pmatrix} -3 & 3 \\ 1 & -1 \end{pmatrix}$;

(2) $\boldsymbol{X} = \begin{pmatrix} 5 & -2 \\ -2 & 1 \\ 5 & -2 \end{pmatrix}$;

(3) $\boldsymbol{X} = \begin{pmatrix} \frac{7}{3} \\ \frac{11}{3} \\ 4 \end{pmatrix}$;

(4) $\boldsymbol{X} = \begin{pmatrix} 1 & 1 \\ \frac{1}{4} & 0 \end{pmatrix}$;

(5) $\boldsymbol{X} = \begin{pmatrix} 2 & -1 & 0 \\ 1 & 3 & -4 \\ 1 & 0 & -2 \end{pmatrix}$.

13. $\frac{1}{3}\begin{pmatrix} 1+2^{13} & 4+2^{13} \\ -1-2^{11} & -4-2^{11} \end{pmatrix} = \begin{pmatrix} 2731 & 2732 \\ -683 & -684 \end{pmatrix}$.

14. -16.

15. (1)500;(2)$4\boldsymbol{A}^*$.

16. -12.

17. $\boldsymbol{C}=\begin{pmatrix}1&0&0\\-2&1&0\\10&-2&1\end{pmatrix}$.

19. (1) $\begin{pmatrix}9&2&4\\11&0&3\\-1&1&-2\end{pmatrix}$;

(2) $\begin{pmatrix}0&0\\0&0\end{pmatrix}$.

20. $(\boldsymbol{A}-\boldsymbol{E})^{-1}=\frac{1}{3}(\boldsymbol{A}+3\boldsymbol{E})$.

21. $|\boldsymbol{A}^3|=-(100)^3$;

$$\boldsymbol{A}^4=\begin{pmatrix}5^4&0&0&0\\0&5^4&0&0\\0&0&2^4&0\\0&0&2^6&2^4\end{pmatrix};$$

$$\boldsymbol{A}^{-1}=\begin{pmatrix}\frac{3}{25}&\frac{4}{25}&0&0\\\frac{4}{25}&-\frac{3}{25}&0&0\\0&0&\frac{1}{2}&0\\0&0&-\frac{1}{2}&\frac{1}{2}\end{pmatrix}.$$

B

1. (1)3;(2)1;(3) $\frac{1}{9}$;(4) -1.

2. (1)B;(2)B;(3)A.

3. $\boldsymbol{A}^2=\begin{pmatrix}0&0&1&0\\0&0&0&1\\0&0&0&0\\0&0&0&0\end{pmatrix}$, $\boldsymbol{A}^3=\begin{pmatrix}0&0&0&1\\0&0&0&0\\0&0&0&0\\0&0&0&0\end{pmatrix}$, $\boldsymbol{A}^4=\begin{pmatrix}0&0&0&0\\0&0&0&0\\0&0&0&0\\0&0&0&0\end{pmatrix}$.

4. $\boldsymbol{A}^k=\begin{pmatrix}\lambda^k&k\lambda^{k-1}&\frac{k(k-1)}{2}\lambda^{k-2}\\0&\lambda^k&k\lambda^{k-1}\\0&0&\lambda^k\end{pmatrix}\quad(k\geqslant 2)$.

5. $a=0$; $\boldsymbol{X}=\begin{pmatrix}3&1&-2\\1&1&-1\\2&1&-1\end{pmatrix}$.

习题三

A

1. (1) $\begin{pmatrix}1&0&0\\0&1&0\\0&0&1\end{pmatrix}$;

(2) $\begin{pmatrix}1&0&0\\0&1&0\\0&0&1\end{pmatrix}$;

(3) $\begin{pmatrix}1&0&0&5\\0&0&1&-3\\0&0&0&0\end{pmatrix}$;

(4) $\begin{pmatrix}1&0&2&0&-2\\0&1&-1&0&3\\0&0&0&1&4\\0&0&0&0&0\end{pmatrix}$.

2. (1) $\begin{pmatrix}\frac{7}{6}&\frac{2}{3}&-\frac{3}{2}\\-1&-1&2\\-\frac{1}{2}&0&\frac{1}{2}\end{pmatrix}$;

(2) $\begin{pmatrix}3&-1\\-5&2\end{pmatrix}$;

(3) $\begin{pmatrix}\frac{1}{2}&-\frac{1}{2}&0&0\\0&\frac{1}{2}&-\frac{1}{2}&0\\0&0&\frac{1}{2}&-\frac{1}{2}\\\frac{1}{2}&0&0&\frac{1}{2}\end{pmatrix}$;

(4) $\begin{pmatrix}1&-3&11&-20\\0&1&-2&1\\0&0&1&-2\\0&0&0&1\end{pmatrix}$.

3. (1) $\begin{pmatrix} 0 & 2 \\ 5 & -4 \end{pmatrix}$;

(2) $\begin{pmatrix} \frac{2}{5} & -\frac{6}{5} \\ 1 & \frac{7}{3} \\ -\frac{4}{5} & -\frac{4}{15} \end{pmatrix}$.

4. $\begin{pmatrix} -\frac{1}{5} & -2 & -\frac{6}{5} \\ -\frac{2}{5} & -1 & -\frac{16}{15} \\ \frac{2}{5} & 0 & \frac{11}{15} \end{pmatrix}$.

5. (1)2, $\begin{vmatrix} 1 & 2 \\ 1 & -2 \end{vmatrix} \neq 0$;

(2)4, $\begin{vmatrix} 0 & 1 & -1 & 2 \\ 0 & 2 & 2 & 0 \\ 0 & -1 & 1 & 1 \\ 1 & 1 & 0 & -1 \end{vmatrix} \neq 0$;

(3)3, $\begin{vmatrix} 2 & 1 & 7 \\ 2 & -3 & -5 \\ 1 & 0 & 0 \end{vmatrix} \neq 0$;

(4)3, $\begin{vmatrix} 1 & 1 & -1 \\ 1 & -1 & 1 \\ -1 & 1 & 1 \end{vmatrix} \neq 0$.

6. 提示：利用 $\boldsymbol{A} \sim \begin{pmatrix} \boldsymbol{E}_r & 0 \\ 0 & 0 \end{pmatrix}$，$\boldsymbol{B} \sim \begin{pmatrix} \boldsymbol{E}_r & 0 \\ 0 & 0 \end{pmatrix}$，其中 $\begin{pmatrix} \boldsymbol{E}_r & 0 \\ 0 & 0 \end{pmatrix}$ 为 $\boldsymbol{A}$，$\boldsymbol{B}$ 的标准形.

7. -2.

8. (1) $\begin{pmatrix} x_1 \\ x_2 \\ x_3 \\ x_4 \end{pmatrix} = c \begin{pmatrix} \frac{4}{3} \\ -3 \\ \frac{4}{3} \\ 1 \end{pmatrix}$（其中 c 为任意常数）；

(2) $\begin{pmatrix} x_1 \\ x_2 \\ x_3 \\ x_4 \end{pmatrix} = c_1 \begin{pmatrix} -2 \\ 1 \\ 0 \\ 0 \end{pmatrix} + c_2 \begin{pmatrix} 1 \\ 0 \\ 0 \\ 1 \end{pmatrix}$（其中 c_1, c_2 为任意常数）；

(3) $\begin{pmatrix} x_1 \\ x_2 \\ x_3 \\ x_4 \end{pmatrix} = c \begin{pmatrix} -\frac{1}{2} \\ \frac{7}{2} \\ \frac{5}{2} \\ 1 \end{pmatrix}$（其中 c 为任意常数）；

(4) $\begin{pmatrix} x_1 \\ x_2 \\ x_3 \\ x_4 \end{pmatrix} = c_1 \begin{pmatrix} \frac{3}{17} \\ \frac{19}{17} \\ 1 \\ 0 \end{pmatrix} + c_2 \begin{pmatrix} -\frac{13}{17} \\ -\frac{20}{17} \\ 0 \\ 1 \end{pmatrix}$（其中 c_1, c_2 为任意常数）.

9. (1) 无解；

(2) $\begin{pmatrix} x_1 \\ x_2 \\ x_3 \end{pmatrix} = \begin{pmatrix} 1 \\ 2 \\ 1 \end{pmatrix}$；

(3) $\begin{pmatrix} x_1 \\ x_2 \\ x_3 \end{pmatrix} = c \begin{pmatrix} -2 \\ 1 \\ 1 \end{pmatrix} + \begin{pmatrix} -1 \\ 2 \\ 0 \end{pmatrix}$（其中 c 为任意常数）；

(4) $\begin{pmatrix} x_1 \\ x_2 \\ x_3 \\ x_4 \end{pmatrix} = c_1 \begin{pmatrix} -\frac{1}{2} \\ 1 \\ 0 \\ 0 \end{pmatrix} + c_2 \begin{pmatrix} \frac{1}{2} \\ 0 \\ 1 \\ 0 \end{pmatrix} + \begin{pmatrix} \frac{1}{2} \\ 0 \\ 0 \\ 0 \end{pmatrix}$（其中 c_1, c_2 为任意常数）.

10. $n - r$, $\begin{cases} x_1 - 2x_3 + 2x_4 = 0, \\ x_2 + 3x_3 - 4x_4 = 0. \end{cases}$

11. (1) $\lambda \neq 1, -2$；

(2) $\lambda = -2$；

(3) $\lambda = 1$；$\begin{pmatrix} x_1 \\ x_2 \\ x_3 \end{pmatrix} = c_1 \begin{pmatrix} -1 \\ 1 \\ 0 \end{pmatrix} + c_2 \begin{pmatrix} -1 \\ 0 \\ 1 \end{pmatrix} + \begin{pmatrix} 1 \\ 0 \\ 0 \end{pmatrix}$（其中 c_1, c_2 为任意实数）.

12. (1) $\lambda \neq 1, -2$；

(2)$\lambda = -2$；

(3)$\lambda = 1$；$\begin{pmatrix} x_1 \\ x_2 \\ x_3 \end{pmatrix} = c_1 \begin{pmatrix} -1 \\ 1 \\ 0 \end{pmatrix} + c_2 \begin{pmatrix} -1 \\ 0 \\ 1 \end{pmatrix} + \begin{pmatrix} -2 \\ 0 \\ 0 \end{pmatrix}$.

B

1. (1)D；(2)D；(3)C；(4)D.

2. 当 $a = 1$ 时，① 与 ② 的全部公共解为 $k\begin{pmatrix} -1 \\ 0 \\ 1 \end{pmatrix}$，$k$ 为任意常数.

当 $a = 2$ 时，方程组有唯一解，$\boldsymbol{x} = \begin{pmatrix} x_1 \\ x_2 \\ x_3 \end{pmatrix} = \begin{pmatrix} 0 \\ 1 \\ -1 \end{pmatrix}$.

3. $C = \begin{pmatrix} 1 + k_1 + k_2 & -k_1 \\ k_1 & k_2 \end{pmatrix}$，其中 k_1, k_2 为任意常数.

4. (1)$\boldsymbol{\xi}_1 = \begin{pmatrix} -1 \\ 2 \\ 3 \\ 1 \end{pmatrix}$；

(2)$\boldsymbol{B} = \begin{pmatrix} 2 - c_1 & 6 - c_2 & -1 - c_3 \\ -1 + 2c_1 & -3 + 2c_2 & 1 + 2c_3 \\ -1 + 3c_1 & -4 + 3c_2 & 1 + 3c_3 \\ c_1 & c_2 & c_3 \end{pmatrix}$，其中 c_1, c_2, c_3 为任意常数.

5. (1)$a = 0$；

(2)$\boldsymbol{x} = k\begin{pmatrix} 0 \\ -1 \\ 1 \end{pmatrix} + \begin{pmatrix} 1 \\ -2 \\ 0 \end{pmatrix}$，其中 k 为任意实数.

习题四

A

1. 能，$\boldsymbol{\beta} = 2\boldsymbol{\alpha}_1 - \boldsymbol{\alpha}_2 + \boldsymbol{\alpha}_3$.

3. (1) 线性相关；

(2) 线性无关.

4. 不一定. 若 $\boldsymbol{\alpha}_1=\begin{pmatrix}1\\0\end{pmatrix}$, $\boldsymbol{\alpha}_2=\begin{pmatrix}0\\1\end{pmatrix}$, $\boldsymbol{\beta}_1=\begin{pmatrix}0\\1\end{pmatrix}$, $\boldsymbol{\beta}_2=\begin{pmatrix}1\\0\end{pmatrix}$, $\boldsymbol{\alpha}_1,\boldsymbol{\alpha}_2$ 与 $\boldsymbol{\beta}_1,\boldsymbol{\beta}_2$ 均为线性无关组,但 $\boldsymbol{\alpha}_1+\boldsymbol{\beta}_1,\boldsymbol{\alpha}_2+\boldsymbol{\beta}_2$ 却线性相关.

5. (1) $a\neq 2$;

(2) $a=2$.

8. (1) 3; $\boldsymbol{\alpha}_1,\boldsymbol{\alpha}_2,\boldsymbol{\alpha}_3$; $\boldsymbol{\alpha}_4=\boldsymbol{\alpha}_1+3\boldsymbol{\alpha}_2-\boldsymbol{\alpha}_3$, $\boldsymbol{\alpha}_5=-\boldsymbol{\alpha}_2+\boldsymbol{\alpha}_3$;

(2) 2; $\boldsymbol{\alpha}_1,\boldsymbol{\alpha}$; $\boldsymbol{\alpha}_3=\dfrac{3}{2}\boldsymbol{\alpha}_1-\dfrac{7}{2}\boldsymbol{\alpha}_2$, $\boldsymbol{\alpha}_4=\boldsymbol{\alpha}_1+2\boldsymbol{\alpha}_2$;

(3) 2; $\boldsymbol{\alpha}_1,\boldsymbol{\alpha}_2$; $\boldsymbol{\alpha}_3=\boldsymbol{\alpha}_1+3\boldsymbol{\alpha}_2$, $\boldsymbol{\alpha}_4=2\boldsymbol{\alpha}_1-\boldsymbol{\alpha}_2$, $\boldsymbol{\alpha}_5=-2\boldsymbol{\alpha}_1-\boldsymbol{\alpha}_2$.

9. 提示:令 $\boldsymbol{A}=(\boldsymbol{\alpha}_1,\boldsymbol{\alpha}_2,\cdots,\boldsymbol{\alpha}_m)$, $\boldsymbol{B}=(\boldsymbol{\beta}_1,\boldsymbol{\beta}_2,\cdots,\boldsymbol{\beta}_m)$,证明: $\boldsymbol{\alpha}_1+\boldsymbol{\beta}_1,\boldsymbol{\alpha}_2+\boldsymbol{\beta}_2,\cdots,\boldsymbol{\alpha}_m+\boldsymbol{\beta}_m$ 可由 $\boldsymbol{\alpha}_1,\cdots,\boldsymbol{\alpha}_m,\boldsymbol{\beta}_1,\cdots,\boldsymbol{\beta}_m$ 线性表示.

10. (1) $\boldsymbol{\xi}_1=\begin{pmatrix}0\\1\\0\\4\end{pmatrix}$, $\boldsymbol{\xi}_2=\begin{pmatrix}4\\0\\1\\-3\end{pmatrix}$;

(2) $\boldsymbol{\xi}_1=\begin{pmatrix}1\\7\\0\\19\end{pmatrix}$, $\boldsymbol{\xi}_2=\begin{pmatrix}0\\0\\1\\2\end{pmatrix}$;

(3) $\boldsymbol{\xi}_1=\begin{pmatrix}-1\\1\\0\\\vdots\\0\end{pmatrix}$, $\boldsymbol{\xi}_2=\begin{pmatrix}-1\\0\\1\\\vdots\\0\end{pmatrix}$, $\cdots$, $\boldsymbol{\xi}_{n-1}=\begin{pmatrix}-1\\0\\0\\\vdots\\1\end{pmatrix}$.

11. $\begin{cases}x_1-2x_2+x_3=0,\\2x_1-3x_2+x_4=0,\end{cases}$

13. (1) $\boldsymbol{x}=c_1\begin{pmatrix}1\\-2\\0\\1\\0\end{pmatrix}+c_2\begin{pmatrix}5\\-6\\0\\0\\1\end{pmatrix}+\begin{pmatrix}-16\\23\\0\\0\\0\end{pmatrix}$(其中 c_1,c_2 为任意实数);

(2) $\boldsymbol{x}=c\begin{pmatrix}-1\\-1\\0\\-1\\2\end{pmatrix}+\begin{pmatrix}0\\-1\\0\\-1\\0\end{pmatrix}$(其中 c 为任意实数).

14. $\boldsymbol{x} = c\begin{pmatrix}3\\4\\5\\6\end{pmatrix} + \begin{pmatrix}2\\3\\4\\5\end{pmatrix}$（其中 c 为任意实数）.

15. (2) 提示：$\boldsymbol{\xi}_1 + \boldsymbol{\eta}^*, \boldsymbol{\xi}_2 + \boldsymbol{\eta}^*, \cdots, \boldsymbol{\eta}_{n-r} + \boldsymbol{\eta}^*, \boldsymbol{\eta}^*$ 即为这 $n - r + 1$ 个解.

B

1. (1)B;(2)A;(3)A;(4)A;(5)D;(6)C.

2. $a = 1$.

3. (1)$a = 5$;

(2)$\boldsymbol{\beta}_1 = 2\boldsymbol{\alpha}_1 + 4\boldsymbol{\alpha}_2 - \boldsymbol{\alpha}_3$，$\boldsymbol{\beta}_2 = \boldsymbol{\alpha}_1 + 2\boldsymbol{\alpha}_2$，$\boldsymbol{\beta}_3 = 5\boldsymbol{\alpha}_1 + 10\boldsymbol{\alpha}_2 - 2\boldsymbol{\alpha}_3$.

5. (1)$\boldsymbol{\xi}_2 = k_1\begin{pmatrix}1\\-1\\2\end{pmatrix} + \begin{pmatrix}0\\0\\1\end{pmatrix}$，其中 k_1 为任意常数；

$\boldsymbol{\xi}_3 = k_2\begin{pmatrix}1\\-1\\0\end{pmatrix} + k_3\begin{pmatrix}0\\0\\1\end{pmatrix} + \begin{pmatrix}-\frac{1}{2}\\0\\0\end{pmatrix}$，其中 k_2, k_3 为任意常数；

(2) 略.

习题五

A

1. (1)$\lambda_1 = 1, c_1\begin{pmatrix}-1\\1\end{pmatrix}(c_1 \neq 0)$；$\lambda_2 = 3, c_2\begin{pmatrix}1\\1\end{pmatrix}(c_2 \neq 0)$；

(2)$\lambda_1 = -1, c_1\begin{pmatrix}-1\\0\\1\end{pmatrix}(c_1 \neq 0)$；$\lambda_2 = \lambda_3 = 1, c_2\begin{pmatrix}0\\1\\0\end{pmatrix} + c_3\begin{pmatrix}1\\0\\1\end{pmatrix}$（$c_1, c_2$ 不同时为 0）；

(3)$\lambda_1 = -1, c_1\begin{pmatrix}1\\-1\\0\end{pmatrix}(c_1 \neq 0)$；$\lambda_2 = 9, c_2\begin{pmatrix}1\\1\\2\end{pmatrix}(c_2 \neq 0)$；$\lambda_3 = 0, c_3\begin{pmatrix}1\\1\\-1\end{pmatrix}(c_3 \neq 0)$；

(4)$\lambda_1 = \lambda_2 = 1, c_1\begin{pmatrix}1\\1\\0\\0\end{pmatrix} + c_2\begin{pmatrix}0\\0\\1\\1\end{pmatrix}$（$c_1, c_2$ 不同时为 0）；

$$\lambda_3=\lambda_4=-1,c_3\begin{pmatrix}1\\-1\\0\\0\end{pmatrix}+c_4\begin{pmatrix}0\\0\\1\\-1\end{pmatrix}(c_3,c_4\text{ 不同时为 }0);$$

$$(5)\lambda_1=\lambda_2=\lambda_3=-1,c\begin{pmatrix}1\\1\\-1\end{pmatrix}(c\neq 0).$$

5. (1)18;

(2)42.

7. $x=3$.

8. $a=5,b=6;\boldsymbol{P}=\begin{pmatrix}1&1&1\\-1&0&-2\\0&1&3\end{pmatrix}$.

9. (1)$a=-3,b=0,\lambda=-1$;

(2) 不能.

10. $\boldsymbol{A}^{100}=\begin{pmatrix}1&0&5^{100}-1\\0&5^{100}&0\\0&0&5^{100}\end{pmatrix}$.

12. $\boldsymbol{A}=\begin{pmatrix}-2&3&-3\\-4&5&-3\\-4&4&-2\end{pmatrix}$.

13. $\boldsymbol{\beta}=\begin{pmatrix}-1\\1\\-1\end{pmatrix}$.

14. (1)$\begin{pmatrix}1\\2\\2\\-1\end{pmatrix},\begin{pmatrix}2\\3\\-3\\2\end{pmatrix},\begin{pmatrix}2\\-1\\-1\\-2\end{pmatrix}$;

(2)$\begin{pmatrix}1\\-2\\2\end{pmatrix},\begin{pmatrix}-\frac{2}{3}\\-\frac{2}{3}\\-\frac{1}{3}\end{pmatrix},\begin{pmatrix}6\\-3\\-3\end{pmatrix}$.

15. (1) 是;

(2) 是.

17. (1) $\boldsymbol{P}=\begin{pmatrix}-\frac{\sqrt{2}}{2} & -\frac{\sqrt{6}}{6} & \frac{\sqrt{3}}{3}\\ \frac{\sqrt{2}}{2} & -\frac{\sqrt{6}}{6} & \frac{\sqrt{3}}{3}\\ 0 & \frac{\sqrt{6}}{3} & \frac{\sqrt{3}}{3}\end{pmatrix}$，$\boldsymbol{P}^{-1}\boldsymbol{AP}=\begin{pmatrix}0 & & \\ & 0 & \\ & & 3\end{pmatrix}$；

(2) $\boldsymbol{P}=\frac{1}{3}\begin{pmatrix}1 & 2 & 2\\ 2 & 1 & -2\\ 2 & -2 & 1\end{pmatrix}$，$\boldsymbol{P}^{-1}\boldsymbol{AP}=\begin{pmatrix}-2 & & \\ & 1 & \\ & & 4\end{pmatrix}$.

18. $\boldsymbol{A}=\frac{1}{3}\begin{pmatrix}-1 & 0 & 2\\ 0 & 1 & 2\\ 2 & 2 & 0\end{pmatrix}$. 提示：利用 $\boldsymbol{p}_1,\boldsymbol{p}_2,\boldsymbol{p}_3$ 两两正交，先求出 $\boldsymbol{p}_3$.

19. $\boldsymbol{A}=\begin{pmatrix}4 & 1 & 1\\ 1 & 4 & 1\\ 1 & 1 & 4\end{pmatrix}$. 提示：$\begin{pmatrix}6 & & \\ & 3 & \\ & & 3\end{pmatrix}=3\boldsymbol{E}+3\begin{pmatrix}1 & & \\ & 0 & \\ & & 0\end{pmatrix}$.

B

1. (1) 1；(2) -1；(3) 21；(4) 2.

2. (1) B；(2) C；(3) C；(4) B；(5) B.

3. (1) 略；(2) 通解为 $k\begin{pmatrix}1\\ 2\\ -1\end{pmatrix}+\begin{pmatrix}1\\ 1\\ 1\end{pmatrix}$，$k\in\mathbf{R}$.

4. (1) $\boldsymbol{B}$ 的 3 个特征值为 $\mu_1=-2,\mu_2=1,\mu_3=1$.

$\boldsymbol{B}$ 的全部特征值的特征向量为：$k_1\begin{pmatrix}1\\ -1\\ 1\end{pmatrix}$，$k_2\begin{pmatrix}1\\ 1\\ 0\end{pmatrix}+k_3\begin{pmatrix}-1\\ 0\\ 1\end{pmatrix}$，其中 $k_1\neq 0$，是不为零的任意常数，k_2,k_3 是不同时为零的任意常数.

(2) $\boldsymbol{B}=\begin{pmatrix}0 & 1 & -1\\ 1 & 0 & 1\\ -1 & 1 & 0\end{pmatrix}$.

5. (1) 1，-1，0；$\begin{pmatrix}1\\ 0\\ -1\end{pmatrix}$，$\begin{pmatrix}1\\ 0\\ 1\end{pmatrix}$，$\begin{pmatrix}0\\ 1\\ 0\end{pmatrix}$；

(2) $\boldsymbol{A}=\begin{pmatrix}0 & 0 & 1\\ 0 & 0 & 0\\ 1 & 0 & 0\end{pmatrix}$.

6. $a=-1, \boldsymbol{Q}=\begin{pmatrix} \frac{1}{\sqrt{6}} & \frac{1}{\sqrt{2}} & \frac{1}{\sqrt{3}} \\ \frac{2}{\sqrt{6}} & 0 & -\frac{1}{\sqrt{3}} \\ \frac{1}{\sqrt{6}} & -\frac{1}{\sqrt{2}} & \frac{1}{\sqrt{3}} \end{pmatrix}$.

7. $a=-2$ 时,可对角化;$a=-\frac{2}{3}$ 时,不可对角化.

8. (1)$\boldsymbol{A}^{99}=\begin{pmatrix} -2+2^{99} & 1-2^{99} & 2-2^{98} \\ -2+2^{100} & 1-2^{100} & 2-2^{99} \\ 0 & 0 & 0 \end{pmatrix}$;

(2)$\boldsymbol{\beta}_1=(-2+2^{99})\boldsymbol{\alpha}_1+(-2+2^{100})\boldsymbol{\alpha}_2, \boldsymbol{\beta}_2=(1-2^{99})\boldsymbol{\alpha}_1+(1-2^{100})\boldsymbol{\alpha}_2, \boldsymbol{\beta}_3=(2-2^{98})\boldsymbol{\alpha}_1+(2-2^{99})\boldsymbol{\alpha}_2$.

习题六

A

1. (1)$\begin{pmatrix} 1 & 0 & -1 \\ 0 & 2 & 0 \\ -1 & 0 & 0 \end{pmatrix}$;

(2)$\begin{pmatrix} 0 & 1 & 1 \\ 1 & 0 & 2 \\ 1 & 2 & 0 \end{pmatrix}$;

(3)$\begin{pmatrix} 1 & 0 & 0 & 1 \\ 0 & 0 & 0 & 0 \\ 0 & 0 & 0 & 0 \\ 1 & 0 & 0 & 0 \end{pmatrix}$.

2. (1)$f=y_1^2+y_2^2+10y_3^2, \boldsymbol{x}=\begin{pmatrix} -\frac{2}{\sqrt{5}} & \frac{2}{\sqrt{45}} & \frac{1}{3} \\ \frac{1}{\sqrt{5}} & \frac{4}{\sqrt{45}} & \frac{2}{3} \\ 0 & \frac{5}{\sqrt{45}} & -\frac{2}{3} \end{pmatrix}\boldsymbol{y}$;

(2) $f=-2y_1^2+7y_2^2+7y_3^2$, $\boldsymbol{x}=\begin{pmatrix}\frac{2}{3} & \frac{1}{\sqrt{2}} & \frac{\sqrt{2}}{6}\\ -\frac{2}{3} & \frac{1}{\sqrt{2}} & -\frac{\sqrt{2}}{6}\\ \frac{1}{3} & 0 & -\frac{2\sqrt{2}}{3}\end{pmatrix}\boldsymbol{y}$;

(3) $f=y_1^2+y_2^2-y_3^2-y_4^2$, $\boldsymbol{x}=\begin{pmatrix}\frac{1}{\sqrt{2}} & 0 & -\frac{1}{\sqrt{2}} & 0\\ \frac{1}{\sqrt{2}} & 0 & \frac{1}{\sqrt{2}} & 0\\ 0 & -\frac{1}{\sqrt{2}} & 0 & \frac{1}{\sqrt{2}}\\ 0 & \frac{1}{\sqrt{2}} & 0 & \frac{1}{\sqrt{2}}\end{pmatrix}\boldsymbol{y}$;

(4) $f=9y_3^2$, $\boldsymbol{x}=\begin{pmatrix}\frac{2}{\sqrt{5}} & -\frac{2}{\sqrt{45}} & \frac{1}{3}\\ \frac{1}{\sqrt{5}} & \frac{4}{\sqrt{45}} & -\frac{2}{3}\\ 0 & \frac{5}{\sqrt{45}} & \frac{2}{3}\end{pmatrix}\boldsymbol{y}$.

3. (1) $f=y_1^2-y_2^2$; $\begin{cases}y_1=x_1+x_2,\\ y_2=x_2-x_3,\\ y_3=x_3;\end{cases}$

(2) $f=y_1^2-2y_2^2-\frac{5}{2}y_3^2$; $\begin{cases}y_1=x_1+2x_2,\\ y_2=x_2-\frac{1}{2}x_3,\\ y_3=x_3.\end{cases}$

4. (1) 正定;

(2) 正定.

5. (1) $t>2$;

(2) $-\frac{4}{5}<t<0$.

B

1. (1)B;(2)A;(3)C.

2. $[-2,2]$.

3. (1) $\lambda_1=a$, $\lambda_2=a-2$, $\lambda_3=a+1$;

(2) $a=2$.

5. $a=2$; $\boldsymbol{Q}=\begin{pmatrix} \frac{1}{\sqrt{3}} & -\frac{1}{\sqrt{2}} & \frac{1}{\sqrt{6}} \\ -\frac{1}{\sqrt{3}} & 0 & \frac{2}{\sqrt{6}} \\ \frac{1}{\sqrt{3}} & \frac{1}{\sqrt{2}} & \frac{1}{\sqrt{6}} \end{pmatrix}$.

附　录

线性代数发展史

如果研究关联着多个因素的量所引起的问题，则需要考察多元函数. 如果所研究的关联性是线性的，那么称这个问题为线性问题. 历史上，线性代数的第一个问题是关于解线性方程组的问题，而线性方程组理论的发展又促成了作为工具的矩阵论和行列式理论的创立与发展，这些内容已成为我们线性代数教材的主要部分. 最初的线性方程组问题大都是来源于生活实践，正是实际问题刺激了线性代数这一学科的诞生与发展. 另外，近现代数学分析与几何学等数学分支的要求，也促使了线性代数的进一步发展.

一、矩阵和行列式

行列式出现于线性方程组的求解，它最早是一种速记的表达式，现在已经是数学中一种非常有用的工具. 行列式是由莱布尼茨和日本数学家关孝和发明的. 1693 年 4 月，莱布尼茨在写给洛比达的一封信中使用并给出了行列式，以及给出了方程组的系数行列式为零的条件. 同时代的日本数学家关孝和在其著作《解伏题元法》中也提出了行列式的概念与算法.

1750 年，瑞士数学家克莱姆[illegible] Cramer，1704—1752)在其著作《线性代数分析导引》中，对行列式的定义和展开法则给出了比较完整、明确的阐述，并给出了现在我们所称的解线性方程组的克莱姆法则. 稍后，数学家贝祖(E Bezout，1730—1783)将确定行列式每一项符号的方法进行了系统化，利用系数行列式概念指出了如何判断一个齐次线性方程组有非零解.

总之，在很长一段时间内，行列式只是作为解线性方程组的一种工具使用，并没有人意识到它可以独立于线性方程组之外，单独形成一门理论加以研究.

在行列式的发展史上，第一个对行列式理论作出连贯的逻辑的阐述，即把行列式理论与线性方程组求解相分离的人，是法国数学家范德蒙(A-T Vandermonde，1735—1796). 范德蒙自幼在父亲的教导下学习音乐，但对数学有浓厚的兴趣，后来终于成为法兰西科学院院士. 特别地，他给出了用二阶子式和它们的余子式来展开行列式的法则.

就行列式本身这一点来说，他是这门理论的奠基人. 1772 年，拉普拉斯在一篇论文中证明了范德蒙提出的一些规则，推广了他的展开行列式的方法.

继范德蒙之后，在行列式的理论方面，另一位作出突出贡献的是法国大数学家柯西(A-L Cauchy，1789—1857). 1815 年，柯西在一篇论文中给出了行列式的第一个系统的、几乎是近代的处理，其中主要结果之一是行列式的乘法定理. 另外，他第一个把行列式的元素排成方阵，采用双足标记法；引进了行列式特征方程的术语；给出了相似行列式的概念；改进了拉普拉斯的行列式展开定理，并给出了一个证明等.

19 世纪的半个多世纪中，对行列式理论研究始终不渝的作者之一是詹姆士・西尔维斯特(J Sylvester，1814—1894). 他是一个活泼、敏感、兴奋、热情，甚至容易激动的人，然而由于是犹太人的缘故，他受到剑桥大学的不平等对待. 西尔维斯特用火一般的热情介绍他的学术思想，他的重要成就之一是改进了从一个 n 次和一个 m 次的多项式中消去 x 的方法，他称之为配析法，并给出了形成的行列式为零是这两个多项式方程有公共根的充分必要条件这一结果，但没有给出证明.

继柯西之后，在行列式理论方面最多产的人就是德国数学家雅可比(J Jacobi，1804—1851)，他引进了函数行列式，即“雅可比行列式”，指出函数行列式在多重积分的变量替换中的作用，给出了函数行列式的导数公式. 雅可比的著名论文《论行列式的形成和性质》标志着行列式系统理论的建立. 由于行列式在数学分析、几何学、线性方程组理论、二次型理论等多方面的应用，促使行列式理论自身在 19 世纪得到了很大发展. 整个 19 世纪都有行列式的新结果. 除了一般行列式的大量定理之外，还有许多有关特殊行列式的其他定理都相继得到证明.

二、矩　阵

矩阵是数学中的一个重要的基本概念，是代数学的主要研究对象，也是数学研究和应用的重要工具. “矩阵”这个词是由西尔维斯特首先使用的，他是为了将数字的矩形阵列区别于行列式而发明了这个术语. 而实际上，矩阵这个课题在诞生之前就已经发展得很好了. 从行列式的大量工作中可看出，为了达到目的，不管行列式的值是否与问题有关，方阵本身都可以研究和使用，矩阵的许多基本性质也是在行列式的发展中建立起来的. 在逻辑上，矩阵的概念应先于行列式的概念，然而在历史上次序正好相反.

英国数学家凯莱(A Cayley，1821—1895)被公认为是矩阵论的创立者，因为他首先把矩阵作为一个独立的数学概念提出来，并发表了关于这个题目的一系列文章. 凯莱研究了将线性变换下的不变量相结合，首先引进矩阵以简化记号. 1858 年，他发表了关于这一课题的第一篇论文《矩阵论的研究报告》，系统地阐述了关于矩阵的理论. 文中他定义了矩阵的相等、矩阵的运算法则、矩阵的转置以及矩阵的逆等一系列基本概念，指出了矩阵加法的可交换性与可结合性. 另外，凯莱还给出了方阵的特征方程和特征根(特征值)以及有关矩阵的一些基本结果. 凯莱出生于一个英国家庭，就读于剑桥大学三一学院，大学毕业后留校讲授数学，三年后他转为律师职业，工作卓有成效，并利用业余时间研究数学，发表了大量的数学论文.

1855 年，埃米特(C Hermite，1822—1901)证明了其他的数学家发现的一些矩阵类的特征根的特殊性质，如现在称为埃米特矩阵的特征根性质等. 后来，克莱伯施(A Clebsch，1831—1872)、布克海姆(A Buchheim)等证明了对称矩阵的特征根性质. 泰伯(H Taber)引入了矩阵的迹的概念，并给出了一些有关的结论.

在矩阵论的发展史上，弗罗伯纽斯(G Frobenius，1849—1917)的贡献是不可磨灭的. 他讨论了最小多项式问题，引进了矩阵的秩、不变因子和初等因子、正交矩阵、矩阵的相似变换、合同矩阵等概念，以合乎逻辑的形式整理了不变因子和初等因子的理论，并讨论了正交矩阵与合同矩阵的一些重要性质. 1854 年，约当(M-E-C Jordan，1838—1922)研究了矩阵化为标准形的问题. 1892 年，梅茨勒(H Metzler)引进了矩阵的超越函数概念，并将其写成矩阵的幂级数的形式. 傅立叶(J-B-J Fourier，1768—1830)、西尔(G-W Hill，1838—1941)和庞加莱(J-H Poincaré，1854—1912)的著作中还讨论了无限阶矩阵问题，这主要是适用方程发展的需要而开始的.

矩阵本身所具有的性质依赖于元素的性质，最初，矩阵作为一种工具，经过两个多世纪的发展，现在已成为独立的一门数学分支——矩阵论. 而矩阵论又可分为矩阵方程论、矩阵分解论和广义逆矩阵论等矩阵的现代理论. 矩阵及其理论现已广泛地应用于现代科技的各个领域.

三、线性方程组

线性方程组的解法，早在中国古代的数学著作《九章算术方程》中已作了比较完整的论述. 其中所述方法实质上相当于现代的对方程组的增广矩阵进行初等行变换从而消去未知量的方法，即高斯(J-C-F Guass，1777—1855)消元法. 在西方，线性方程组的研究是在 17 世纪后期由莱布尼茨(G-W-V Leibniz，1646—1716)开创的. 他曾研究含两个未知量的三个线性方程组成的方程组. 麦克劳林(C Maclaurin，1698—1746)在 18 世纪上半叶研究了具有二、三、四个未知量的线性方程组，得到了现在称为克莱姆法则的结果. 克莱姆不久也发表了这个法则. 18 世纪下半叶，法国数学家贝祖对线性方程组理论进行了一系列研究，证明了 n 元齐次线性方程组有非零解的条件是系数行列式等于零.

19 世纪，英国数学家史密斯(H Smith)和道奇森(C-L Dodgson)继续研究线性方程组理论，前者引进了方程组的增广矩阵和非增广矩阵的概念，后者证明了 m 个未知数 n 个方程的方程组相容的充要条件是系数矩阵和增广矩阵的秩相同. 这正是现代方程组理论中的重要结果之一.

大量的科学技术问题，最终往往归结为解线性方程组. 因此，在线性方程组的数值解法得到发展的同时，线性方程组解的结构等理论性工作也取得了令人满意的进展. 现在，线性方程组的数值解法在计算数学中占有重要地位.

四、二次型

二次型的系统研究是从18世纪开始的，它起源于对二次曲线和二次曲面的分类问题的讨论. 将二次曲线和二次曲面的方程变形，选有主轴方向的轴作为坐标轴以简化方程的形状，这个问题是在18世纪引进的. 柯西在其著作中给出结论：当方程是标准形时，二次曲面用二次项的符号来进行分类. 然而，那时并不太清楚，在化简成标准形时，为何总是得到同样数目的正项和负项. 西尔维斯特回答了这个问题，他给出了 n 个变数的二次型的惯性定律，但没有证明. 这个定律后被雅可比(C-G-J Jacobi，1804—1851)重新发现和证明. 1801年，高斯在《算术研究》中引进了二次型的正定、负定、半正定和半负定等术语.

二次型化简的进一步研究涉及二次型或行列式的特征方程的概念. 特征方程的概念隐含地出现在欧拉的著作中，拉格朗日(J-L Lagoange，1736—1813)在其关于线性微分方程组的著作中首先明确地给出了这个概念. 而三个变量的二次型的特征值的实性则是由阿歇特(J-N P Hachette)、蒙日(E-H Moore，1862—1932)和泊松(S D Poisson，1781—1840)建立的.

柯西在别人著作的基础上，着手研究化简变量的二次型问题，并证明了特征方程在直角坐标系的任何变换下的不变性. 后来，他又证明了 n 个变量的两个二次型能用同一个线性变换同时化成平方和.

1851年，西尔维斯特在研究二次曲线和二次曲面的切触和相交时需要考虑这种二次曲线和二次曲面束的分类. 在他的分类方法中，他引进了初等因子和不变因子的概念，但他没有证明"不变因子组成两个二次型的不变量的完全集"这一结论.

1858年，魏尔斯特拉斯(K-T-W Weierstrass，1815—1897)对同时化两个二次型成平方和给出了一个一般的方法，并证明，如果二次型之一是正定的，那么即使某些特征根相等，这个化简也是可能的. 魏尔斯特拉斯比较系统地完成了二次型的理论，并将其推广到双线性型.